JN144588

新・色の見本帳

季節のキーワードからの配色イメージと金銀蛍光色掛け合わせ

ランディング 著

技術評論社

はじめに

色の配色に『正解』はありません。色の好みは人それぞれです。ですから、好きなように好きな色を使えばいいのですが、何もないところから配色を考えるのは至難の業です。プロのデザイナーが行う発想法として、コンセプトとなるキーワードから色をイメージしていくという手法がありますが、こういった手法も一石二鳥でできるものでもありません。

本書は、色の配色を考える作業を簡単にするための本です。写真を使い、その中で使われている色を抽出し、配色を表示していますので、誰もがイメージしやすいようになっています。なお、色をイメージするための写真にはShutterstock.com、写真AC（http://www.photo-ac.com）、フォトライブラリー（http://www.photolibrary.jp）の写真を使わせていただきました。それぞれの写真にキーワードをつけ、キーワードから配色を探すこともできます。最近ではプロに限らず、一般の方もWebページなどを制作するにあたって色を指定することがあるかと思います。そんなときに参考にしていただければ嬉しく思います。

また、本書では、商用印刷用の実際に印刷してみないと効果がわかりにくい、金銀、蛍光色の掛け合わせのカラーチャートを掲載しています。金銀色を網掛けにすることは技術的に難しいのですが、プロセスカラーを掛け合わせることでより豊かな色を作り出せるようになります。デザインワークの参考にしていただければと思います。

2015年12月

著者

本書の読み方

本書の構成

- Chapter 1 は、カラーに関する基本的な要素を説明しています。
- Chapter 2 は、色相環に基づく基本的な色のチャートを掲載しています。
- Chapter 3 は、本書のメインとなる章です。「春」「夏」「秋」「冬」「All Season」の 5 つの項目分けした中で、それぞれの項目ごとにキーワードとなるイメージを掲載し、写真から色を抽出して、抽出した色のチップを配色しています。さまざまな用途で利用できるように、CMYK カラー、RGB カラー、Web カラーの 3 つの色の値を掲載しています。なお、本書での色の表現方法については、「本書での色の表現（19 ページ）」を参照してください。
- Chapter 4 は、商用印刷用の金銀、蛍光色とプロセスカラーの特色掛け合わせチャートを掲載しています。

ページの見方

本書では、各 Chpater ごとに掲載されている内容が異なります。
ここでは、Chapter 2 と Chapter 3 のページを掲載します。
Chapter 4 については、176 ページを参照してください。

Chapter 2 のページの見方

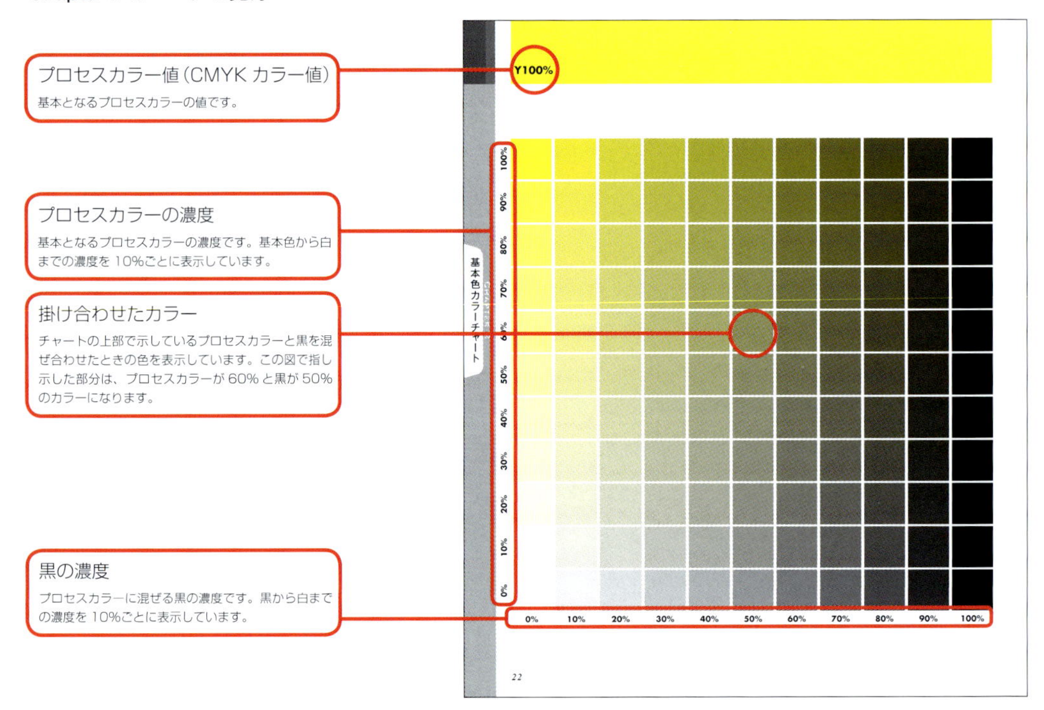

プロセスカラー値（CMYK カラー値）
基本となるプロセスカラーの値です。
プロセスカラーの濃度
基本となるプロセスカラーの濃度です。基本色から白までの濃度を 10%ごとに表示しています。
掛け合わせたカラー
チャートの上部で示しているプロセスカラーと黒を混ぜ合わせたときの色を表示しています。この図で指し示した部分は、プロセスカラーが 60% と黒が 50% のカラーになります。
黒の濃度
プロセスカラーに混ぜる黒の濃度です。黒から白までの濃度を 10%ごとに表示しています。
Y100%
基本色カラーチャート
100%
90%
80%
70%
60%
50%
40%
30%
20%
10%
0%
0%
10%
20%
30%
40%
50%
60%
70%
80%
90%
100%
22

Chapter 3 のページの見方

イメージ（写真）
左ページには、配色の参考になる大小４枚の写真を載しています。本書ではShutterstock.com、写真AC、フォトライブラリーの写真を使用しています。
keyword（メインキーワード）
掲載しているイメージにつながるメインキーワードを掲載しています。本書10ページから掲載されている「KEYWORD INDEX」で検索できます。
sub（サブキーワード）
メインキーワードを補足するサブキーワードを掲載しています。メインキーワードと同様に本書10ページから掲載されている「KEYWORD INDEX」で検索できます。
keyword
チューリップ
sub
赤・白・黄色・ピンク・オランダ・風車・きれい・公園・空・鮮やか・球根・童謡
配色（大）
左ページ下部には、左ページ右上に掲載されている抽出したカラーを使って、メインの配色を大きく掲載しています。カラーの下側には、左からCMYKカラー値、RGBカラー値、Webカラー値が掲載されています。また、メインの配色を使ったグラデーションバーも合わせて掲載しています。
掲載したイメージから抽出したカラーチップ
掲載しているイメージを構成する色の要素をいくつか抽出し、掲載しています。このカラーチップを元に配色を考えます。
配色（小）
左ページ右上に掲載されている抽出したカラーを使って、10種類の配色を掲載しています。カラーの下側には、左からCMYKカラー値、RGBカラー値が掲載され、RGBカラー値の下にWebカラー値を掲載しています。

はじめに 3
本書の読み方 4
KEYWORD INDEX 10

CHAPTER 1
カラーの基礎知識 14

色の三原色 16
色の要素 18
本書での色の表現 19

CHAPTER 2
基本色カラーチャート 20

Y100% 22
M25 Y100% 23
M50 Y100% 24
M75 Y100% 25
M100 Y100% 26
M100% 27
C50 M100% 28
C75 M100% 29
C100 M100% 30
C100 M75% 31
C100 M50% 32
C100% 33
C100 Y50% 34
C100 Y100% 35
C50 Y100% 36
C25 Y100% 37

CHAPTER 3

季節のキーワード …… 38

春

雪解け ▶早春・雪・水・花・芽・氷・新緑・クロッカス・サフラン・大地・グラウンド …… 40
梅 ▶早春・初春・酒・ピンク・紅梅・白梅・ジャパニーズアプリコット・バラ科・好文木・春告草・木の花・初名草・香散見草・風待草・匂草 …… 42
ひな祭り ▶3月3日・桃の花・桃の節句・ひなあられ・おひな様・きれい・あまざけ・女の子・ぼんぼり・三人官女・ちらし寿司・ひし餅 …… 44
山菜 ▶早春・芽吹き・ふきのとう・ぜんまい・たけのこ・たらの芽・緑・ナチュラル・雪解け・山・自然・うど・せり・つくし …… 46
つくし ▶早春・土手・河原・佃煮・野原・茶色・胞子・山菜・スギナ・土筆・シダ …… 48
うぐいす ▶梅・春告鳥・さえずり・うぐいす色・日本三鳴鳥・留鳥・さくら・ホーホケキョ …… 50
さくら ▶春・ピンク・きれい・花吹雪・卒業式・入学式・お花見・空・出会い・別れ・あたたかい・陽射し・薄紅色・新緑 …… 52
新学期 ▶入学式・ランドセル・帽子・小学生・ピカピカ・さくら・記念写真・学校・校舎・文房具・教科書・新品 …… 54
チューリップ ▶赤・白・黄色・ピンク・オランダ・風車・きれい・公園・空・鮮やか・球根・童謡 …… 56
たんぽぽ ▶土手・野原・新緑・雑草・黄色・綿毛・風・ダンデライオン …… 58
イースター ▶たまご・うさぎ・感謝祭・パレード・復活祭・キリスト教・イースターエッグ・ケーキ・お菓子・バター …… 60
ストロベリー ▶ピンク・くだもの・いちご狩り・遠足・赤・甘い・野いちご・ブルーベリー・ラズベリー・クランベリー・ジャム …… 62
端午の節句 ▶5月5日・こいのぼり・男の子・かぶと・子どもの日・5月・新緑・五月人形・カキツバタ・菖蒲湯 …… 64
新緑 ▶春・黄緑・野原・高原・河原・自然・緑・草・樹木 …… 66
母の日 ▶カーネーション・花・5月・赤・ピンク・白・プレゼント・マザーズデー・日曜日 …… 68

夏

父の日 ▶6月・日曜日・バラ・赤・白・プレゼント・ファーザーズデイ・リボン・ネクタイ・感謝 …… 70
あじさい ▶梅雨・七色・雨・紫陽花・寺・紫色・ブルー・ピンク・七変化・八仙花・藍色・ガクアジサイ・ホンアジザイ …… 72
七夕 ▶7月7日・仙台・飾り・竹・笹の葉・天の川・織姫・彦星・祭り・しちせき・古事記・短冊・牽牛星・織女星 …… 74
ほおずき市 ▶7月10日・浅草寺・四万六千日・オレンジ・風鈴・縁日・薬草・鉢植え・鬼燈・橙色・観音様 …… 76
海 ▶砂浜・ビーチ・リゾート・ヤシの木・トロピカル・サーフィン・波・エメラルドグリーン・ブルー・パラソル・ビーチチェア・ヨット …… 78
あさがお ▶夏の朝・夏休み・早起き・赤・青・紫・蔓・朝顔市・園芸・観察日記 …… 80
夏休み ▶サマーキャンプ・山・高原・テント・ロッジ・飯ごう・湖・川・カヌー・臨海学校・林間学校・キャンプ・避暑地 …… 82
土用の丑の日 ▶ウナギ・うな丼・うな重・山椒・重箱・丼・ご飯・七輪・炭火・串・タレ・醤油 …… 84
夏野菜 ▶トマト・キュウリ・ズッキーニ・瓜・レタス・パセリ・にんじん・アスパラガス・パプリカ・スイカ・セロリ …… 86
ひまわり ▶太陽・日差し・暑い・黄色・真夏・向日葵・日回り・食用・日輪草・種・日車・油・ヒマワリ油 …… 88
肝試し ▶ホラー・怪談・お墓・ゾンビ・夜中・丑三つ時・ロウソク・幽霊・四谷怪談・真夏の夜・学校・卒塔婆・石灯籠 …… 90
虫 ▶里山・クワガタ・カブトムシ・セミ・林・クヌギの木・虫取り・木・森・アブラゼミ・ミンミンゼミ・夏休み・アミ・田舎・蛍 …… 92
夏祭り ▶盆踊り・浴衣・屋台・ヨーヨー・金魚すくい・うちわ・花火・提灯・祭り・お盆・綿あめ・下駄・神輿 …… 94
浴衣 ▶夏・草履・うちわ・花柄・しぼり・藍染め・藍色・花火・盆踊り・温泉・帯・木綿・コットン・蝶結び・へこ帯・文庫結び・綿縮 …… 96
花火 ▶打ち上げ花火・花火大会・夏・夜・お祭り・線香花火・浴衣・仕掛け花火・割物・型物・ナイアガラ・スターマイン・牡丹花火 …… 98

CONTENTS

秋

コスモス ▶秋桜・桃色・白・赤・真心・公園・花畑・景観・オオハルシャギク …… 100

稲穂 ▶田んぼ・収穫・新米・稲・藁・黄金色・祭り・稲刈り …… 102

ぶどう ▶巨峰・デラウェア・マスカット・ワイン・紫・緑 …… 104

果物 ▶桃・梨・柿・ピンク・オレンジ・橙・甘柿・渋柿・実・くるみ・プラム・実りの秋 …… 106

りんご ▶ふじ・サンフジ・紅玉・お菓子・アップルパイ・姫ふじ・バラ科・果実・ジャム …… 108

お月見 ▶月見・満月・中秋の名月・スーパームーン・団子・観月・十五夜・お月様・うさぎ・餅つき・秋分・ススキ・里芋・枝豆・栗・神酒 …… 110

ススキ ▶かや・尾花・野原・お月見・茅葺き・花札・枯れススキ・穂・イネ・高原・ススキ野 …… 112

秋の魚 ▶サンマ・鮭・鮎・川魚・水揚げ・焼き魚・七輪・炭火・大根おろし・塩焼き …… 114

運動会 ▶小学校・玉投げ・騎馬戦・組体操・かけっこ・赤・白・グランド・トラック・徒競走・綱引き・リレー・鼓笛隊・マーチ・万国旗 …… 116

松茸 ▶香り・山・雑木林・里山・きのこ・炊き込みご飯・土瓶蒸し・網焼き・姿焼き・赤松・お吸い物 …… 118

ハロウィーン ▶10月31日・ゾンビ・キャンディ・収穫祭・お菓子・カボチャ・ランタン・仮装・子ども・ホラー・魔女・お化け・こうもり …… 120

イチョウ ▶銀杏・並木道・紅葉・黄色・落葉樹・実・炒り銀杏・茶碗蒸し・落ち葉 …… 122

紅葉 ▶もみじ・かえで・山・紅葉狩り・赤・黄色・里山・雑木林・たき火・落ち葉 …… 124

菊 ▶栽培菊・食用・薬草・観賞用植物・菊花紋章・観菊御宴・古典園芸植物・大菊・管物・厚物・千代見草・ダルマづくり・千輪咲き・菊人形 …… 126

栗 ▶栗ご飯・お菓子・ケーキ・甘栗・焼き栗・いがぐり・マロン・クリーム …… 128

冬

みかん ▶こたつ・オレンジ・温州みかん・柑橘・愛媛・和歌山・静岡・有田みかん・愛媛みかん・紀州みかん・冷凍みかん …… 130

おでん ▶はんぺん・大根・たまご・ちくわ・ちくわぶ・糸こんにゃく・がんもどき・つみれ・こんにゃく・こんぶ・たこ・牛すじ・厚揚げ・さつま揚げ・コンビニ …… 132

クリスマス ▶12月25日・ツリー・キリスト・降誕祭・デコレーション・イルミネーション・クリスマスキャロル・飾り・プレゼント・サンタクロース・クリスマスイブ・ケーキ …… 134

大晦日 ▶12月31日・除夜の鐘・初詣・紅白歌合戦・年越しそば・大掃除・買物・築地・アメ横・除夜詣・年籠り・師走 …… 136

初日の出 ▶朝日・富士山・ご来光・祈り・拝む・お参り・山・海・神社・寺 …… 138

お正月 ▶1月1日・元旦・晴れ着・鏡餅・お雑煮・おせち料理・門松・年賀状・羽つき・餅つき・凧揚げ・正月飾り・お年玉・初詣・初夢 …… 140

おせち料理 ▶伊達巻・栗きんとん・黒豆・昆布巻き・田作り・かずのこ・えび・紅白なます・かまぼこ・筑前煮・お煮染め・たこ …… 142

初詣 ▶神社・寺・お賽銭・破魔矢・お札・おみくじ・お参り・元旦詣・三が日 …… 144

七草がゆ ▶1月7日・セリ・ナズナ・ゴギョウ・ハコベラ・ホトケノザ・スズナ・スズシロ・大根・カブ …… 146

成人式 ▶成人の日・大人・第2月曜日・振り袖・スーツ・着物・帯・元服・二十歳・新成人 …… 148

節分 ▶2月3日・豆まき・鬼・大豆・福は内・鬼は外・恵方巻き・お面 …… 150

雪山 ▶スキー・スノーボード・ウィンタースポーツ・リフト・白銀・雪・雪かき・雪だるま・雪崩・パウダースノー・吹雪 …… 152

山茶花 ▶ツバキ・たき火・童謡・桃色・白・赤・ピンク・演歌・生け垣・寒椿 …… 154

バレンタインデー ▶2月14日・チョコレート・プレゼント・愛の誓いの日・聖バレンタイン・お菓子・義理チョコ・友チョコ・逆チョコ・自己チョコ …… 156

鶴 ▶冬鳥・タンチョウツル・北海道・釧路湿原・留鳥・ナベヅル・マナヅル・田んぼ・湖沼・川・湿地・草原 …… 158

All season

夜景 ▶日本・都会・ビル・建物・東京・横浜・神戸・ルミナリエ・福岡・高速道路・ブリッジ・タワー・湾岸 …… 160
ネオン ▶ラスベガス・都会・繁華街・ビル・看板・サイン・上海 …… 162
日本 ▶庭園・寺・神社・京都・畳・茶・和室・伝統・和・着物 …… 164
スイーツ ▶菓子・ケーキ・チョコレート・マカロン・イチゴ・クリーム …… 166
イタリア ▶外国・ヨーロッパ・ユーロ・ローマ・ベネチア・ミラノ・サッカー・セリエA・アズーリ・ルネッサンス・トマト・スパゲッティ・ピザ・ナポリ・イタリアン・ワイン・テラコッタ …… 168
ビルディング ▶日本・都会・建物・東京・都心・高層・銀行 …… 170
アンティーク ▶アイテム・大人・グッズ・男性・クラシカル・古い・セピア・アクセサリー・時計・陶器・宝石・小物 …… 172

CHAPTER 4
特色掛け合わせチャート …… 174

チャートの見方 …… 176
金銀特色とプロセスカラーの掛け合わせ …… 177
蛍光特色とプロセスカラーの掛け合わせ …… 193

季節・時間

1月1日 …… 140
1月7日 …… 146
2月14日 …… 156
2月3日 …… 150
3月3日 …… 44
5月 …… 64, 68
5月5日 …… 64
6月 …… 70
7月7日 …… 74
7月10日 …… 76
10月31日 …… 120
12月25日 …… 134
12月31日 …… 136
丑三つ時 …… 90
大晦日 …… 136
お正月 …… 140
お盆 …… 94
感謝祭 …… 60
元旦 …… 140
クリスマス …… 134
クリスマスイブ …… 135
子どもの日 …… 64
三が日 …… 144
しちせき …… 74
四万六千日 …… 76
秋分 …… 111
初春 …… 42
除夜の鐘 …… 136
師走 …… 137
新学期 …… 54
成人の日 …… 148
聖バレンタイン …… 157
節分 …… 150
早春 …… 40, 42, 46, 48
第2月曜日 …… 148
七夕 …… 74
端午の節句 …… 64
父の日 …… 70
中秋の名月 …… 110
梅雨 …… 72
土用の丑の日 …… 84
夏 …… 96, 98
夏の朝 …… 80
夏休み …… 80, 82, 93
日曜日 …… 68, 70
初日の出 …… 138
初詣 …… 136, 141, 144
初夢 …… 141
母の日 …… 68
春 …… 52, 66
バレンタインデー …… 156
ハロウィーン …… 120
ひな祭り …… 44
ファーザーズデイ …… 70
復活祭 …… 60
ほおずき市 …… 76
マザーズデー …… 68
真夏 …… 88
真夏の夜 …… 91
桃の節句 …… 44
夜中 …… 90
夜 …… 98

色

藍色 …… 72, 96
青 …… 80
赤 …… 56, 62, 68, 70, 80, 100, 116, 124, 154
アズーリ …… 169
うぐいす色 …… 50
薄紅色 …… 53
エメラルドグリーン …… 78
オレンジ …… 76, 106, 130
黄色 …… 56, 58, 88, 122, 124
黄緑 …… 66
黄金色 …… 102
白 …… 56, 68, 70, 100, 116, 154
セピア …… 172
橙 …… 106
橙色 …… 77
茶色 …… 48
七色 …… 72
ピンク …… 42, 52, 56, 62, 68, 72, 106, 154
ブルー …… 72, 79
緑 …… 46, 66, 104
紫 …… 80, 104
紫色 …… 72
桃色 …… 100, 154

自然

朝日 …… 138
天の川 …… 74
雨 …… 72
海 …… 78, 138
落ち葉 …… 122, 124
お月様 …… 110
尾花 …… 112
風 …… 58
枯れススキ …… 112
川 …… 82, 158
牽牛星 …… 75
紅葉 …… 122, 124
氷 …… 40
さえずり …… 50
自然 …… 47, 66
樹木 …… 66
織女星 …… 75
新緑 …… 40, 53, 58, 64, 66
スーパームーン …… 110
ススキ野 …… 112
雑木林 …… 118, 124
草原 …… 159
空 …… 52, 56
大地 …… 40
太陽 …… 88
種 …… 88
雪崩 …… 153
ナチュラル …… 46
波 …… 78
野原 …… 48, 58, 66, 112
パウダースノー …… 153
白銀 …… 152
花 …… 40, 68
林 …… 92
日差し …… 88
陽射し …… 53
吹雪 …… 153
穂 …… 112
胞子 …… 48
ホーホケキョ …… 50
満月 …… 110
水 …… 40
湖 …… 82
緑 …… 46, 66, 104
実りの秋 …… 106
芽 …… 40
芽吹き …… 46
森 …… 92
山 …… 47, 82, 118, 124, 138
雪 …… 40, 152
雪解け …… 40, 47
雪山 …… 152
落葉樹 …… 122

動植物

赤松 …… 118
秋桜 …… 100
秋の魚 …… 114
あさがお …… 80
あじさい …… 72
紫陽花 …… 72
アスパラガス …… 86
アブラゼミ …… 92
鮎 …… 114
イチョウ …… 122
稲穂 …… 102
稲（イネ） …… 102,112
うぐいす …… 50
うさぎ …… 60, 110
うど …… 47
ウナギ …… 84
梅 …… 42, 50
瓜 …… 86
枝豆 …… 111
えび …… 142
大菊 …… 126
オオハルシャギク …… 100
カーネーション …… 68
かえで …… 124
柿 …… 106
カキツバタ …… 65
ガクアジサイ …… 73
香散見草 …… 43

風待草…… 43
カブ…… 147
カブトムシ…… 92
カボチャ…… 120
かや…… 112
川魚…… 114
柑橘…… 130
観賞用植物…… 126
寒椿…… 154
木…… 92
菊…… 126
きのこ…… 118
木の花…… 43
球根…… 57
銀杏…… 122
草…… 66
クヌギの木…… 92
クランベリー…… 63
栗…… 111, 128
クロッカス…… 40
クワガタ…… 92
紅梅…… 42
好文木…… 42
こうもり…… 121
ゴギョウ…… 146
コスモス…… 100
古典園芸植物…… 126
栽培菊…… 126
さくら…… 50, 52, 54
鮭…… 114
笹の葉…… 74
山茶花…… 154
雑草…… 58
里芋…… 111
サフラン…… 40
サンマ…… 114
シダ…… 48
ジャパニーズアプリコット…… 42
スギナ…… 48
ススキ…… 111, 112
スズシロ…… 146
スズナ…… 146
ズッキーニ…… 86
ストロベリー…… 62
セミ…… 92
せり…… 47
セリ…… 146
セロリ…… 87
ぜんまい…… 46
千輪咲き…… 127
大根…… 132, 147
竹…… 74
タンチョウツル…… 158
ダンデライオン…… 58
たんぽぽ…… 58
チューリップ…… 56
千代見草…… 127
つくし…… 47, 48
ツバキ…… 154
鶴…… 158
蔓…… 80
トマト…… 86, 169
梨…… 106
ナズナ…… 146
ナベヅル…… 158
匂草…… 43
日輪草…… 88
日本三鳴鳥…… 50
にんじん…… 86
野いちご…… 62
白梅…… 42
ハコベラ…… 146
パセリ…… 86
鉢植え…… 76
八仙花…… 72
初名草…… 43
パプリカ…… 87
バラ…… 70
バラ科…… 42, 108
春告草…… 43
春告鳥…… 50
日車…… 88
向日葵…… 88
日回り…… 88
ふきのとう…… 46
ぶどう…… 104
冬鳥…… 158
プラム…… 106
ブルーベリー…… 63
蛍…… 93
牡丹花火…… 99
ホトケノザ…… 146
ホンアジザイ…… 73
マナヅル…… 158
ミンミンゼミ…… 93
虫…… 92
もみじ…… 124
桃…… 106
桃の花…… 44
ヤシの木…… 78
ラズベリー…… 63
りんご…… 108
レタス…… 86
留鳥…… 50, 158

国名・地名・場所・建物・人（固有名詞ほか）

アメ横…… 137
イタリア…… 168
田舎…… 93
愛媛…… 130
男の子…… 64
大人…… 148, 172
鬼…… 150
お墓…… 90
お化け…… 121
オランダ…… 56
織姫…… 74
温泉…… 96
女の子…… 44
外国…… 168
学校…… 54, 91
茅葺き…… 112
河原…… 48, 66
京都…… 164
キリスト…… 134
銀行…… 170
釧路湿原…… 158
グラウンド…… 40, 116
公園…… 56, 100
高原…… 66, 82, 112
校舎…… 54
高速道路…… 160
神戸…… 160
湖沼…… 158
子ども…… 121
コンビニ…… 133
里山…… 92, 118, 124
サンタクロース…… 135
静岡…… 130
湿地…… 159
上海…… 162
小学生…… 54
小学校…… 116
神社…… 138, 144, 164
新成人…… 148
砂浜…… 78
セリエA…… 168
浅草寺…… 76
仙台…… 74
空…… 52, 56
ゾンビ…… 90, 120
建物…… 160, 170
タワー…… 161
男性…… 172
田んぼ…… 102, 158
築地…… 136
庭園…… 164
寺…… 72, 138, 144, 164
東京…… 160, 170
都会…… 160, 162, 170
都心…… 170
土手…… 48, 58
トラック…… 116
ナポリ…… 169
並木道…… 122
日本…… 160, 164, 170
花畑…… 100
繁華街…… 162
ビーチ…… 78
彦星…… 74
避暑地…… 83
ビル…… 160, 162
ビルディング…… 170
風車…… 56

福岡……160
富士山……138
ブリッジ……160
ベネチア……168
北海道……158
魔女……121
ミラノ……168
夜景……160
屋台……94
幽霊……90
ユーロ……168
ヨーロッパ……168
横浜……160
ラスベガス……162
リゾート……78
リフト……152
ルネッサンス……169
ルミナリエ……160
ローマ……168
ロッジ……82
和歌山……130
湾岸……161
和室……164

雰囲気・気持ち

鮮やか……56
あたたかい……53
暑い……88
甘い……62
祈り……138
鬼は外……150
拝む……138
香り……118
感謝……71
きれい……44, 52, 56
クラシカル……172
景観……100
高層……170
七変化……72
出会い……52
伝統……164
トロピカル……78
ピカピカ……54
福は内……150
古い……172
真心……100
和……164
別れ……52

イベント(行動)

愛の誓いの日……156
朝顔市……80
イースター……60
いちご狩り……62
稲刈り……102
ウィンタースポーツ……152
打ち上げ花火……98
運動会……116
園芸……80
遠足……62
縁日……76
大掃除……136
お月見……110, 112
お花見……52
お参り……138, 144
お祭り……98
おみくじ……144
怪談……90
買物……136
かけっこ……116
仮装……121
観月……110
観察日記……80
元旦詣……144
記念写真……54
騎馬戦……116
肝試し……90
キャンプ……83
金魚すくい……94
組体操……116
クリスマスキャロル……135
元服……148
降誕祭……134
紅白歌合戦……136
鼓笛隊……117
ご来光……138
サーフィン……78
サッカー……168
サマーキャンプ……82
仕掛け花火……98
収穫……102
収穫祭……120
十五夜……110
菖蒲湯……65
除夜詣……137
スキー……152
スターマイン……99
スノーボード……152
成人式……148
線香花火……98
卒業式……52
たき火……124, 154
凧揚げ……141
玉投げ……116
月見……110
綱引き……117
デコレーション……134
徒競走……117
夏祭り……94
入学式……52, 54
二十歳……148
花火大会……98
羽つき……140
早起き……80
パレード……60
ホラー……90, 121
盆踊り……94, 96
マーチ……117
祭り……74, 94, 102
豆まき……150
神輿……95
水揚げ……114
虫取り……92
餅つき……111, 141
紅葉狩り……124
雪かき……152
四谷怪談……90
リレー……117
臨海学校……82
林間学校……83

物・etc

藍染め……96
アイテム……172
アクセサリー……173
厚物……126
アミ……93
アンティーク……172
イースターエッグ……61
生け垣……154
石灯籠……91
イルミネーション……134
うちわ……94, 96
演歌……154
お賽銭……144
お札……144
お年玉……141
帯……96, 148
おひな様……44
お面……150
飾り……74, 135
型物……99
門松……140
カヌー……82
かぶと……64
観菊御宴……126
観音様……77
看板……162
菊花紋章……126
菊人形……127
着物……148, 164
教科書……55
キリスト教……60
管物……126
グッズ……172
下駄……95
こいのぼり……64
五月人形……65
古事記……74
こたつ……130
コットン……97
小物……173
サイン……162
三人官女……45
七輪……84, 114
しぼり……96

重箱…… 84
正月飾り…… 141
新品…… 55
スーツ…… 148
炭火…… 85, 114
草履…… 96
卒塔婆…… 91
畳…… 164
ダルマづくり…… 127
短冊…… 75
提灯…… 94
蝶結び…… 97
ツリー…… 134
テラコッタ…… 169
テント…… 82
陶器…… 173
童謡…… 57, 154
ナイアガラ…… 99
ネオン…… 162
ネクタイ…… 70
年賀状…… 140
花柄…… 96
花火…… 94, 96, 98
花札…… 112
花吹雪…… 52
破魔矢…… 144
パラソル…… 79
晴れ着…… 140
飯ごう…… 82
万国旗…… 117
ビーチチェア…… 79
風鈴…… 76
振り袖…… 148
プレゼント…… 68, 70, 135, 156
文庫結び…… 97
文房具…… 54
へこ帯…… 97
帽子…… 54
宝石…… 173
鬼燈…… 77
ぼんぼり…… 45
綿縮…… 97
木綿…… 96
浴衣…… 94, 96, 98
雪だるま…… 152
ヨーヨー…… 94
ヨット…… 79
ランタン…… 121
ランドセル…… 54
リボン…… 70
ロウソク…… 90
綿毛…… 58
藁…… 102

食べ物

厚揚げ…… 133
アップルパイ…… 108
油…… 89
甘柿…… 106
甘栗…… 128
あまざけ…… 44
網焼き…… 118
有田みかん…… 130
いがぐり…… 128
イチゴ…… 166
糸こんにゃく…… 132
イタリアン…… 169
炒り銀杏…… 122
うな重…… 84
うな丼…… 84
温州みかん…… 130
愛媛みかん…… 131
恵方巻き…… 150
お菓子…… 61, 108, 120, 128, 157
お吸い物…… 119
おせち料理…… 140, 142
お雑煮…… 140
おでん…… 132
お煮染め…… 143
鏡餅…… 140
菓子…… 166
果実…… 108
かずのこ…… 142
かまぼこ…… 143
がんもどき…… 132
紀州みかん…… 131
逆チョコ…… 157
キャンディ…… 120
牛すじ…… 133
キュウリ…… 86
巨峰…… 104
義理チョコ…… 157
串…… 85
くだもの…… 62
果物…… 106
クリーム…… 128, 166
栗きんとん…… 142
栗ご飯…… 128
くるみ…… 106
黒豆…… 142
ケーキ…… 61, 128, 135, 166
紅玉…… 108
紅白なます…… 143
ご飯…… 84
昆布巻き…… 142
こんにゃく…… 133
こんぶ…… 133
酒…… 42
さつま揚げ…… 133
山菜…… 46, 48
山椒…… 84
サンフジ…… 108
塩焼き…… 114
自己チョコ…… 157
渋柿…… 106
ジャム…… 63, 108
醤油…… 85
食用…… 88, 126
新米…… 102
スイーツ…… 166
スイカ…… 87
姿焼き…… 118
スパゲッティ…… 169
大根おろし…… 114
大豆…… 150
炊き込みご飯…… 118
たけのこ…… 46
たこ…… 133, 143
田作り…… 142
伊達巻…… 142
たまご…… 60, 132
たらの芽…… 46
タレ…… 85
団子…… 110
筑前煮…… 143
ちくわ…… 132
ちくわぶ…… 132
茶…… 164
茶碗蒸し…… 122
チョコレート…… 156, 166
ちらし寿司…… 45
佃煮…… 48
つみれ…… 132
デラウェア…… 104
時計…… 173
年越しそば…… 136
土瓶蒸し…… 118
友チョコ…… 157
丼…… 84
夏野菜…… 86
七草がゆ…… 146
バター…… 61
はんぺん…… 132
ピザ…… 169
ひし餅…… 45
ひなあられ…… 44
ヒマワリ油…… 89
姫ふじ…… 108
ふじ…… 108
マカロン…… 166
マロン…… 128
実…… 106, 122
みかん…… 130
神酒…… 111
焼き栗…… 128
焼き魚…… 114
薬草…… 76, 126
冷凍みかん…… 131
ワイン…… 104, 169
綿あめ…… 95

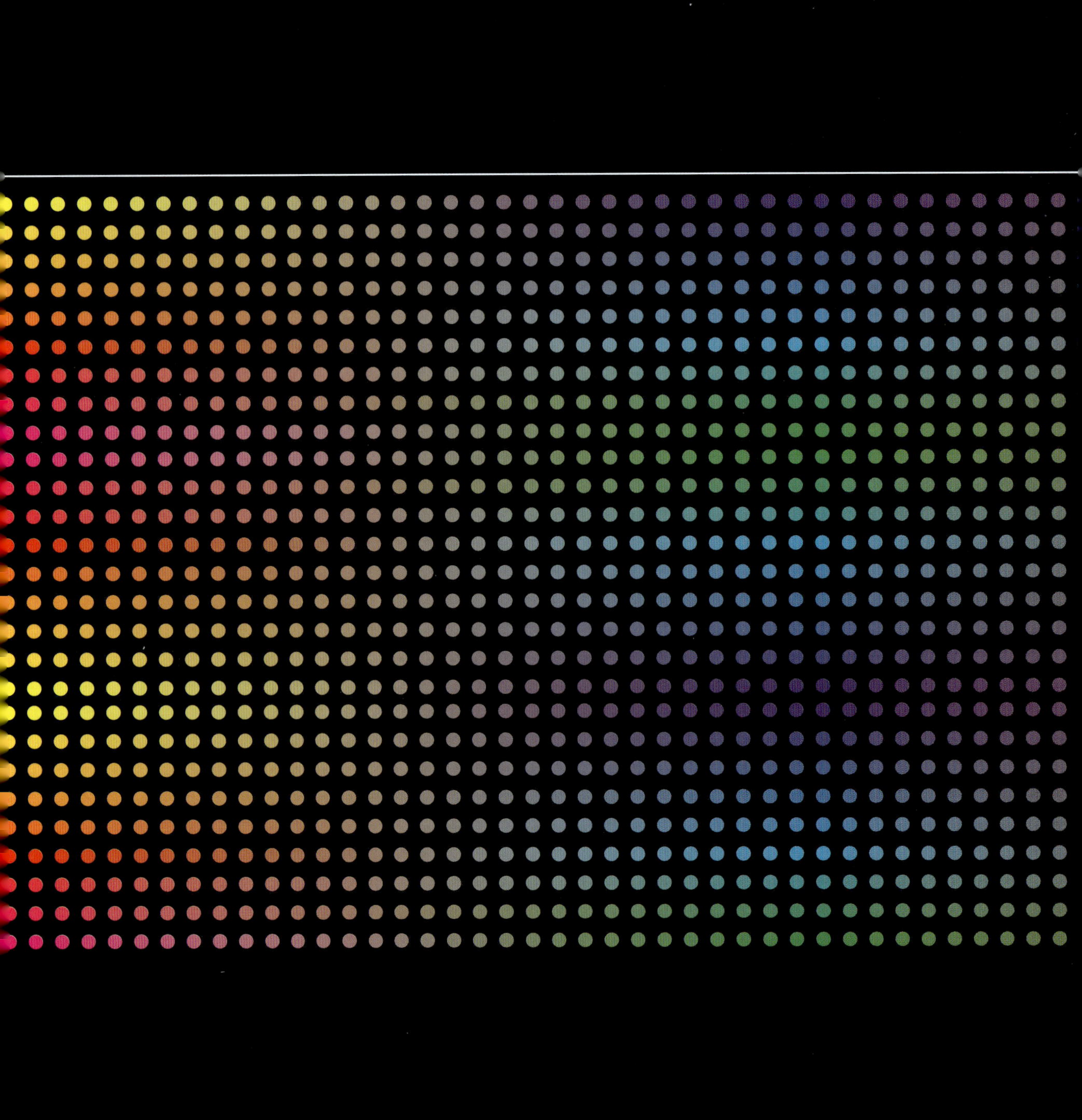

Chapter 1

カラーの基礎知識

この Chapter では、知っておきたいカラーの基本的な知識を解説しています。
また、本書における色の表現方法、および、値の算出方法についても解説しています。

色の三原色

人間の目に見える色は、基本となる3つの色を混ぜることによって表現することができます。
これを「色の三原色」といいます。
色の三原色には、「色光の三原色」と「色材の三原色」があります。このふたつの三原色の違いは、
光を放射させて色を表現するのか、光を反射させて色を表現するのかというものです。
それでは簡単に説明しましょう。

色光の三原色

色光の三原色（光の三原色と呼ばれる場合もあります）は、RED（赤）、GREEN（緑）、BLUE（青）の3色の光を混ぜ合わせて表示しています。
これをそれぞれのカラーの頭文字をとって、「RGB」カラーと呼びます。
右図をみてください。青と緑の重なった部分がシアン、赤と青が重なった部分がマゼンタ、赤と緑が重なったところがイエローになっています。
そして、三色が重なった中央は白になります。このような混色の方法を「加法混色」といいます。
テレビ、モニタなどの色もこのようにRED（赤）、GREEN（緑）、BLUE（青）の光ビームを混ぜ合わせて色を表現しています。
TV映像やムービー、Webページなど、モニタ上で色を表現する場合はこの三原色を使います。

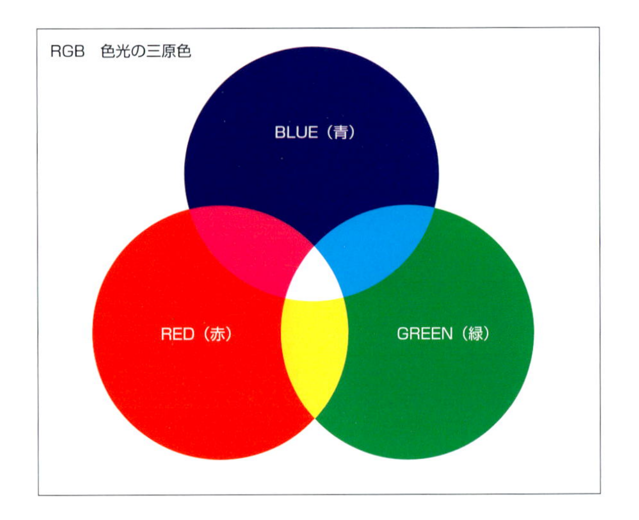

色材の三原色

色材の三原色は、CYAN（シアン）、MAGENTA（マゼンタ）、YELLOW（イエロー）の３色を混ぜ合わせて色を表現します。この色は、光を反射することによって色として認識されています。

右図をみてください。シアンとマゼンタが重なったところは、青、マゼンタとイエローが重なったところは赤、イエローとシアンが重なったところは、緑になっています。そして、３色が重なった中央は黒に近い色になっています。このような混色の方法を「減法混色」といいます。

これは、絵の具を混ぜ合わせたときと同じ色の混ざり方です。印刷物など、紙に表現している色は、この色材の三原色を使って表現します。

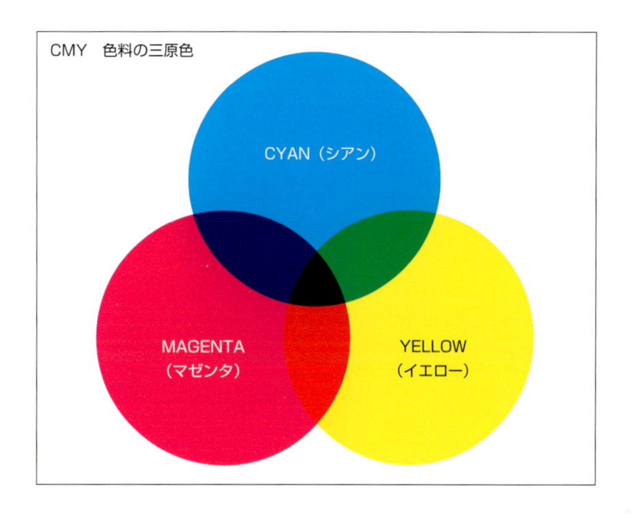

色材の三原色では、この色の混ぜ合わせる分量を変えることによって、さまざま色を表現することになります。ただし、中央の黒は、黒に近い色で、黒ではありません。ですので、印刷物の場合は、この３色に「BLACK（黒）」を追加した４色で、色を表現します。この４色の頭文字をとって（BLACKの頭文字はBLUEと重なるので「K」で表す）、「CMYK」カラーと呼びます。

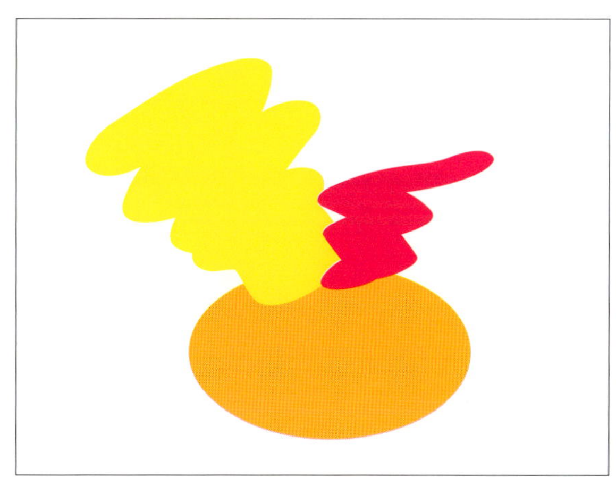

例えば、イエローとマゼンタを混ぜると赤になりますが、マゼンタを混ぜる割合を減らすと、黄色の成分が多くなり、オレンジになります。

色の要素

色の表現はいろいろありますが、一番わかりやすく、一般的なものが、色相･彩度･明度の3つの要素で表現する方法です。本書の「Chapter 2　基本色カラーチャート」では、この要素で色を表現しています。

色相

色相は、色味を表現します。
太陽光をプリズムを通して分解すると表示される虹のようなきれいな色の帯を「スペクトル」といいます。このスペクトルの端と端をつなぎ合わせ、つなぎ目に色を追加したものが「色相環」です。
色の表現方法（マンセル表色系など）により、色相の作り方はいろいろありますが、一番わかりやすいのは、黄、赤、青の三色を基本として、黄色と赤、赤と青、青と黄の間にある色を生成していくという方法です。

この色相環の反対側にある色を「補色関係にある色」といいます。補色同士を配色すると、より色が鮮やかに見え、強調することができます。特に、赤と緑など、明度の近い色を配色すると、隣り合った部分がチカチカとする「ハレーション」が起こります。また、補色同士を混ぜ合わせると、グレー（無彩色）になることも覚えておきましょう。

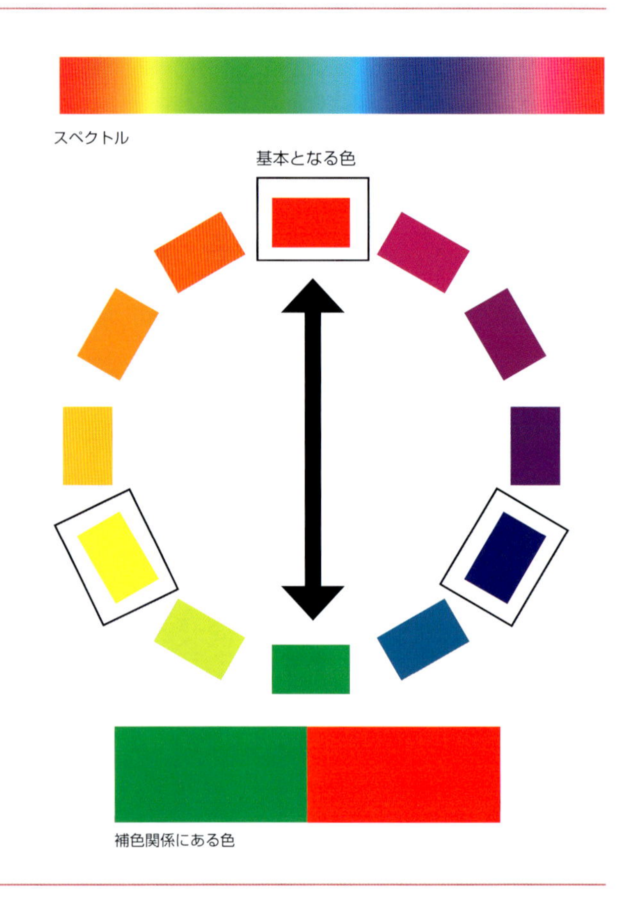

彩度

彩度は、色の鮮やかを表現する要素です。色には、「有彩色」と「無彩色」があります。無彩色とは、完全な白と黒、そして、白から黒の中間にあるグレーのことをいいます。これに対して有彩色は、無彩色以外の色を指します。前述の色相環で表現している色は、純色といい、この色が一番彩度の高い色になります。
彩度は、この純色から黒までの色で表現されます。

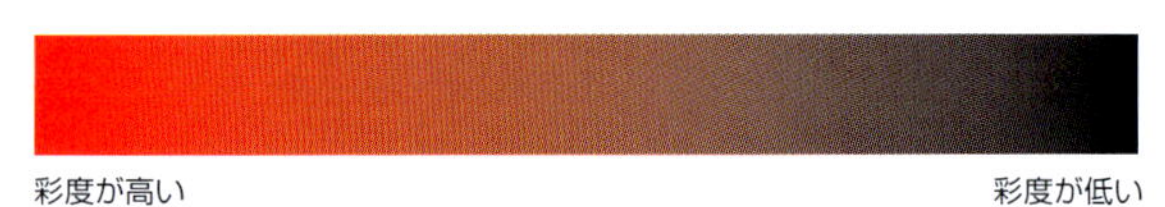

明度

明度は、色の明るさを表現する要素です。黒から白までの色で表現されます。白が最も明度が高く、黒が最も明度が低いことになります。純色から白へのグラデーションでも同じで、白が最も明度の高い色になります。

明度は色には関係なく、明るさだけの要素ですので、有彩色の明度がわかりにくくなりますが、色をグレースケールに置き換えてみるとよいでしょう。黄色が最も明度が高い純色になります。

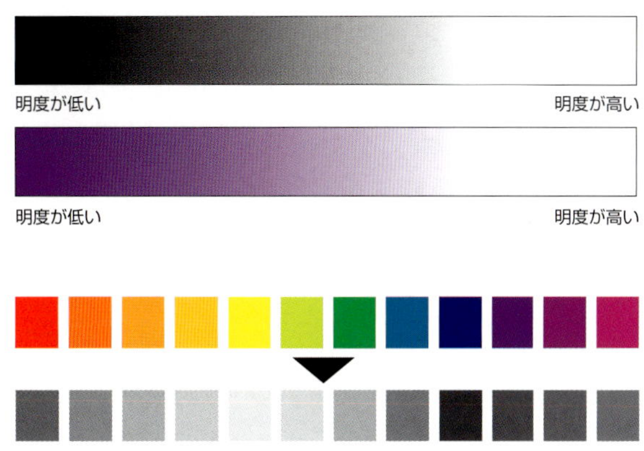

純色の明度は、無彩色に変換するとはっきりとわかる

本書での色の表現

本書の「Chapter 3」では、さまざまな用途でお使いいただけるように、印刷用のCMYKカラー、Webやモニタ上で色を表現するためのRGBカラー、そしてWebページ上での色の指定に使用するWebカラーの値を表示しています。これらの値は、色域によって値が変化します。

本書は、商用印刷物ですので、印刷用のCMYKカラーを基準とし、次のような色域を使って色を表現しました。

CMYKカラー値

本書では、印刷色の規格である「Japan Color 2001」を使って表現しています。

Webカラー値

RGB カラー値を 16 進数に置き換えて、表示しています。

RGBカラー値

CMYK カラーを、Adobe ACE というカラー変換エンジンを使って、Adobe RGB カラーの色域に変換して RGB カラー値を算出しています。異なるカラーエンジンや色域を使った場合、本書に記載されている値と異なりますので注意してください。

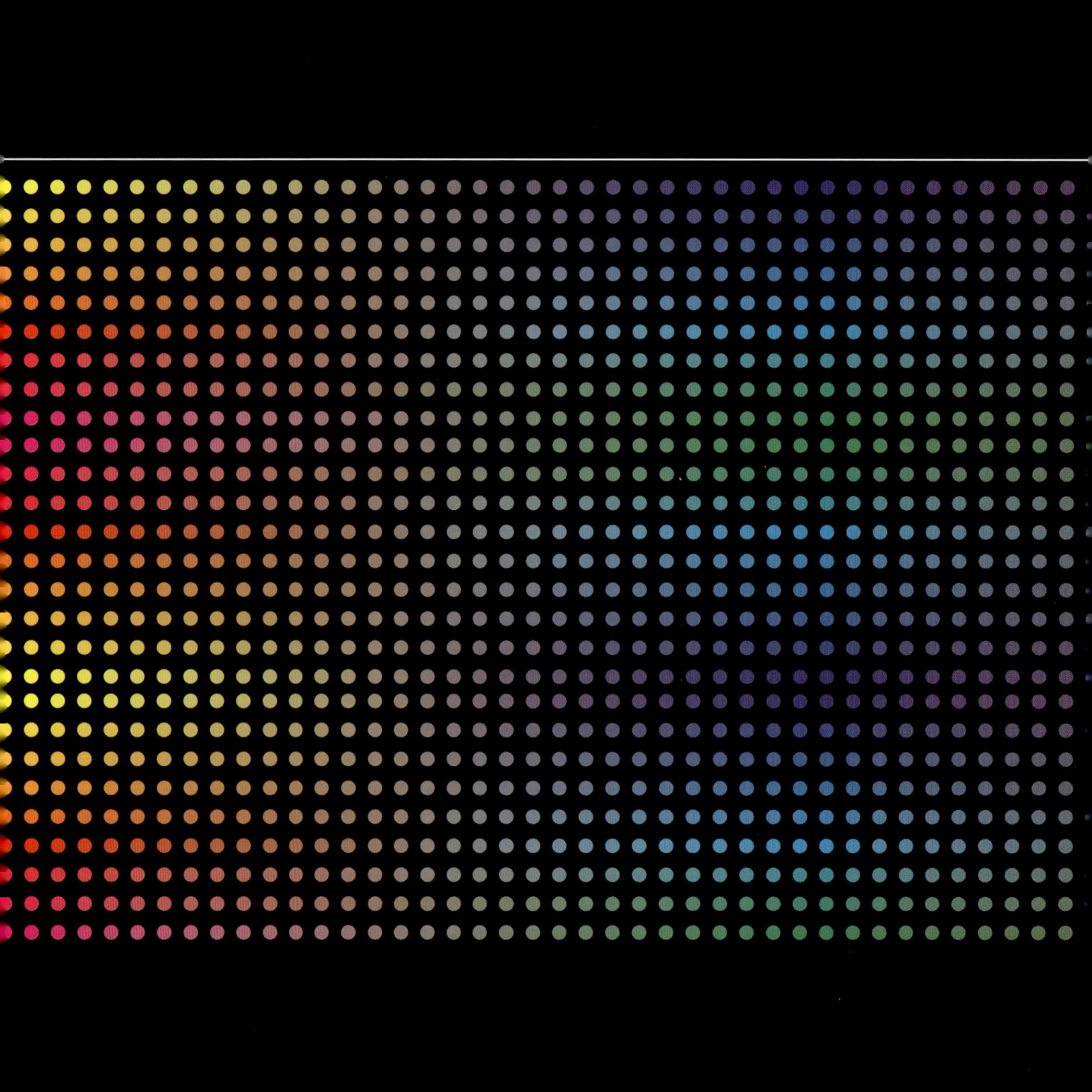

Chapter 2

基本色カラーチャート

このChapterでは、色相環で表現される基本色から白（明度）、基本色から黒（彩度）のチャートを掲載しています。なお、基本色は5％区切りのCMYKカラー値で表示しているため、本来の色相環とは若干異なる色もあります。

Y100％ ▶ 22
M25 Y100％ ▶ 23
M50 Y100％ ▶ 24
M75 Y100％ ▶ 25
M100 Y100％ ▶ 26
M100％ ▶ 27
C50 M100％ ▶ 28
C75 M100％ ▶ 29
C100 M100％ ▶ 30
C100 M75％ ▶ 31
C100 M50％ ▶ 32
C100％ ▶ 33
C100 Y50％ ▶ 34
C100 Y100％ ▶ 35
C50Y 100％ ▶ 36
C25 Y100％ ▶ 37

Y100%

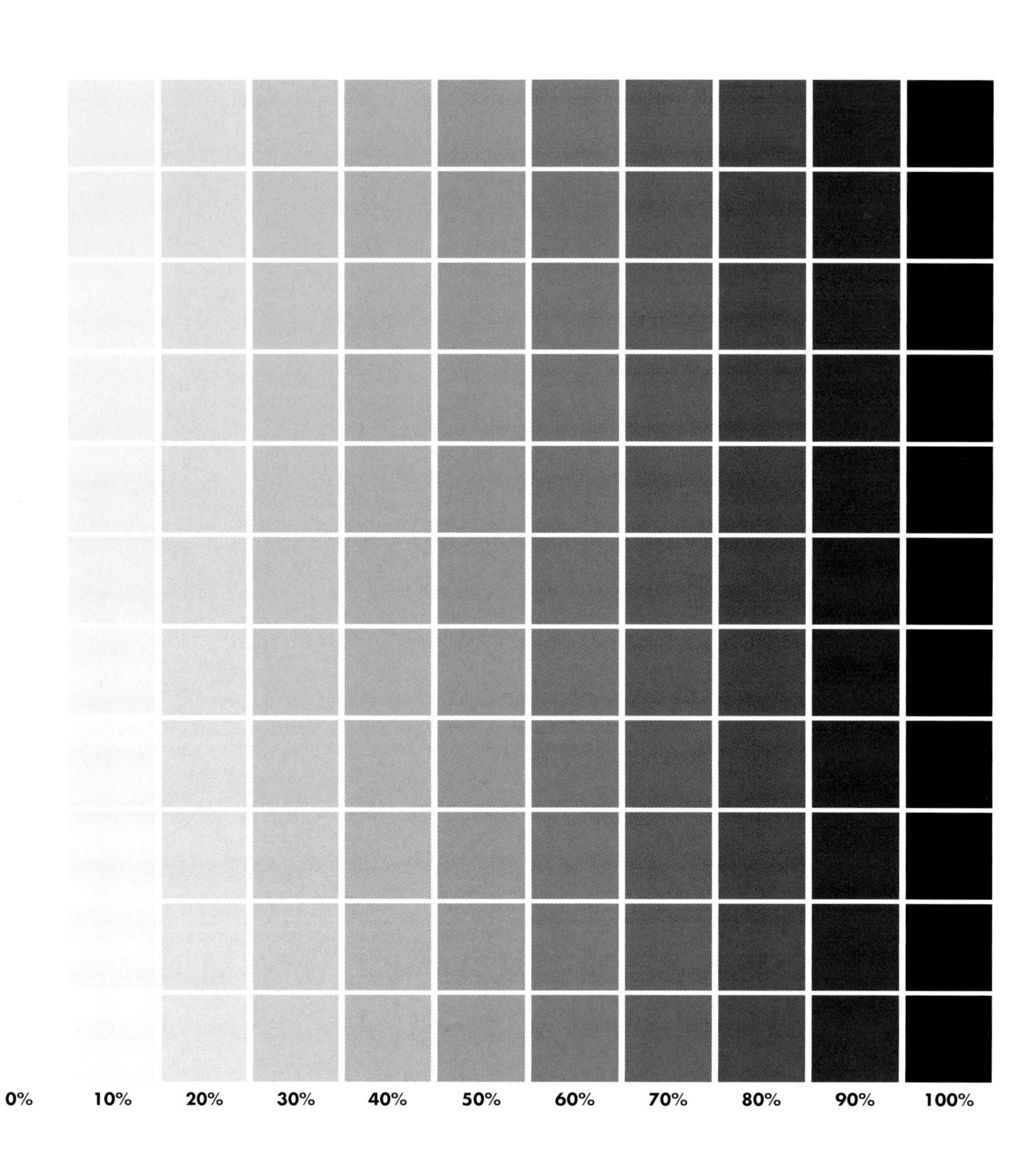

M25Y100%

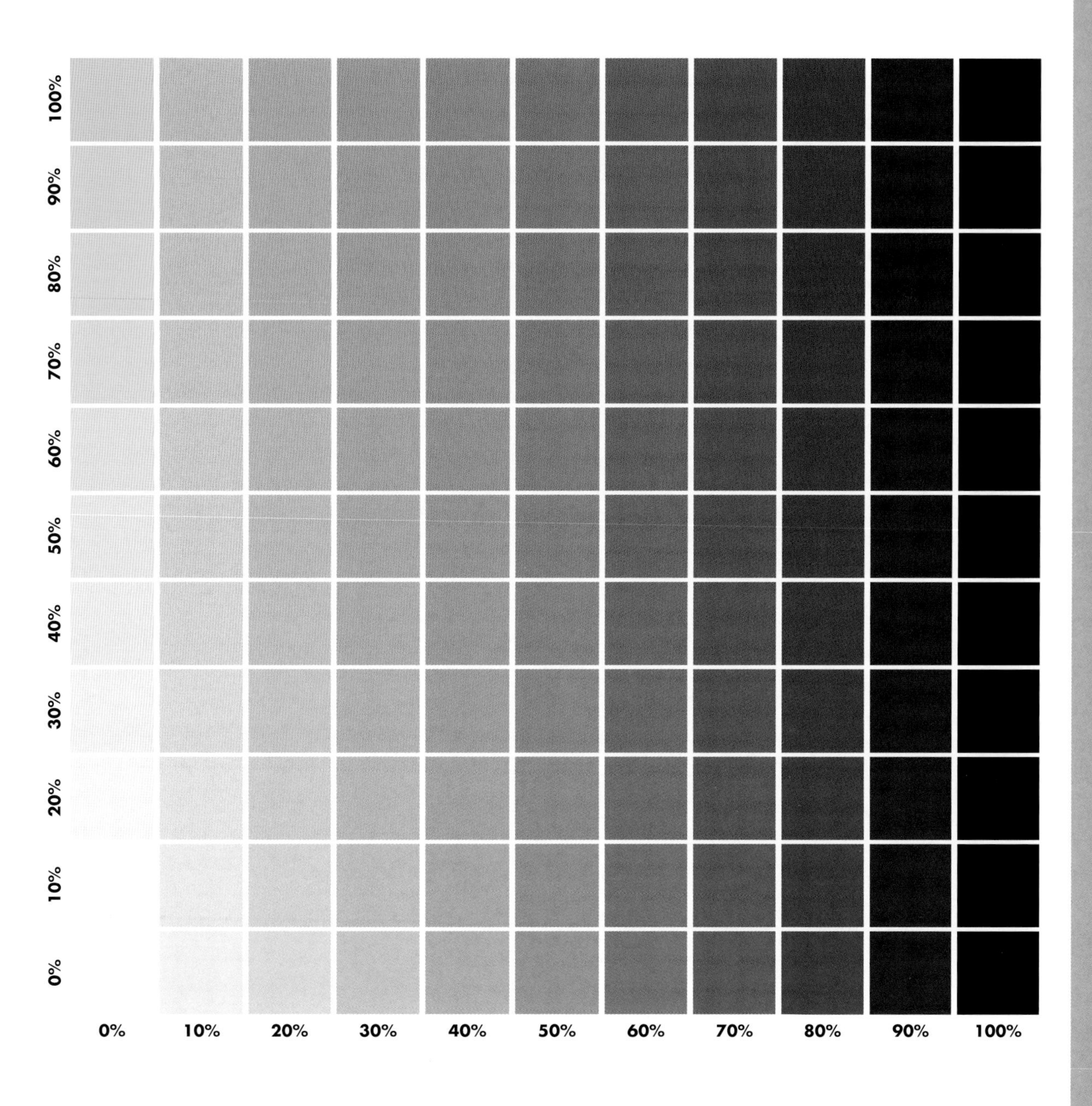

M50Y100%

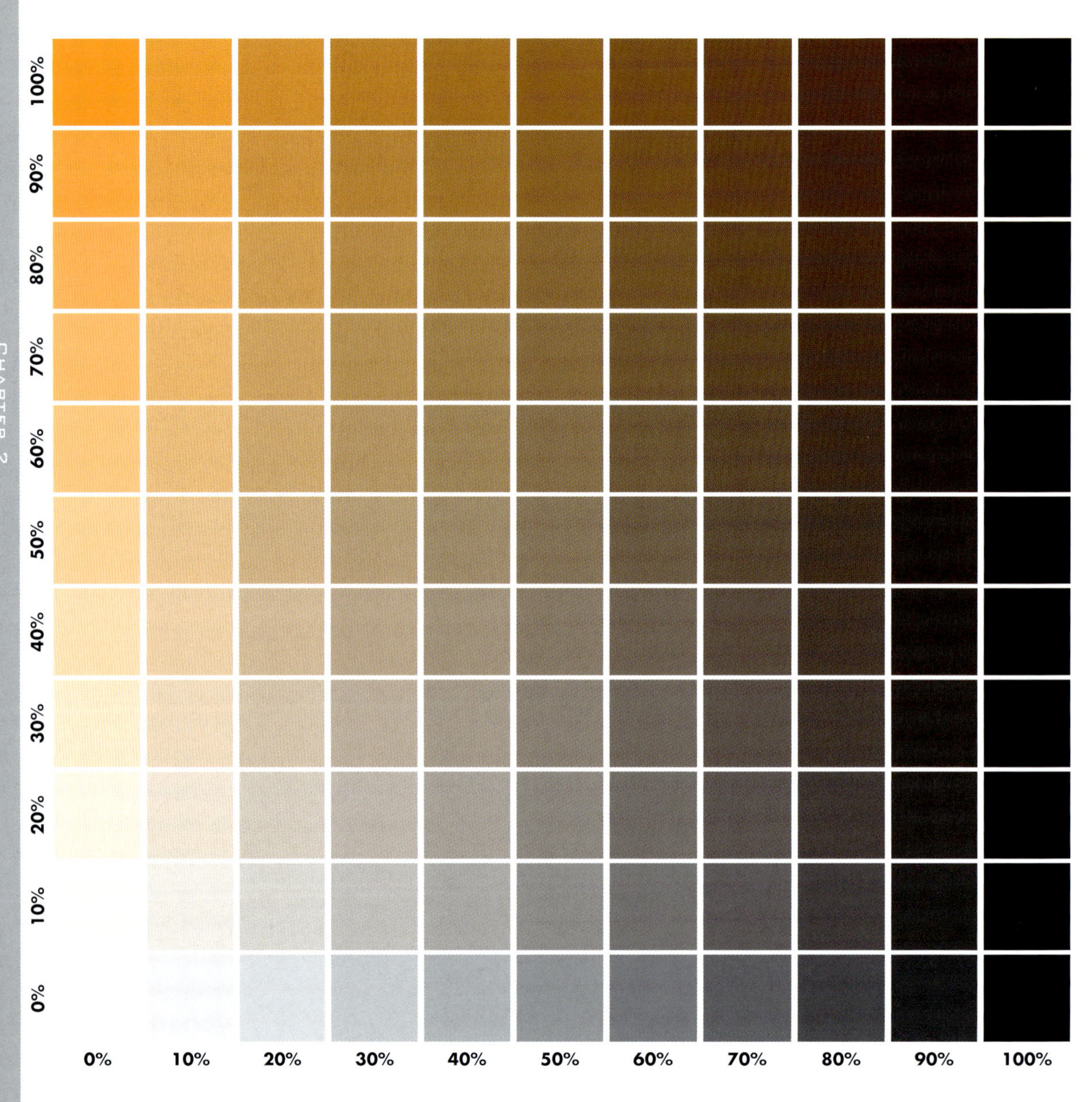

M75Y100%

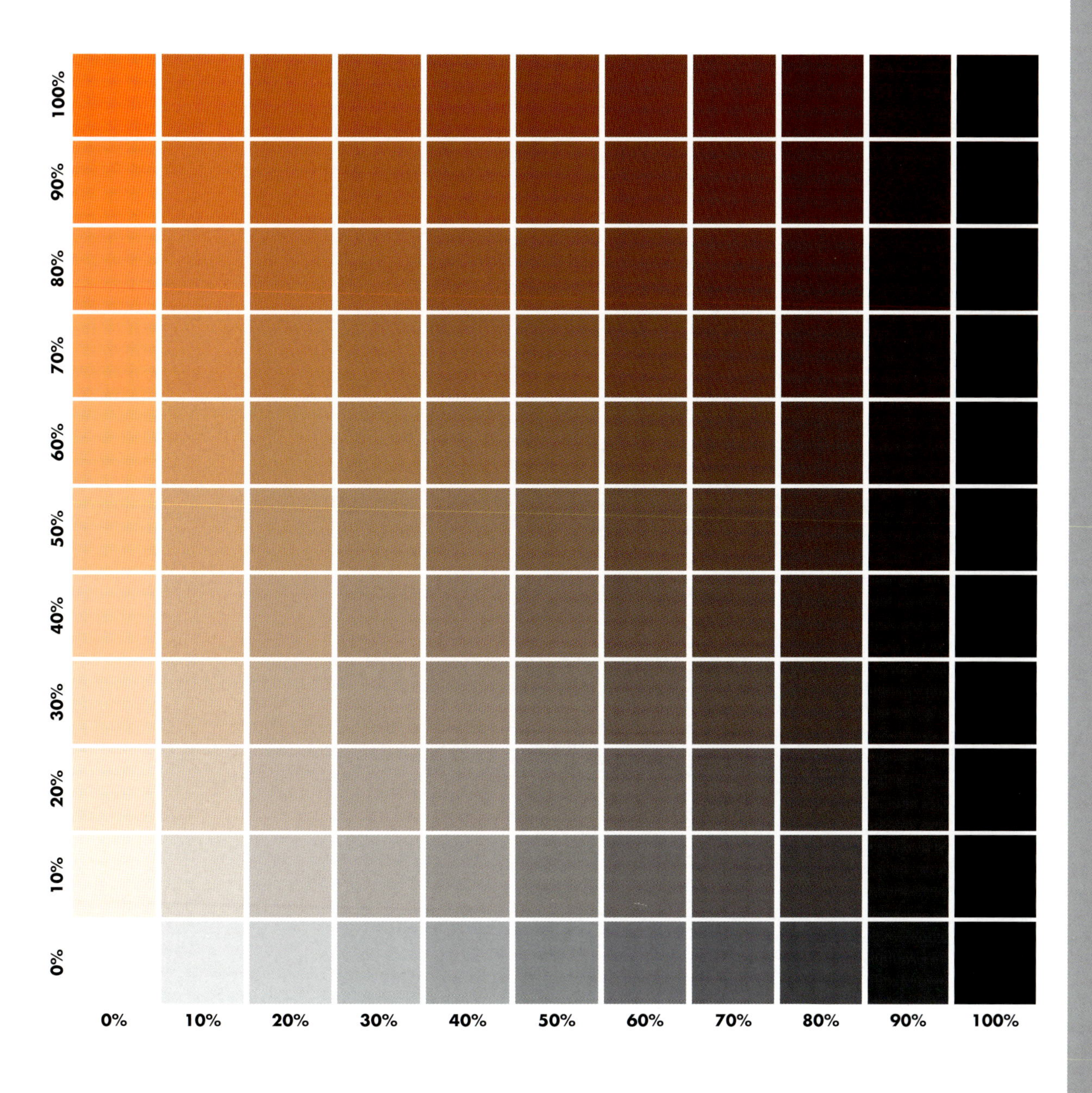

M100Y100%

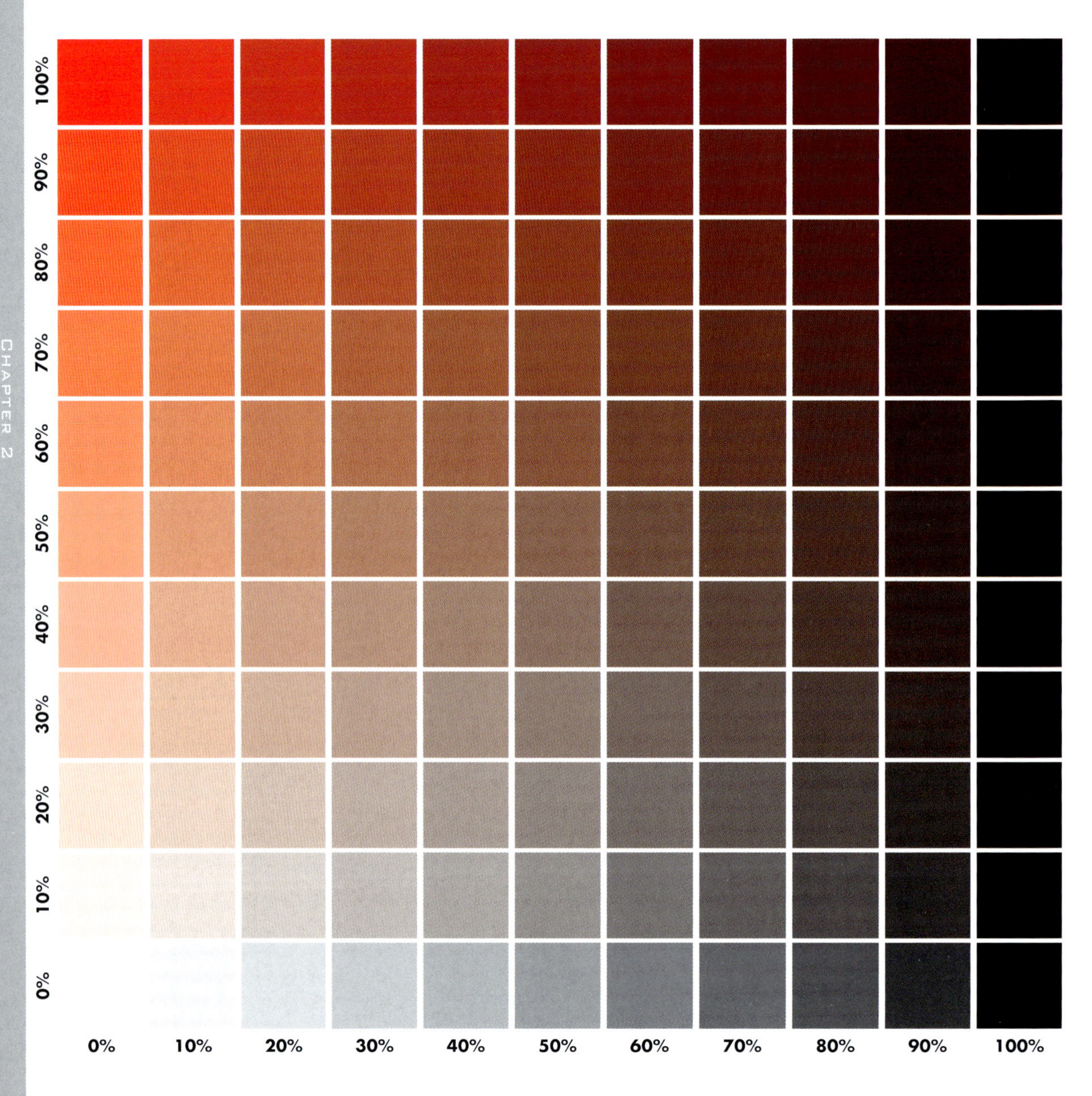

M100%

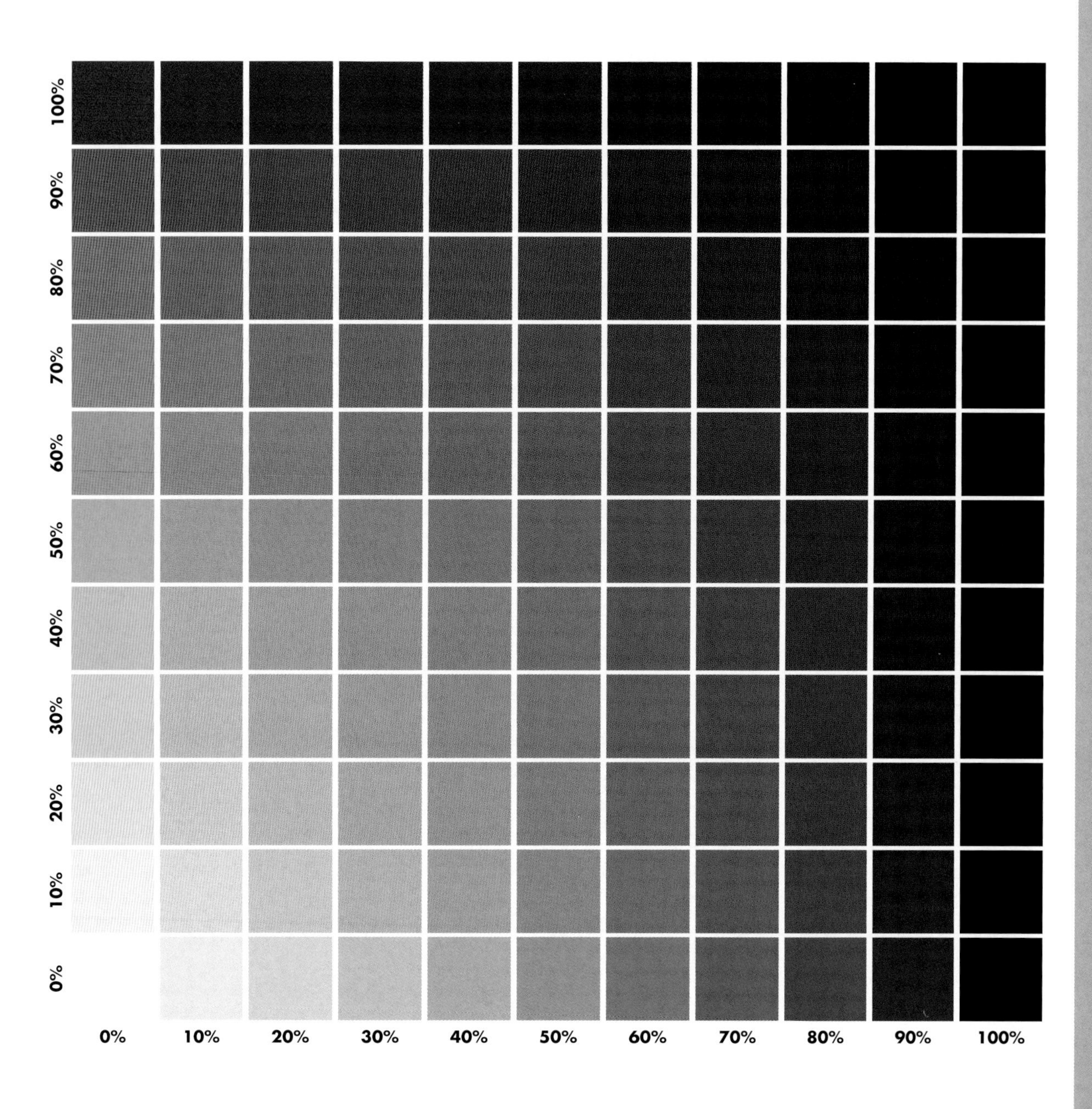

C50M100%

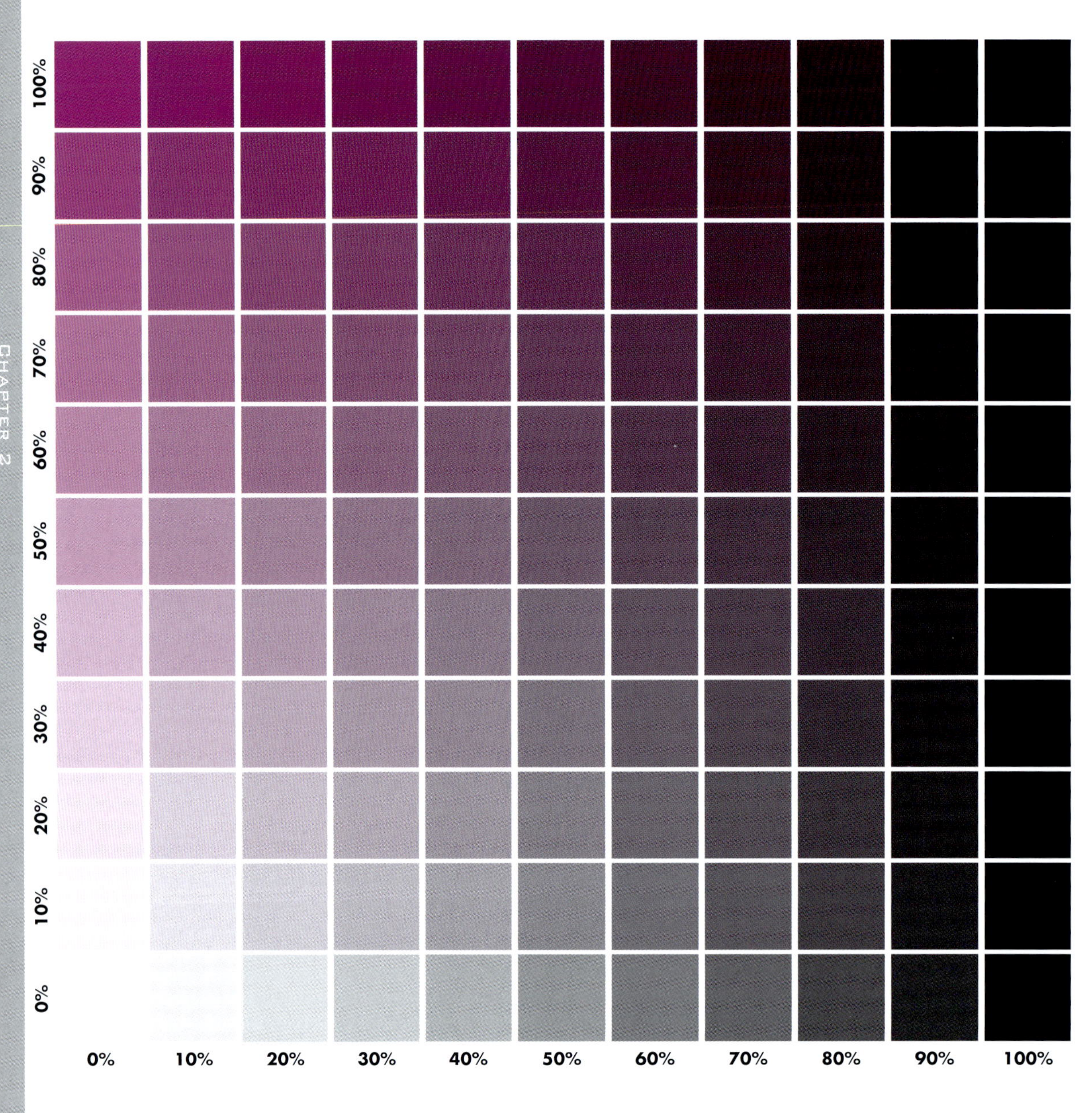

C75M100%

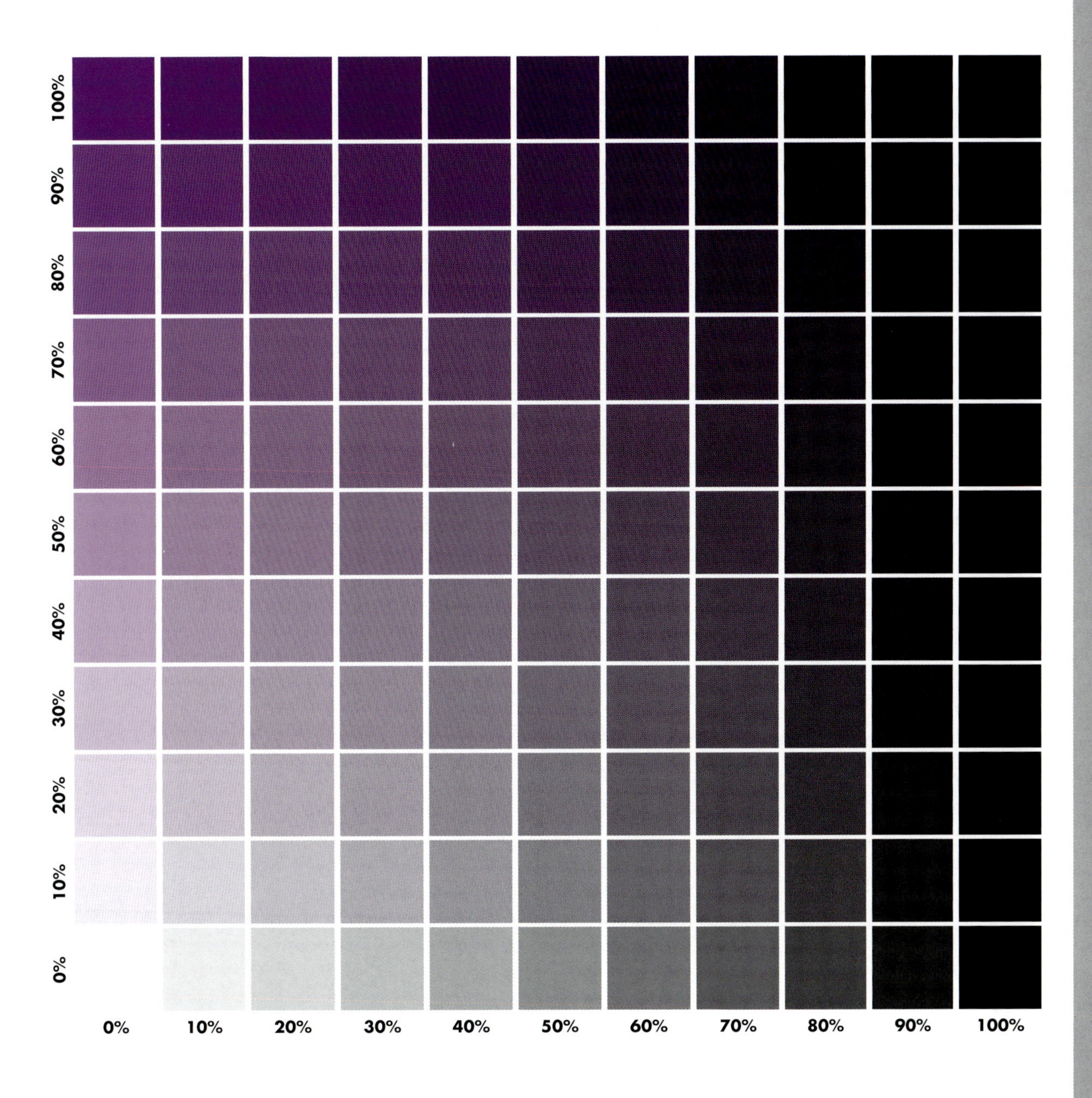

C100M100%

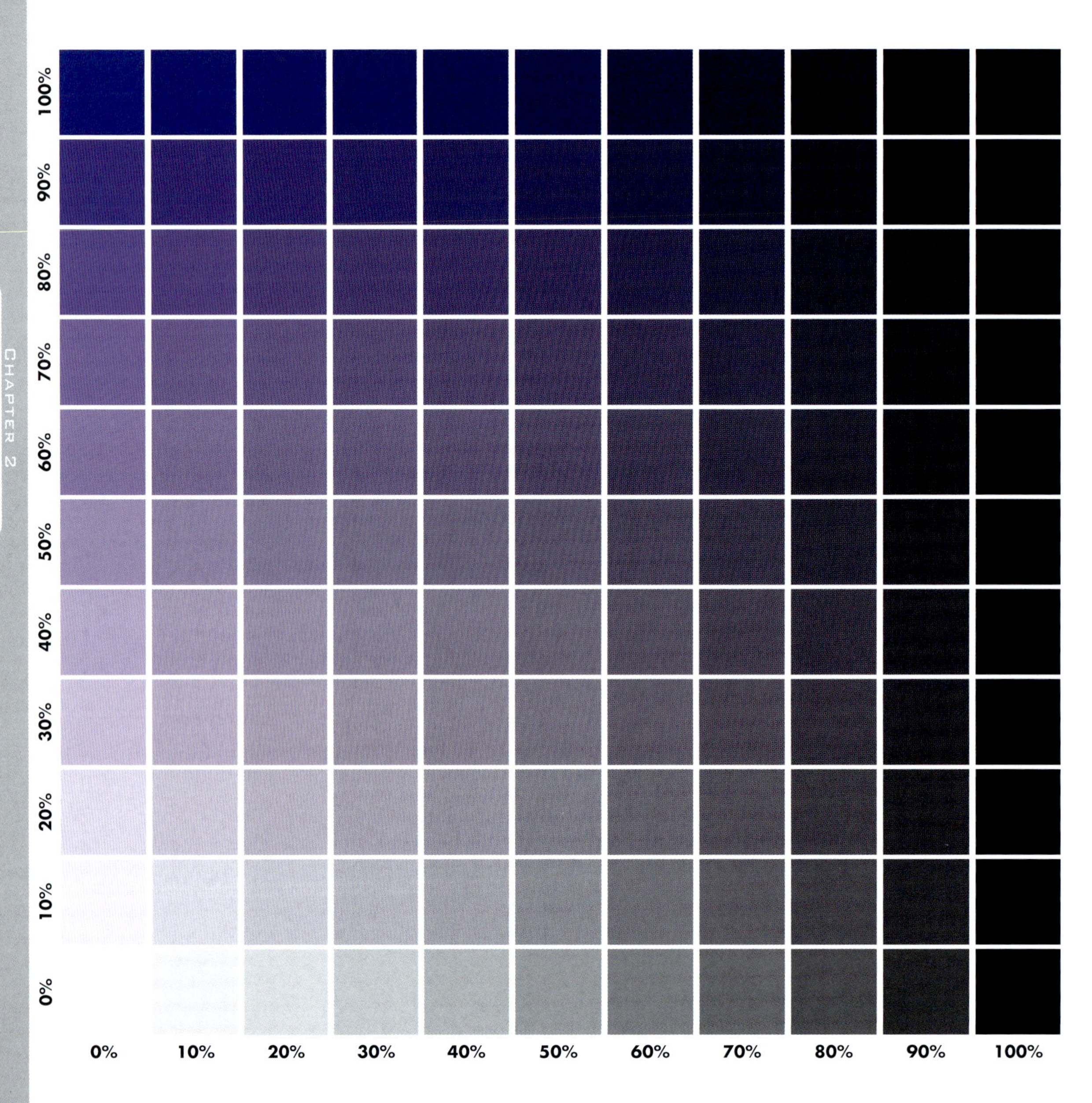

C100M75%

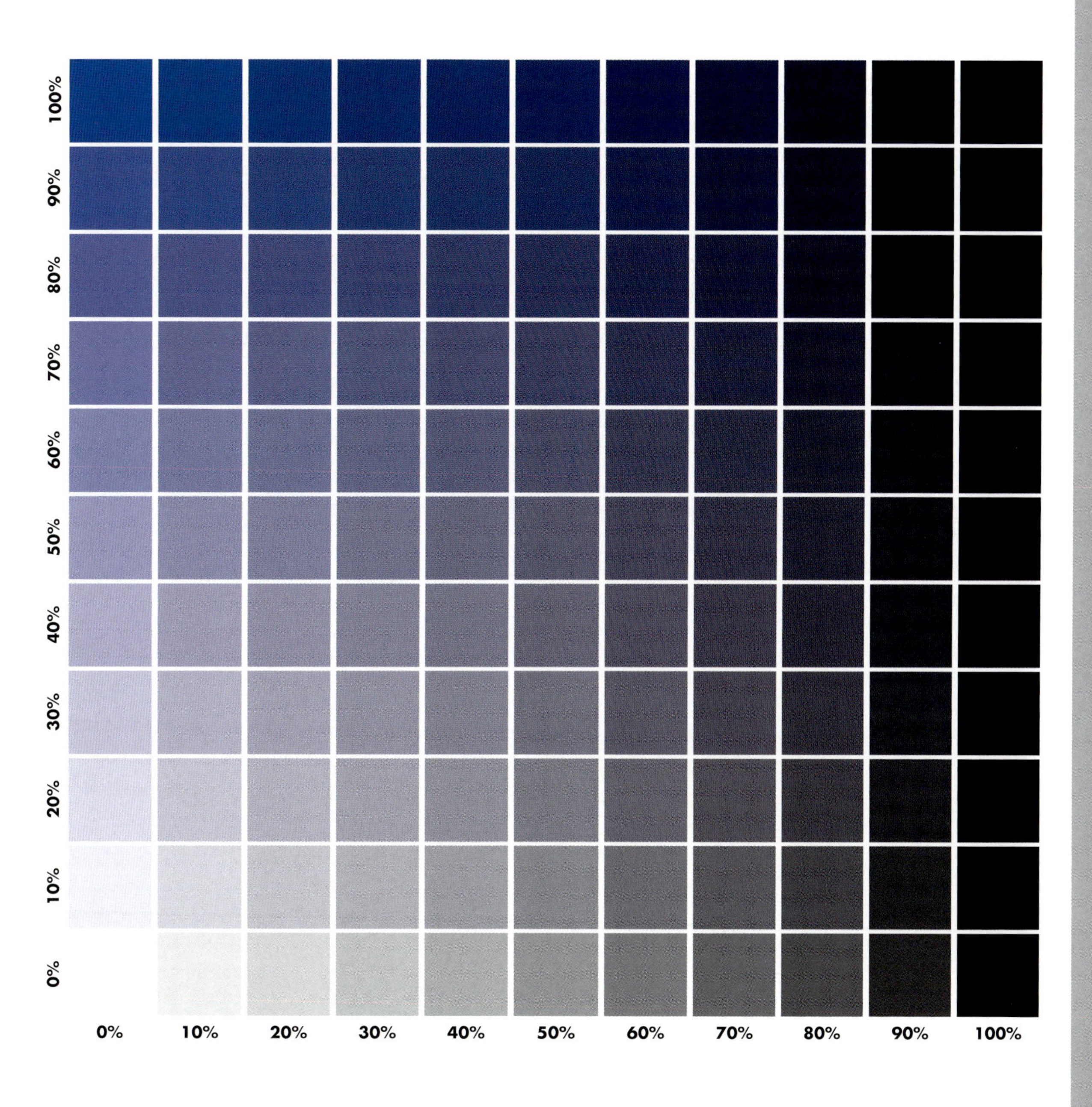

C100M50%

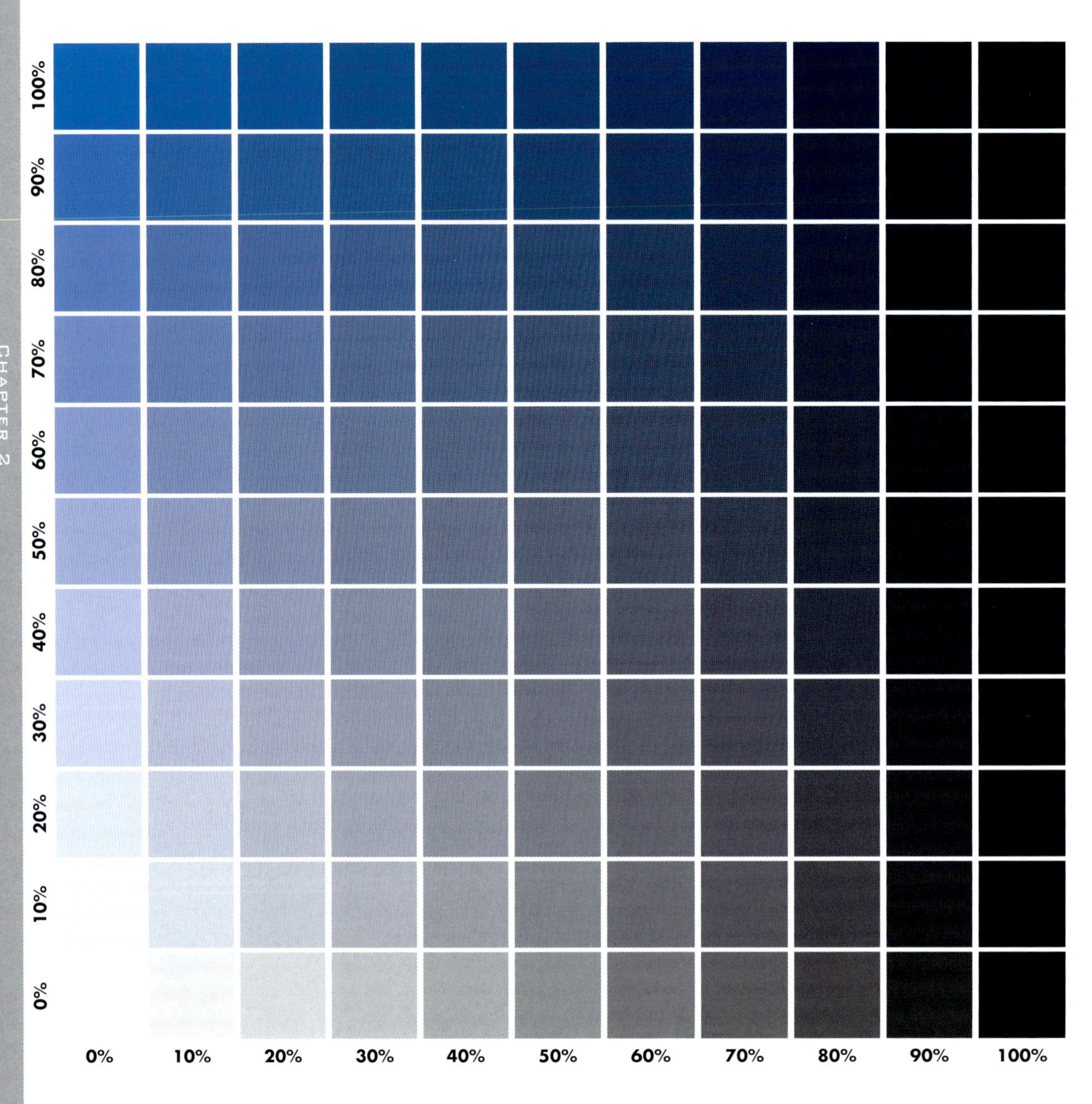

C100%

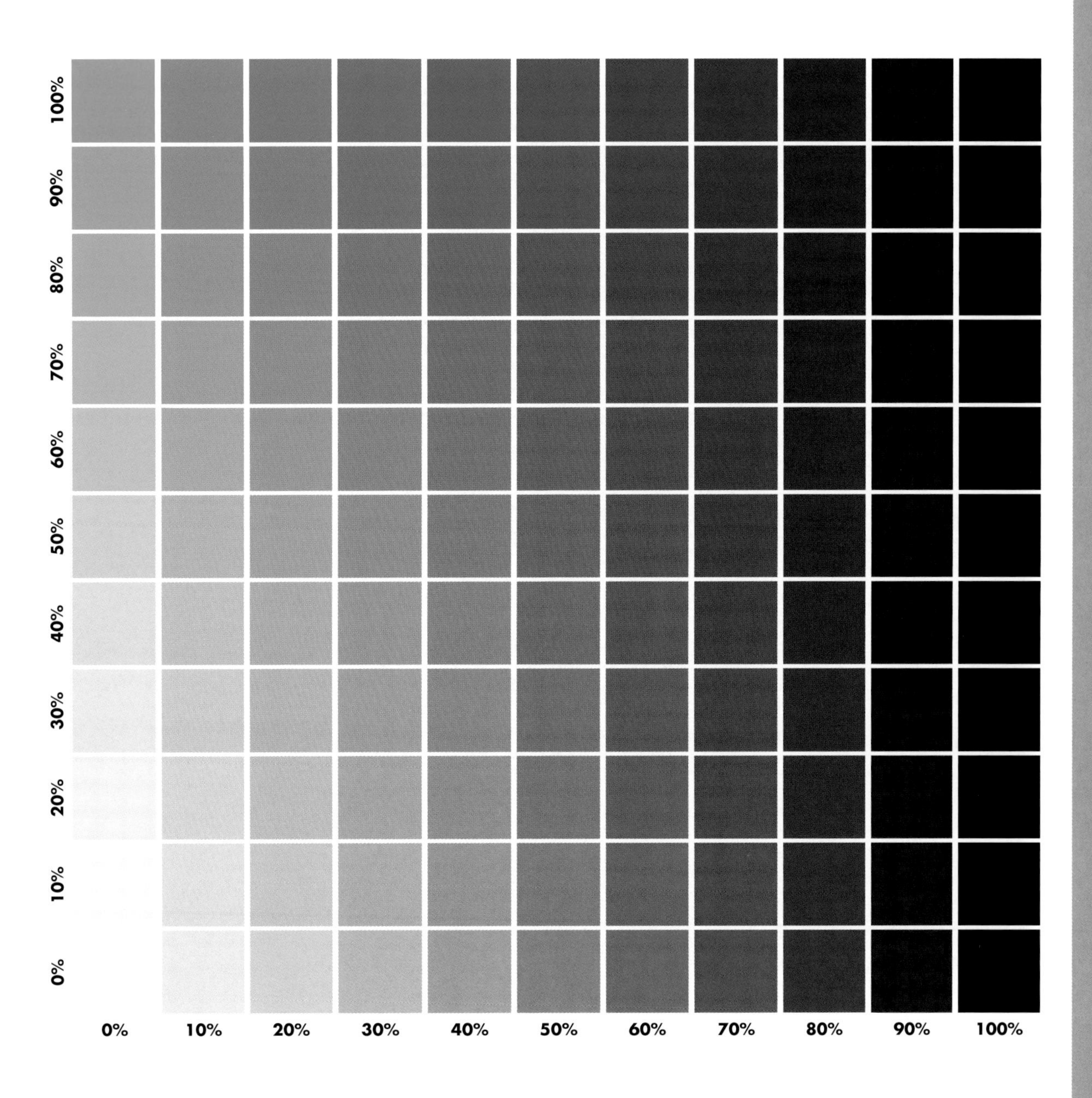

C100Y50%

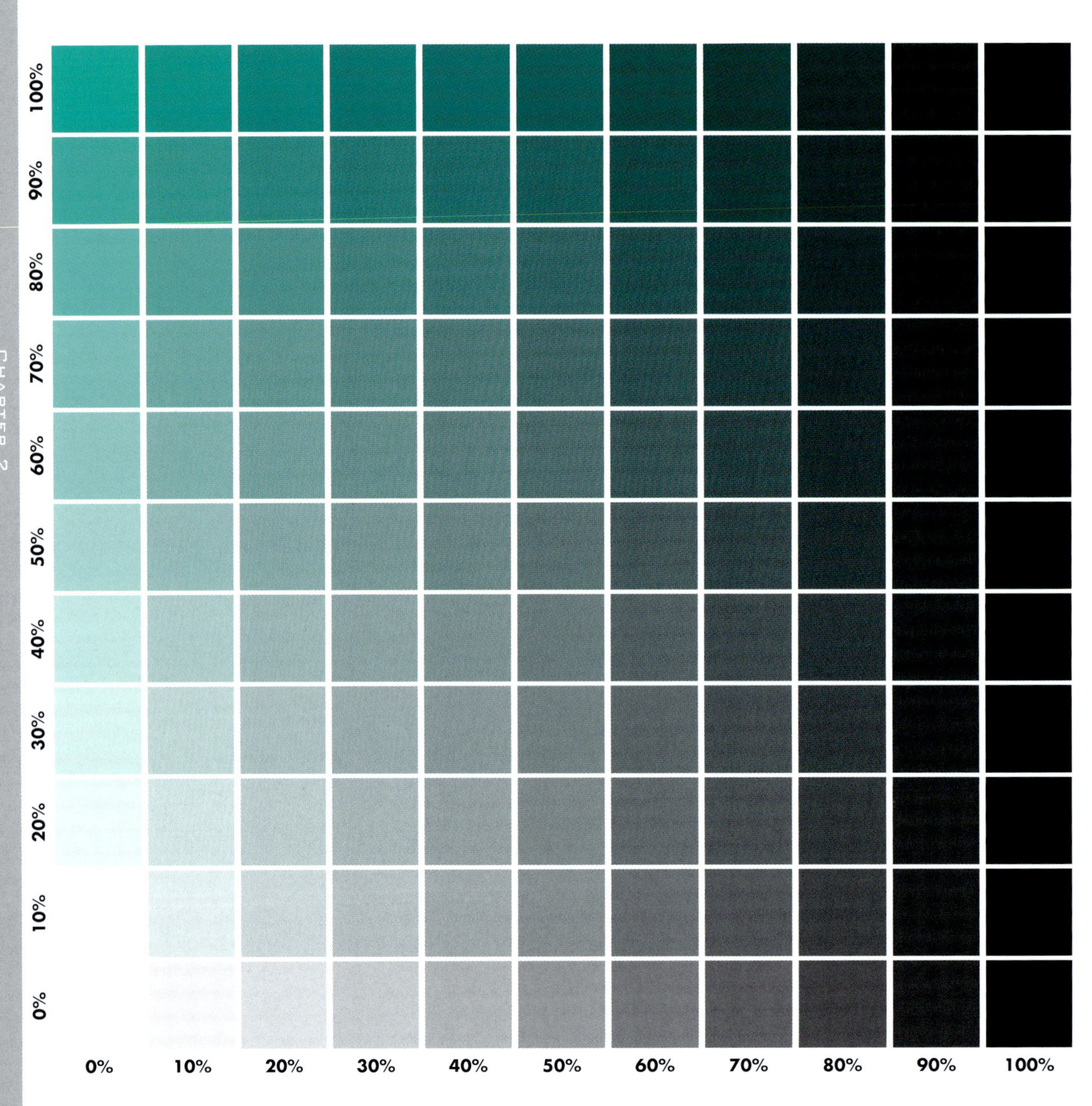

C100Y100%

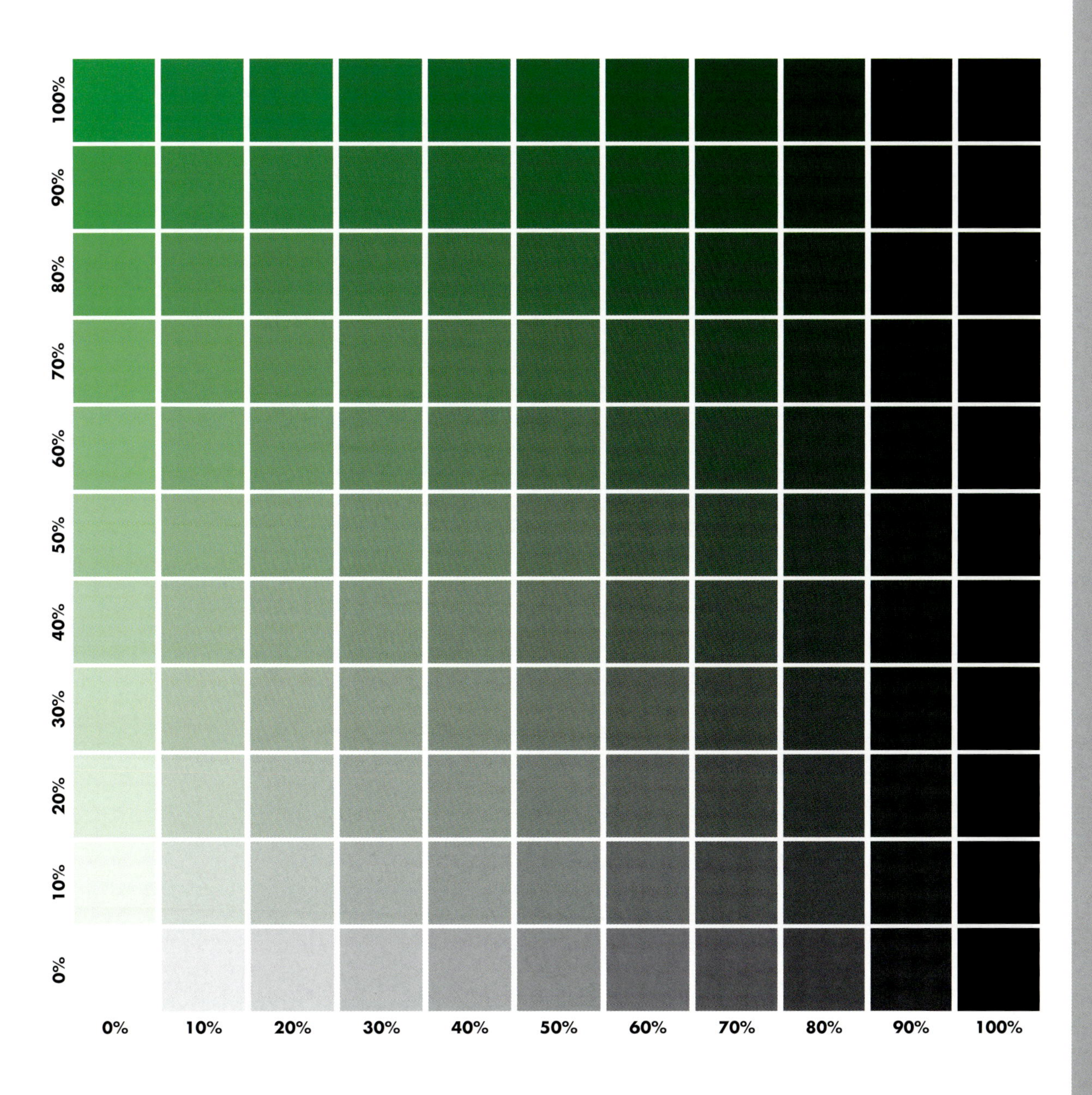

C50Y100%

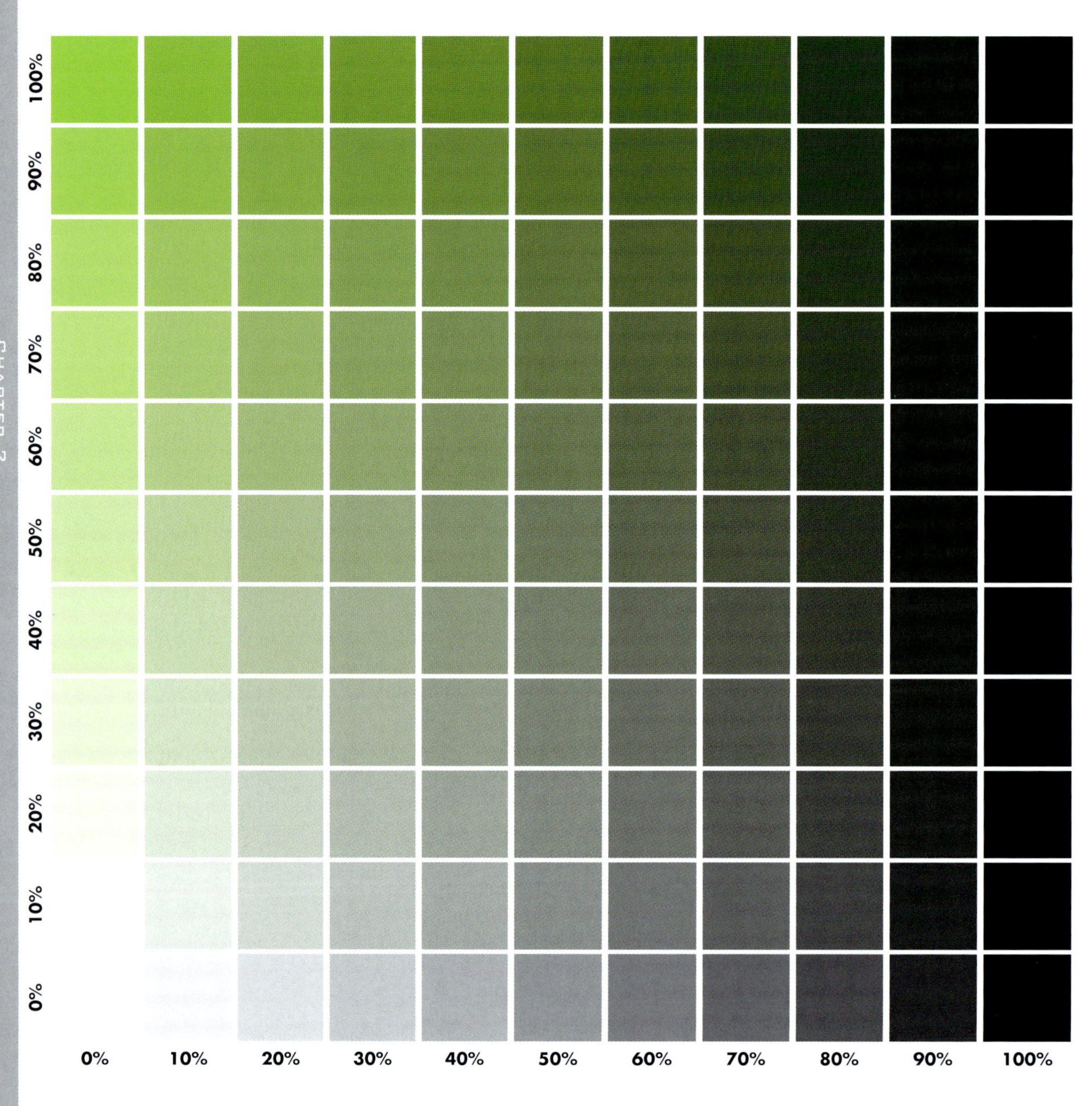

C25Y100%

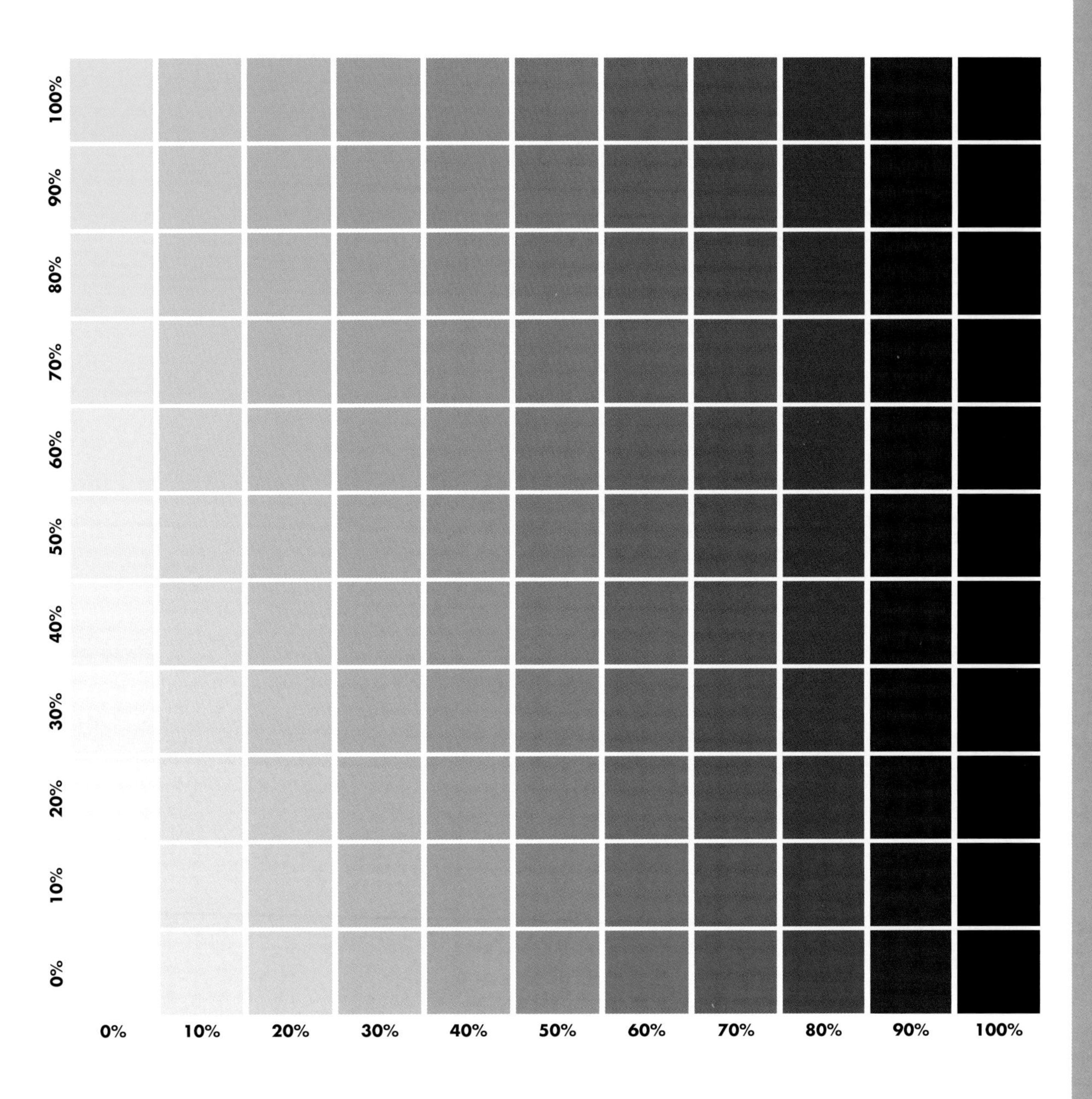

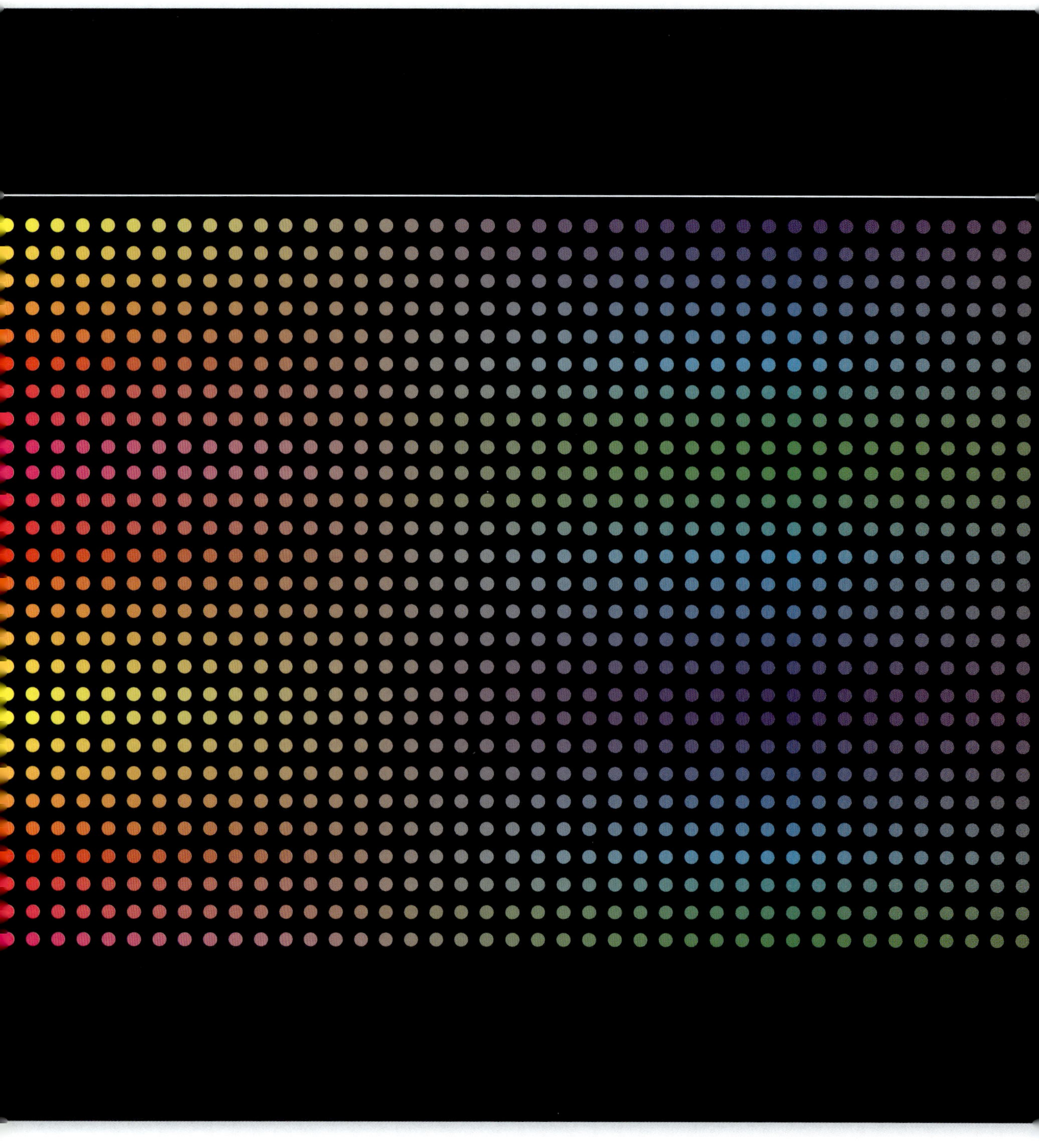

Chapter 3

季節のキーワード

この Chapter では、季節ごとのイメージ画像をキーワードとして、カラーを選び、いろいろな組み合わせの配色を掲載しています。カラーは CMYK カラー値、RGB カラー値、Web カラー値で表示していますので、いろいろな用途でご利用いただけます。
それぞれのイメージには、サブキーワードを付けていますので、本書冒頭のキーワードインデックスを使って検索していただくことも可能です。

なお、各カラー値は、Japan Color 2001 を基準に、Adobe Color Engine で Adobe RGB カラースペースに色を変換した場合のカラー値を掲載しています。CMYK カラー値と RGB カラー値は、使用しているアプリケーションのカラーエンジンによって、異なる値になる場合がありますでのご注意ください。

keyword ▶

雪解け

sub ▶

早春・雪・水・花・芽・氷・新緑・クロッカス・サフラン・大地・グラウンド

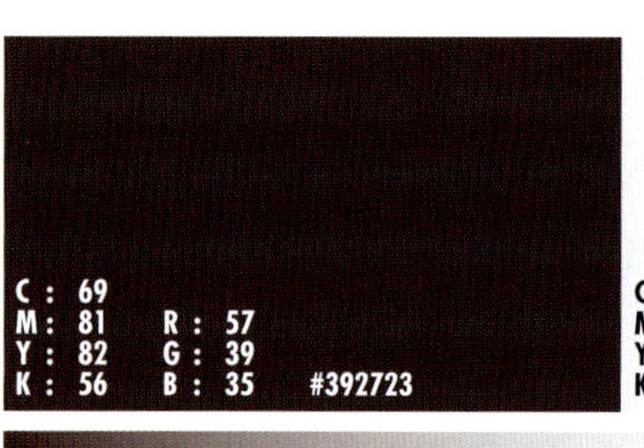

C : 69
M : 81 R : 57
Y : 82 G : 39
K : 56 B : 35 #392723

C : 7
M : 5 R : 240
Y : 5 G : 240
K : 0 B : 240 #F0F0F0

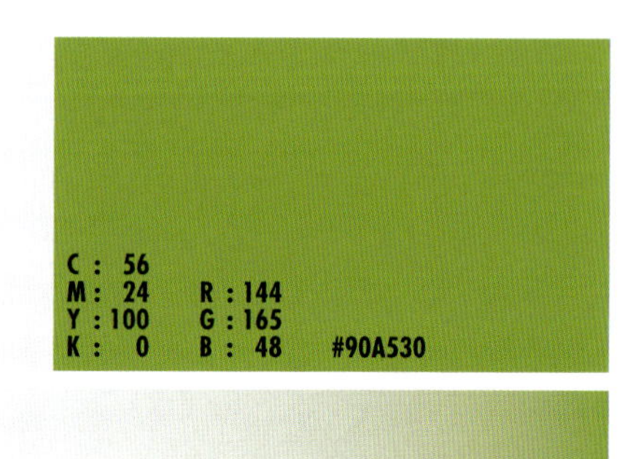

C : 56
M : 24 R : 144
Y : 100 G : 165
K : 0 B : 48 #90A530

C	M	Y	K	R	G	B	#
7	6	7	0	241	240	237	#f0efed
2	23	65	0	237	204	110	#eccc6e
71	42	85	2	102	125	77	#657d4c

C	M	Y	K	R	G	B	#
15	10	7	0	227	225	230	#dee0e6
29	17	13	0	193	200	209	#c0c7d0
83	81	4	0	69	66	144	#454290

C	M	Y	K	R	G	B	#
92	60	100	0	37	67	41	#254229
30	24	18	0	187	186	194	#bbbac2
15	10	7	0	227	225	230	#dee0e6

C	M	Y	K	R	G	B	#
69	82	82	56	57	39	35	#392723
29	17	13	0	193	200	209	#c0c7d0
0	14	86	0	245	219	65	#f5da40

C	M	Y	K	R	G	B	#
71	63	100	32	78	77	42	#4e4d2a
92	60	100	0	37	67	41	#254229
2	23	65	0	237	204	110	#eccc6e

C	M	Y	K	R	G	B	#
30	24	18	0	187	186	194	#bbbac2
7	5	5	0	240	240	240	#f0efef
39	16	91	0	176	185	66	#b0b842

C	M	Y	K	R	G	B	#
67	41	100	1	110	129	59	#6e813b
80	56	100	26	68	86	49	#435530
15	10	7	0	227	225	230	#dee0e6

C	M	Y	K	R	G	B	#
71	63	100	32	78	77	42	#4e4d2a
20	13	17	0	212	214	209	#d4d6d1
7	6	7	0	241	240	237	#f0efed

C	M	Y	K	R	G	B	#
86	100	59	28	54	36	67	#362342
29	17	13	0	193	200	209	#c0c7d0
69	82	46	7	95	68	98	#5e4462

C	M	Y	K	R	G	B	#
30	24	18	0	187	186	194	#bbbac2
7	6	7	0	241	240	237	#f0efed
56	24	100	0	138	159	57	#8a9f38

keyword ▶

梅

sub ▶ 早春・初春・酒・ピンク・紅梅・白梅・ジャパニーズアプリコット・バラ科・好文木・

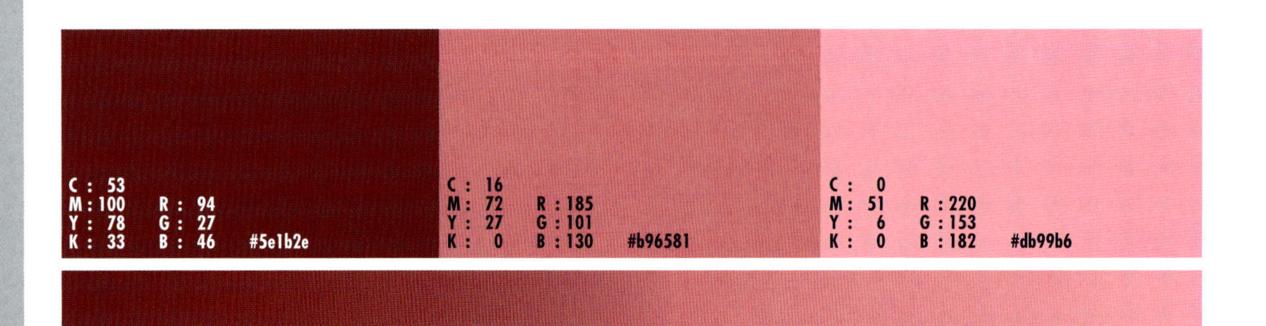

C	M	Y	K	R	G	B	Hex
3	29	0	0	230	199	220	#e6c6db
19	43	2	0	195	159	196	#c29fc3
16	72	27	0	185	101	130	#b96581

C	M	Y	K	R	G	B	Hex
70	86	63	37	71	47	61	#462f3d
50	100	100	31	101	28	32	#651c20
16	72	27	0	185	101	130	#b96581

C	M	Y	K	R	G	B	Hex
53	100	100	41	86	23	27	#56171a
3	29	0	0	230	199	220	#e6c6db
29	24	19	0	188	187	192	#bcbbc0

C	M	Y	K	R	G	B	Hex
48	33	16	0	150	159	185	#959eb8
29	24	19	0	188	187	192	#bcbbc0
30	82	0	0	161	73	145	#a04891

C	M	Y	K	R	G	B	Hex
16	72	27	0	185	101	130	#b96581
45	58	63	1	147	117	96	#92745f
53	100	100	41	86	23	27	#56171a

C	M	Y	K	R	G	B	Hex
3	29	0	0	230	199	220	#e6c6db
18	23	35	0	210	196	167	#d1c3a7
29	24	19	0	188	187	192	#bcbbc0

C	M	Y	K	R	G	B	Hex
15	81	52	0	184	82	92	#b8515b
53	100	100	41	86	23	27	#56171a
0	51	6	0	220	153	182	#db99b6

C	M	Y	K	R	G	B	Hex
53	7	0	0	143	192	234	#8fc0ea
2	84	0	0	199	70	143	#c7468e
53	100	100	41	86	23	27	#56171a

C	M	Y	K	R	G	B	Hex
48	27	11	0	151	168	199	#96a8c6
19	43	2	0	195	159	196	#c29fc3
16	72	27	0	185	101	130	#b96581

C	M	Y	K	R	G	B	Hex
53	100	100	41	86	23	27	#56171a
58	60	95	14	114	98	53	#716134
45	58	63	1	147	117	96	#92745f

keyword ▶

ひな祭り

sub ▶

3月3日・桃の花・桃の節句・ひなあられ・おひな様・きれい・あまざけ・女の子・

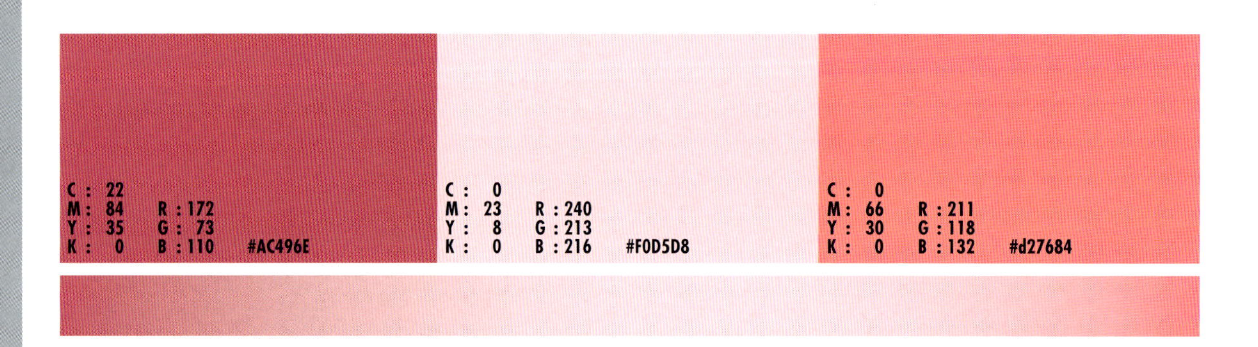

C : 22 M : 84 Y : 35 K : 0	R : 172 G : 73 B : 110	#AC496E
C : 0 M : 23 Y : 8 K : 0	R : 240 G : 213 B : 216	#F0D5D8
C : 0 M : 66 Y : 30 K : 0	R : 211 G : 118 B : 132	#d27684

C	M	Y	K	R	G	B	Hex
36	99	100	2	148	39	40	#942628
0	88	73	0	201	65	61	#c8403c
0	66	30	0	211	118	132	#d27684

C	M	Y	K	R	G	B	Hex
0	61	13	0	213	130	160	#d5819f
0	41	6	0	227	175	196	#e2afc4
41	26	85	0	168	170	77	#a7a94c

C	M	Y	K	R	G	B	Hex
6	84	21	0	194	73	124	#c1497b
0	9	4	0	249	240	240	#f9eff0
41	26	85	0	168	170	77	#a7a94c

C	M	Y	K	R	G	B	Hex
0	39	39	0	228	176	146	#e3af92
21	59	47	0	185	127	116	#b97e74
34	0	77	0	192	212	98	#c0d462

C	M	Y	K	R	G	B	Hex
7	84	87	0	194	74	46	#c14a2e
0	66	30	0	211	118	132	#d27684
15	25	28	0	213	195	178	#d5c2b2

C	M	Y	K	R	G	B	Hex
56	56	100	8	122	109	50	#7a6d32
15	25	28	0	213	195	178	#d5c2b2
7	84	87	0	194	74	46	#c14a2e

C	M	Y	K	R	G	B	Hex
12	72	87	0	193	100	50	#c06432
41	26	85	0	168	170	77	#a7a94c
34	0	77	0	192	212	98	#c0d462

C	M	Y	K	R	G	B	Hex
22	84	35	0	172	73	110	#ac486d
0	34	74	0	232	183	86	#e7b756
0	23	8	0	240	213	216	#efd4d8

C	M	Y	K	R	G	B	Hex
6	84	21	0	194	73	124	#c1497b
0	23	6	0	240	213	220	#efd5db
84	42	100	4	72	117	63	#48753f

C	M	Y	K	R	G	B	Hex
11	18	32	0	225	210	178	#e0d2b2
0	44	53	0	225	165	119	#e0a577
21	59	47	0	185	127	116	#b97e74

keyword ▶

山菜

sub ▶

早春・芽吹き・ふきのとう・ぜんまい・たけのこ・たらの芽・緑・ナチュラル・

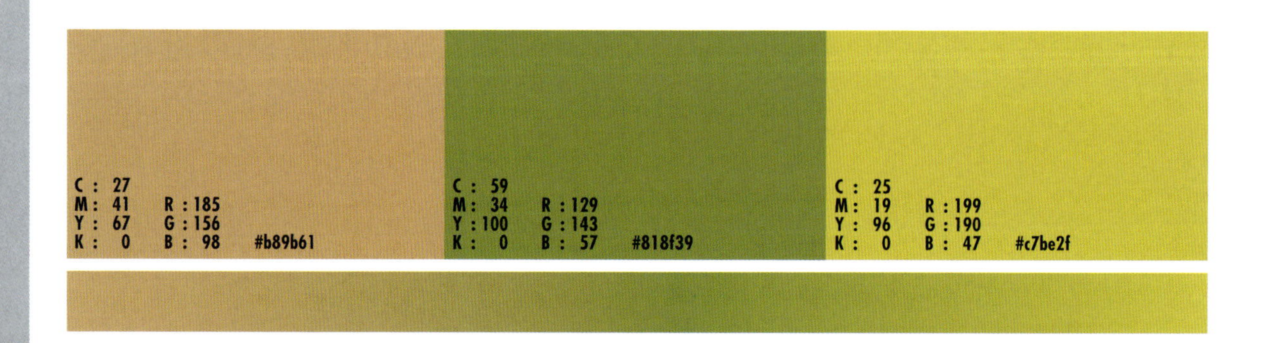

C	M	Y	K	R	G	B	Hex
45	12	100	0	165	184	52	#a5b833
25	19	96	0	199	190	47	#c7be2f
5	30	90	0	227	187	51	#e3ba33

C	M	Y	K	R	G	B	Hex
45	12	100	0	165	184	52	#a5b833
25	19	96	0	199	190	47	#c7be2f
24	30	39	0	195	179	153	#c3b299

C	M	Y	K	R	G	B	Hex
59	34	100	0	129	143	57	#818f39
58	64	88	18	108	89	56	#6b5938
60	74	92	36	87	62	41	#563e28

C	M	Y	K	R	G	B	Hex
5	30	90	0	227	187	51	#e3ba33
68	75	96	52	62	49	30	#3e311e
58	71	79	23	102	77	61	#664d3c

C	M	Y	K	R	G	B	Hex
79	56	100	25	71	87	49	#465731
58	71	79	23	102	77	61	#664d3c
5	30	90	0	227	187	51	#e3ba33

C	M	Y	K	R	G	B	Hex
27	41	67	0	185	156	98	#b89b61
52	42	100	0	141	137	53	#8c8934
51	61	71	5	131	106	81	#826951

C	M	Y	K	R	G	B	Hex
0	14	16	0	246	229	214	#f5e5d5
14	37	66	0	208	171	102	#d0aa65
5	30	90	0	227	187	51	#e3ba33

C	M	Y	K	R	G	B	Hex
20	35	39	0	200	173	150	#c8ad96
0	14	16	0	246	229	214	#f5e5d5
14	37	66	0	208	171	102	#d0aa65

C	M	Y	K	R	G	B	Hex
52	42	100	0	141	137	53	#8c8934
16	17	57	0	217	204	131	#d8cc82
59	34	100	0	129	143	57	#818f39

C	M	Y	K	R	G	B	Hex
68	75	96	52	62	49	30	#3e311e
60	74	92	36	87	62	41	#563e28
72	57	98	22	84	91	50	#535a32

keyword ▶

つくし

sub ▶

早春・土手・河原・佃煮・野原・茶色・胞子・山菜・スギナ・土筆・シダ

C : 47
M : 25 R : 156
Y : 62 G : 168
K : 0 B : 116 #9ba874

C : 52
M : 67 R : 125
Y : 76 G : 94
K : 10 B : 71 #7c5d47

C : 29
M : 25 R : 190
Y : 74 G : 180
K : 0 B : 93 #bdb35d

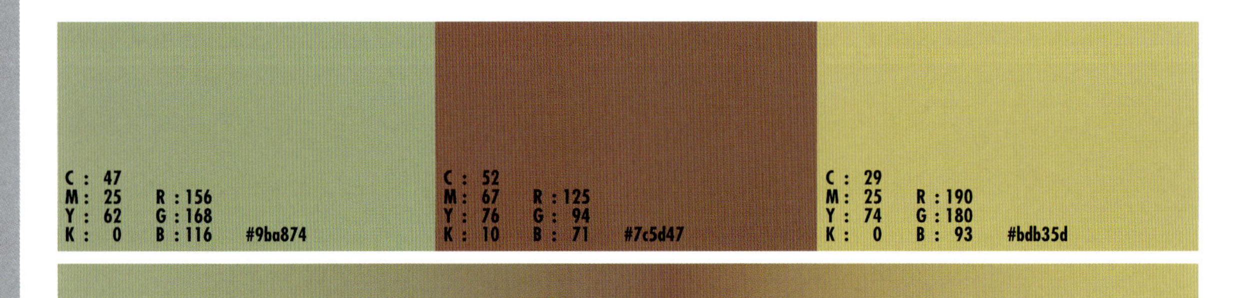

C: 52	R: 125	C: 53	R: 138	C: 40	R: 160
M: 67	G: 94	M: 42	G: 137	M: 49	G: 134
Y: 76	B: 71	Y: 78	B: 84	Y: 71	B: 88
K: 10	#7c5d47	K: 0	#898953	K: 0	#9f8558

C: 71	R: 53	C: 58	R: 108	C: 14	R: 217
M: 76	G: 43	M: 65	G: 88	M: 24	G: 198
Y: 100	B: 23	Y: 91	B: 54	Y: 34	B: 169
K: 58	#342a17	K: 19	#6b5835	K: 0	#d9c6a9

C: 49	R: 117	C: 45	R: 138	C: 36	R: 167
M: 81	G: 66	M: 69	G: 93	M: 45	G: 144
Y: 100	B: 40	Y: 100	B: 45	Y: 58	B: 111
K: 19	#744227	K: 6	#8a5d2c	K: 0	#a78f6e

C: 14	R: 217	C: 29	R: 190	C: 53	R: 138
M: 24	G: 198	M: 25	G: 180	M: 42	G: 137
Y: 34	B: 169	Y: 74	B: 93	Y: 78	B: 84
K: 0	#d9c6a9	K: 0	#bdb35d	K: 0	#898953

C: 31	R: 193	C: 53	R: 138	C: 71	R: 96
M: 11	G: 205	M: 42	G: 137	M: 50	G: 109
Y: 34	B: 179	Y: 78	B: 84	Y: 100	B: 55
K: 0	#c0cdb2	K: 0	#898953	K: 0	#606d37

C: 45	R: 138	C: 2	R: 218	C: 49	R: 117
M: 69	G: 93	M: 51	G: 149	M: 81	G: 66
Y: 100	B: 45	Y: 88	B: 51	Y: 100	B: 40
K: 6	#8a5d2c	K: 0	#da9432	K: 19	#744227

C: 0	R: 235	C: 2	R: 218	C: 30	R: 172
M: 29	G: 196	M: 51	G: 149	M: 60	G: 120
Y: 45	B: 144	Y: 88	B: 51	Y: 76	B: 75
K: 0	#eac390	K: 0	#da9432	K: 0	#ab784b

C: 8	R: 240	C: 29	R: 190	C: 52	R: 125
M: 2	G: 234	M: 25	G: 180	M: 67	G: 94
Y: 79	B: 88	Y: 74	B: 93	Y: 76	B: 71
K: 0	#f0e958	K: 0	#bdb35d	K: 10	#7c5d47

C: 48	R: 154	C: 35	R: 182	C: 8	R: 240
M: 24	G: 166	M: 17	G: 190	M: 2	G: 234
Y: 83	B: 83	Y: 54	B: 136	Y: 79	B: 88
K: 0	#99a552	K: 0	#b5be87	K: 0	#f0e958

C: 29	R: 190	C: 49	R: 117	C: 18	R: 199
M: 25	G: 180	M: 81	G: 66	M: 43	G: 160
Y: 74	B: 93	Y: 100	B: 40	Y: 41	B: 140
K: 0	#bdb35d	K: 19	#744227	K: 0	#c69f8c

keyword ▶

うぐいす

sub ▶

梅・春告鳥・さえずり・うぐいす色・日本三鳴鳥・留鳥・さくら・ホーホケキョ

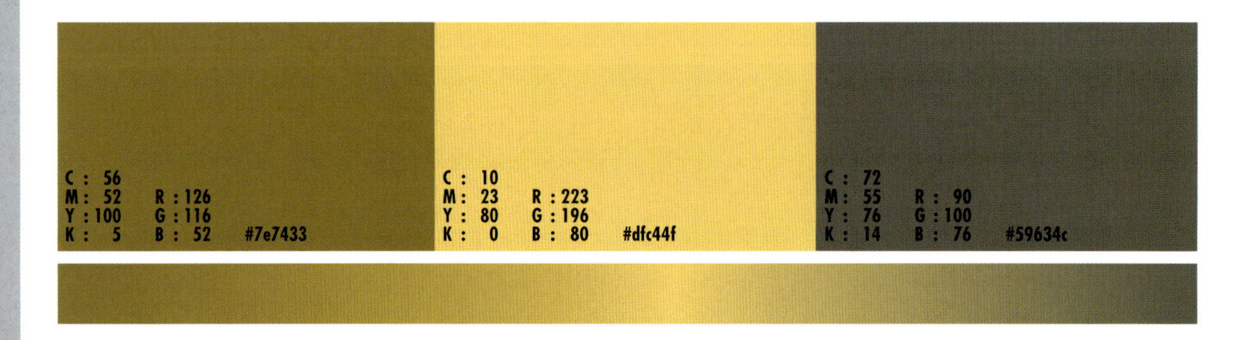

C : 56 M : 52 Y : 100 K : 5	R : 126 G : 116 B : 52	#7e7433
C : 10 M : 23 Y : 80 K : 0	R : 223 G : 196 B : 80	#dfc44f
C : 72 M : 55 Y : 76 K : 14	R : 90 G : 100 B : 76	#59634c

C: 9	R: 228	C: 25	R: 194	C: 56	R: 126
M: 19	G: 204	M: 31	G: 171	M: 52	G: 116
Y: 81	B: 78	Y: 98	B: 40	Y: 100	B: 52
K: 0	#e3cb4d	K: 0	#c2ab28	K: 5	#7e7433

C: 38	R: 148	C: 41	R: 153	C: 24	R: 186
M: 82	G: 76	M: 58	G: 116	M: 49	G: 144
Y: 100	B: 42	Y: 100	B: 46	Y: 63	B: 101
K: 3	#944c2a	K: 1	#98742d	K: 0	#ba8f64

C: 68	R: 84	C: 60	R: 105	C: 56	R: 126
M: 65	G: 78	M: 63	G: 89	M: 52	G: 116
Y: 80	B: 60	Y: 100	B: 45	Y: 100	B: 52
K: 28	#544d3b	K: 20	#68582d	K: 5	#7e7433

C: 36	R: 180	C: 76	R: 84	C: 68	R: 84
M: 17	G: 191	M: 52	G: 103	M: 65	G: 78
Y: 42	B: 158	Y: 83	B: 72	Y: 80	B: 60
K: 0	#b3be9d	K: 12	#546747	K: 28	#544d3b

C: 56	R: 126	C: 72	R: 90	C: 79	R: 67
M: 52	G: 116	M: 55	G: 100	M: 61	G: 79
Y: 100	B: 52	Y: 76	B: 76	Y: 77	B: 65
K: 5	#7e7433	K: 14	#59634c	K: 28	#434f41

C: 40	R: 167	C: 60	R: 105	C: 79	R: 67
M: 30	G: 166	M: 63	G: 89	M: 61	G: 79
Y: 64	B: 111	Y: 100	B: 45	Y: 77	B: 65
K: 0	#a6a56e	K: 20	#68582d	K: 28	#434f41

C: 10	R: 223	C: 41	R: 153	C: 60	R: 105
M: 23	G: 196	M: 58	G: 116	M: 63	G: 89
Y: 80	B: 80	Y: 100	B: 46	Y: 100	B: 45
K: 0	#dfc44f	K: 1	#98742d	K: 20	#68582d

C: 76	R: 84	C: 70	R: 71	C: 56	R: 126
M: 52	G: 103	M: 67	G: 65	M: 52	G: 116
Y: 83	B: 72	Y: 100	B: 36	Y: 100	B: 52
K: 12	#546747	K: 41	#464023	K: 5	#7e7433

C: 7	R: 229	C: 38	R: 148	C: 79	R: 67
M: 24	G: 201	M: 82	G: 76	M: 61	G: 79
Y: 52	B: 137	Y: 100	B: 42	Y: 77	B: 65
K: 0	#e4c988	K: 3	#944c2a	K: 28	#434f41

C: 28	R: 190	C: 72	R: 98	C: 79	R: 67
M: 29	G: 175	M: 44	G: 123	M: 61	G: 79
Y: 71	B: 98	Y: 71	B: 94	Y: 77	B: 65
K: 0	#bdaf61	K: 2	#627a5d	K: 28	#434f41

keyword ▶

さくら

sub ▶ 春・ピンク・きれい・花吹雪・卒業式・入学式・お花見・空・出会い・別れ・

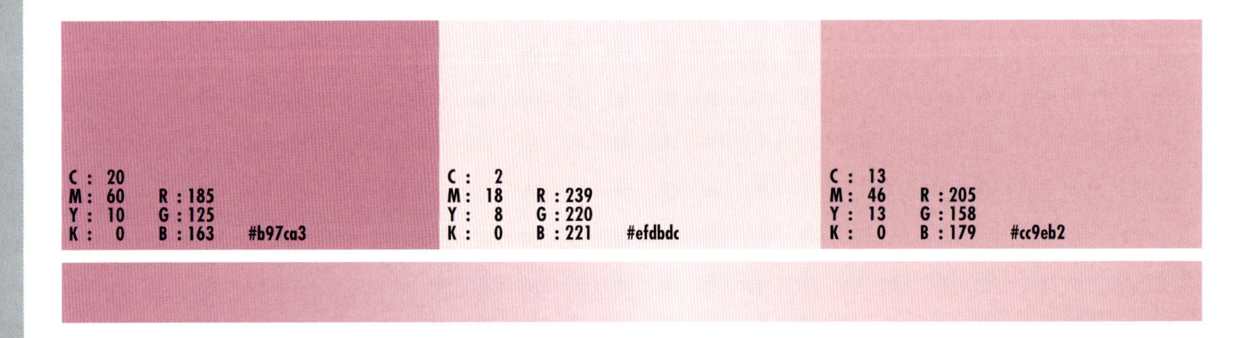

C: 20 M: 60 Y: 10 K: 0 R: 185 G: 125 B: 163 #b97ca3
C: 2 M: 18 Y: 8 K: 0 R: 239 G: 220 B: 221 #efdbdc
C: 63 M: 32 Y: 0 K: 0 R: 116 G: 149 B: 205 #7495cc
C: 12 M: 44 Y: 0 K: 0 R: 207 G: 164 B: 198 #cea3c6
C: 33 M: 52 Y: 37 K: 0 R: 169 G: 134 B: 136 #a88688
C: 46 M: 90 Y: 55 K: 3 R: 133 G: 58 B: 85 #853955
C: 53 M: 59 Y: 51 K: 0 R: 131 G: 111 B: 112 #826f6f
C: 33 M: 52 Y: 37 K: 0 R: 169 G: 134 B: 136 #a88688
C: 23 M: 33 Y: 24 K: 0 R: 195 G: 175 B: 176 #c2afb0
C: 20 M: 60 Y: 10 K: 0 R: 185 G: 125 B: 163 #b97ca3
C: 46 M: 90 Y: 55 K: 3 R: 133 G: 58 B: 85 #853955
C: 2 M: 64 Y: 17 K: 0 R: 210 G: 124 B: 152 #d17b97
C: 17 M: 83 Y: 54 K: 0 R: 180 G: 75 B: 88 #b44a58
C: 2 M: 64 Y: 17 K: 0 R: 210 G: 124 B: 152 #d17b97
C: 6 M: 17 Y: 1 K: 0 R: 235 G: 221 B: 235 #eaddea
C: 63 M: 32 Y: 0 K: 0 R: 116 G: 149 B: 205 #7495cc
C: 33 M: 0 Y: 7 K: 0 R: 192 G: 223 B: 236 #c0deec
C: 6 M: 17 Y: 1 K: 0 R: 235 G: 221 B: 235 #eaddea
C: 67 M: 77 Y: 76 K: 43 R: 71 G: 53 B: 49 #473531
C: 65 M: 77 Y: 61 K: 22 R: 91 G: 68 B: 76 #5a444b
C: 17 M: 83 Y: 54 K: 0 R: 180 G: 75 B: 88 #b44a58
C: 65 M: 77 Y: 61 K: 22 R: 91 G: 68 B: 76 #5a444b
C: 60 M: 66 Y: 53 K: 4 R: 114 G: 96 B: 102 #725f65
C: 46 M: 90 Y: 55 K: 3 R: 133 G: 58 B: 85 #853955
C: 65 M: 77 Y: 61 K: 22 R: 91 G: 68 B: 76 #5a444b
C: 53 M: 59 Y: 51 K: 0 R: 131 G: 111 B: 112 #826f6f
C: 23 M: 62 Y: 38 K: 0 R: 180 G: 119 B: 126 #b3767d
C: 6 M: 17 Y: 1 K: 0 R: 235 G: 221 B: 235 #eaddea
C: 12 M: 44 Y: 0 K: 0 R: 207 G: 164 B: 198 #cea3c6
C: 17 M: 63 Y: 0 K: 0 R: 187 G: 119 B: 170 #ba76a9

keyword ▶

新学期

sub ▶

入学式・ランドセル・帽子・小学生・ピカピカ・さくら・記念写真・学校・校舎・文房具・

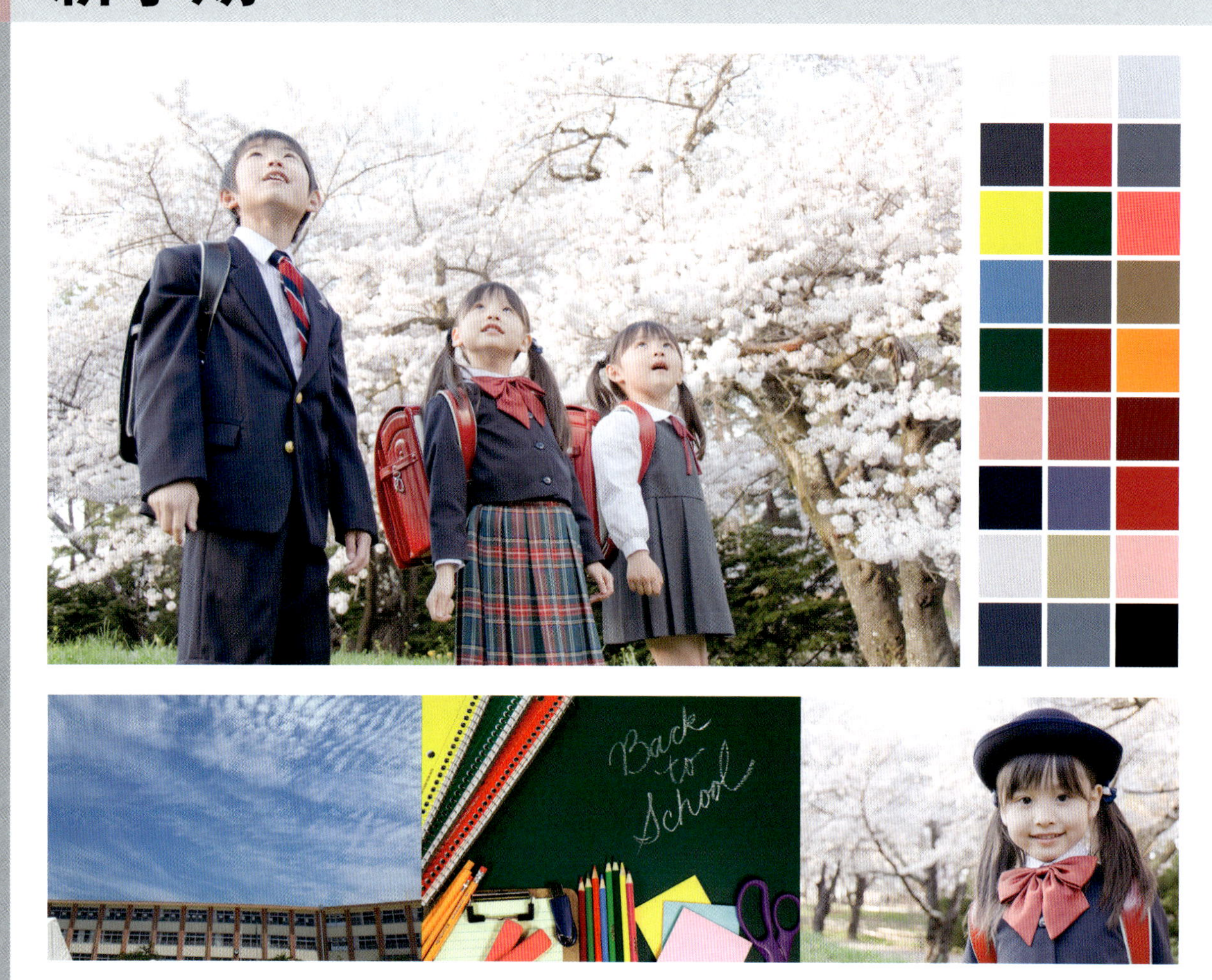

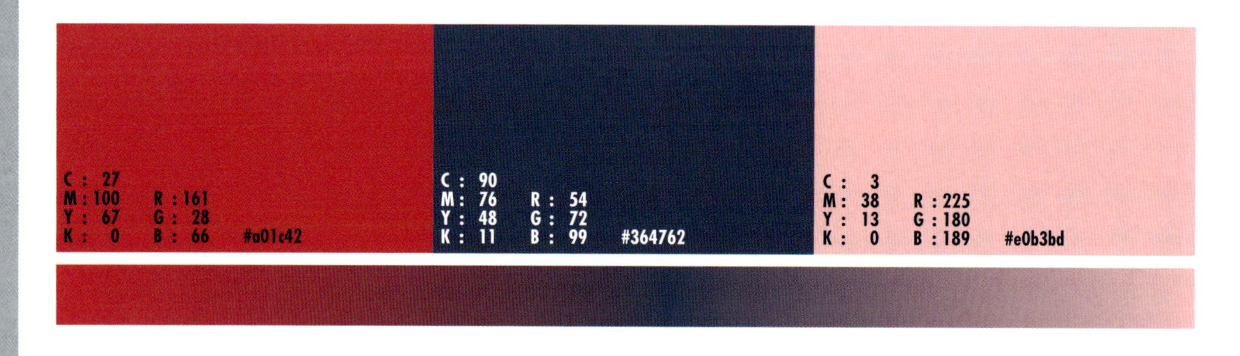

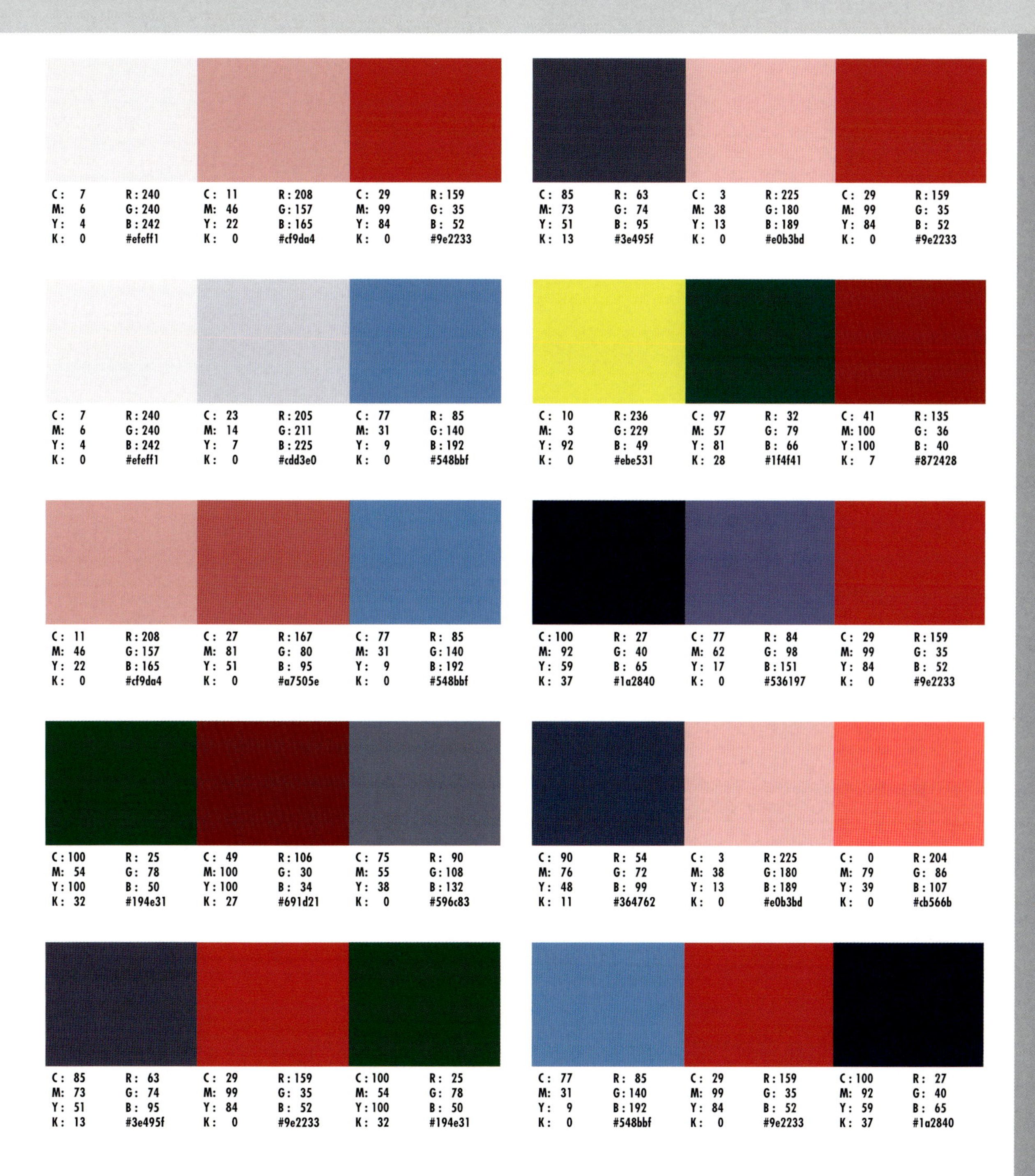
C: 7 M: 6 Y: 4 K: 0 R: 240 G: 240 B: 242 #efeff1
C: 11 M: 46 Y: 22 K: 0 R: 208 G: 157 B: 165 #cf9da4
C: 29 M: 99 Y: 84 K: 0 R: 159 G: 35 B: 52 #9e2233
C: 85 M: 73 Y: 51 K: 13 R: 63 G: 74 B: 95 #3e495f
C: 3 M: 38 Y: 13 K: 0 R: 225 G: 180 B: 189 #e0b3bd
C: 29 M: 99 Y: 84 K: 0 R: 159 G: 35 B: 52 #9e2233
C: 7 M: 6 Y: 4 K: 0 R: 240 G: 240 B: 242 #efeff1
C: 23 M: 14 Y: 7 K: 0 R: 205 G: 211 B: 225 #cdd3e0
C: 77 M: 31 Y: 9 K: 0 R: 85 G: 140 B: 192 #548bbf
C: 10 M: 3 Y: 92 K: 0 R: 236 G: 229 B: 49 #ebe531
C: 97 M: 57 Y: 81 K: 28 R: 32 G: 79 B: 66 #1f4f41
C: 41 M: 100 Y: 100 K: 7 R: 135 G: 36 B: 40 #872428
C: 11 M: 46 Y: 22 K: 0 R: 208 G: 157 B: 165 #cf9da4
C: 27 M: 81 Y: 51 K: 0 R: 167 G: 80 B: 95 #a7505e
C: 77 M: 31 Y: 9 K: 0 R: 85 G: 140 B: 192 #548bbf
C: 100 M: 92 Y: 59 K: 37 R: 27 G: 40 B: 65 #1a2840
C: 77 M: 62 Y: 17 K: 0 R: 84 G: 98 B: 151 #536197
C: 29 M: 99 Y: 84 K: 0 R: 159 G: 35 B: 52 #9e2233
C: 100 M: 54 Y: 100 K: 32 R: 25 G: 78 B: 50 #194e31
C: 49 M: 100 Y: 100 K: 27 R: 106 G: 30 B: 34 #691d21
C: 75 M: 55 Y: 38 K: 0 R: 90 G: 108 B: 132 #596c83
C: 90 M: 76 Y: 48 K: 11 R: 54 G: 72 B: 99 #364762
C: 3 M: 38 Y: 13 K: 0 R: 225 G: 180 B: 189 #e0b3bd
C: 0 M: 79 Y: 39 K: 0 R: 204 G: 86 B: 107 #cb566b
C: 85 M: 73 Y: 51 K: 13 R: 63 G: 74 B: 95 #3e495f
C: 29 M: 99 Y: 84 K: 0 R: 159 G: 35 B: 52 #9e2233
C: 100 M: 54 Y: 100 K: 32 R: 25 G: 78 B: 50 #194e31
C: 77 M: 31 Y: 9 K: 0 R: 85 G: 140 B: 192 #548bbf
C: 29 M: 99 Y: 84 K: 0 R: 159 G: 35 B: 52 #9e2233
C: 100 M: 92 Y: 59 K: 37 R: 27 G: 40 B: 65 #1a2840

keyword ▶

チューリップ

sub ▶

赤・白・黄色・ピンク・オランダ・風車・きれい・公園・空・鮮やか・

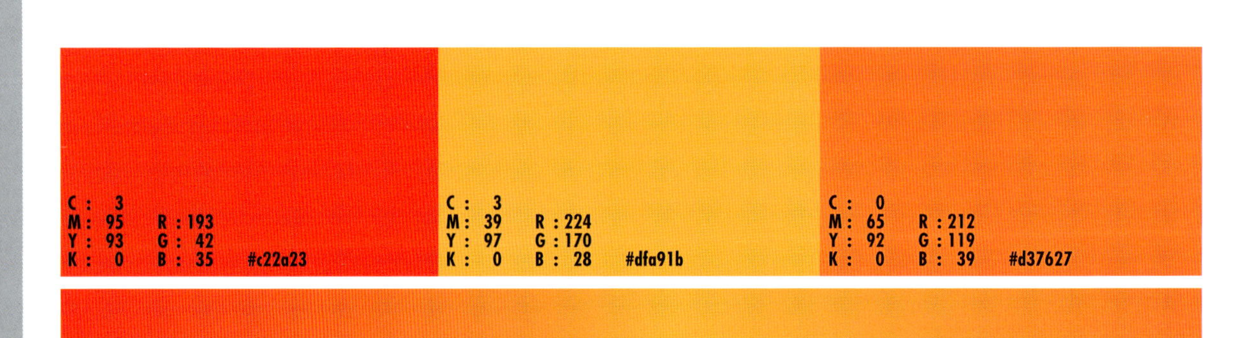

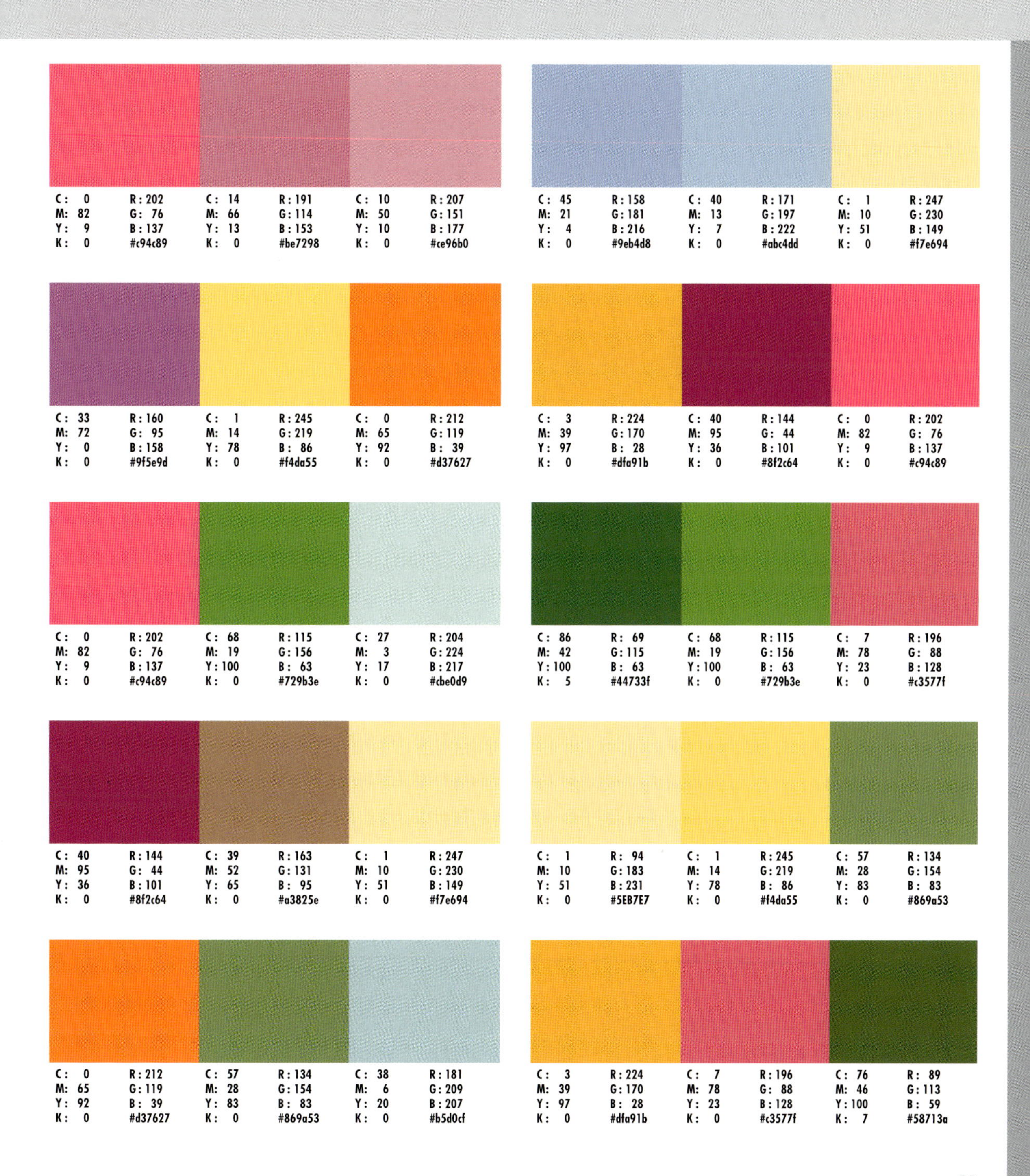
C: 0 M: 82 Y: 9 K: 0 R: 202 G: 76 B: 137 #c94c89
C: 14 M: 66 Y: 13 K: 0 R: 191 G: 114 B: 153 #be7298
C: 10 M: 50 Y: 10 K: 0 R: 207 G: 151 B: 177 #ce96b0
C: 45 M: 21 Y: 4 K: 0 R: 158 G: 181 B: 216 #9eb4d8
C: 40 M: 13 Y: 7 K: 0 R: 171 G: 197 B: 222 #abc4dd
C: 1 M: 10 Y: 51 K: 0 R: 247 G: 230 B: 149 #f7e694
C: 33 M: 72 Y: 0 K: 0 R: 160 G: 95 B: 158 #9f5e9d
C: 1 M: 14 Y: 78 K: 0 R: 245 G: 219 B: 86 #f4da55
C: 0 M: 65 Y: 92 K: 0 R: 212 G: 119 B: 39 #d37627
C: 3 M: 39 Y: 97 K: 0 R: 224 G: 170 B: 28 #dfa91b
C: 40 M: 95 Y: 36 K: 0 R: 144 G: 44 B: 101 #8f2c64
C: 0 M: 82 Y: 9 K: 0 R: 202 G: 76 B: 137 #c94c89
C: 0 M: 82 Y: 9 K: 0 R: 202 G: 76 B: 137 #c94c89
C: 68 M: 19 Y: 100 K: 0 R: 115 G: 156 B: 63 #729b3e
C: 27 M: 3 Y: 17 K: 0 R: 204 G: 224 B: 217 #cbe0d9
C: 86 M: 42 Y: 100 K: 5 R: 69 G: 115 B: 63 #44733f
C: 68 M: 19 Y: 100 K: 0 R: 115 G: 156 B: 63 #729b3e
C: 7 M: 78 Y: 23 K: 0 R: 196 G: 88 B: 128 #c3577f
C: 40 M: 95 Y: 36 K: 0 R: 144 G: 44 B: 101 #8f2c64
C: 39 M: 52 Y: 65 K: 0 R: 163 G: 131 B: 95 #a3825e
C: 1 M: 10 Y: 51 K: 0 R: 247 G: 230 B: 149 #f7e694
C: 1 M: 10 Y: 51 K: 0 R: 94 G: 183 B: 231 #5EB7E7
C: 1 M: 14 Y: 78 K: 0 R: 245 G: 219 B: 86 #f4da55
C: 57 M: 28 Y: 83 K: 0 R: 134 G: 154 B: 83 #869a53
C: 0 M: 65 Y: 92 K: 0 R: 212 G: 119 B: 39 #d37627
C: 57 M: 28 Y: 83 K: 0 R: 134 G: 154 B: 83 #869a53
C: 38 M: 6 Y: 20 K: 0 R: 181 G: 209 B: 207 #b5d0cf
C: 3 M: 39 Y: 97 K: 0 R: 224 G: 170 B: 28 #dfa91b
C: 7 M: 78 Y: 23 K: 0 R: 196 G: 88 B: 128 #c3577f
C: 76 M: 46 Y: 100 K: 7 R: 89 G: 113 B: 59 #58713a

keyword ▶

たんぽぽ

sub ▶

土手・野原・新緑・雑草・黄色・綿毛・風・ダンデライオン

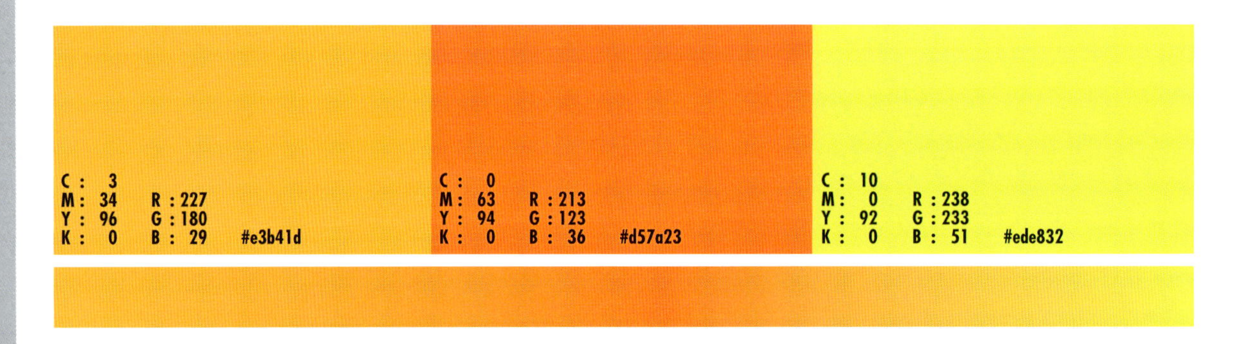

C : 3
M : 34 R : 227
Y : 96 G : 180
K : 0 B : 29 #e3b41d

C : 0
M : 63 R : 213
Y : 94 G : 123
K : 0 B : 36 #d57a23

C : 10
M : 0 R : 238
Y : 92 G : 233
K : 0 B : 51 #ede832

C: 0	R: 213	C: 6	R: 217	C: 10	R: 226
M: 63	G: 123	M: 45	G: 158	M: 20	G: 200
Y: 94	B: 36	Y: 98	B: 26	Y: 97	B: 32
K: 0	#d57a23	K: 0	#d89e1a	K: 0	#e1c81f

C: 16	R: 219	C: 8	R: 235	C: 25	R: 197
M: 14	G: 215	M: 12	G: 223	M: 26	G: 185
Y: 18	B: 206	Y: 36	B: 177	Y: 45	B: 146
K: 0	#dad6cd	K: 0	#eadfb0	K: 0	#c4b992

C: 5	R: 232	C: 10	R: 208	C: 11	R: 230
M: 21	G: 211	M: 48	G: 149	M: 11	G: 215
Y: 20	B: 198	Y: 100	B: 26	Y: 95	B: 39
K: 0	#e8d2c6	K: 0	#d0941a	K: 0	#e6d726

C: 85	R: 71	C: 0	R: 213	C: 10	R: 208
M: 42	G: 116	M: 63	G: 123	M: 48	G: 149
Y: 100	B: 63	Y: 94	B: 36	Y: 100	B: 26
K: 5	#46743f	K: 0	#d57a23	K: 0	#d0941a

C: 41	R: 168	C: 10	R: 208	C: 47	R: 133
M: 27	G: 167	M: 48	G: 149	M: 69	G: 93
Y: 100	B: 48	Y: 100	B: 26	Y: 82	B: 64
K: 0	#a7a630	K: 0	#d0941a	K: 8	#855d40

C: 10	R: 238	C: 10	R: 226	C: 0	R: 213
M: 0	G: 233	M: 20	G: 200	M: 63	G: 123
Y: 92	B: 51	Y: 97	B: 32	Y: 94	B: 36
K: 0	#ede832	K: 0	#e1c81f	K: 0	#d57a23

C: 85	R: 71	C: 55	R: 147	C: 0	R: 240
M: 42	G: 116	M: 2	G: 187	M: 22	G: 204
Y: 100	B: 63	Y: 100	B: 59	Y: 93	B: 41
K: 5	#46743f	K: 0	#92ba3a	K: 0	#f0cc29

C: 5	R: 232	C: 8	R: 242	C: 16	R: 219
M: 21	G: 211	M: 0	G: 241	M: 14	G: 215
Y: 20	B: 198	Y: 49	B: 158	Y: 18	B: 206
K: 0	#e8d2c6	K: 0	#f2f09e	K: 0	#dad6cd

C: 11	R: 230	C: 55	R: 147	C: 10	R: 208
M: 11	G: 215	M: 2	G: 187	M: 48	G: 149
Y: 95	B: 39	Y: 100	B: 59	Y: 100	B: 26
K: 0	#e6d726	K: 0	#92ba3a	K: 0	#d0941a

C: 85	R: 71	C: 10	R: 208	C: 11	R: 230
M: 42	G: 116	M: 48	G: 149	M: 11	G: 215
Y: 100	B: 63	Y: 100	B: 26	Y: 95	B: 39
K: 5	#46743f	K: 0	#d0941a	K: 0	#e6d726

keyword ▶

イースター

sub ▶

たまご・うさぎ・感謝祭・パレード・復活祭・キリスト教・

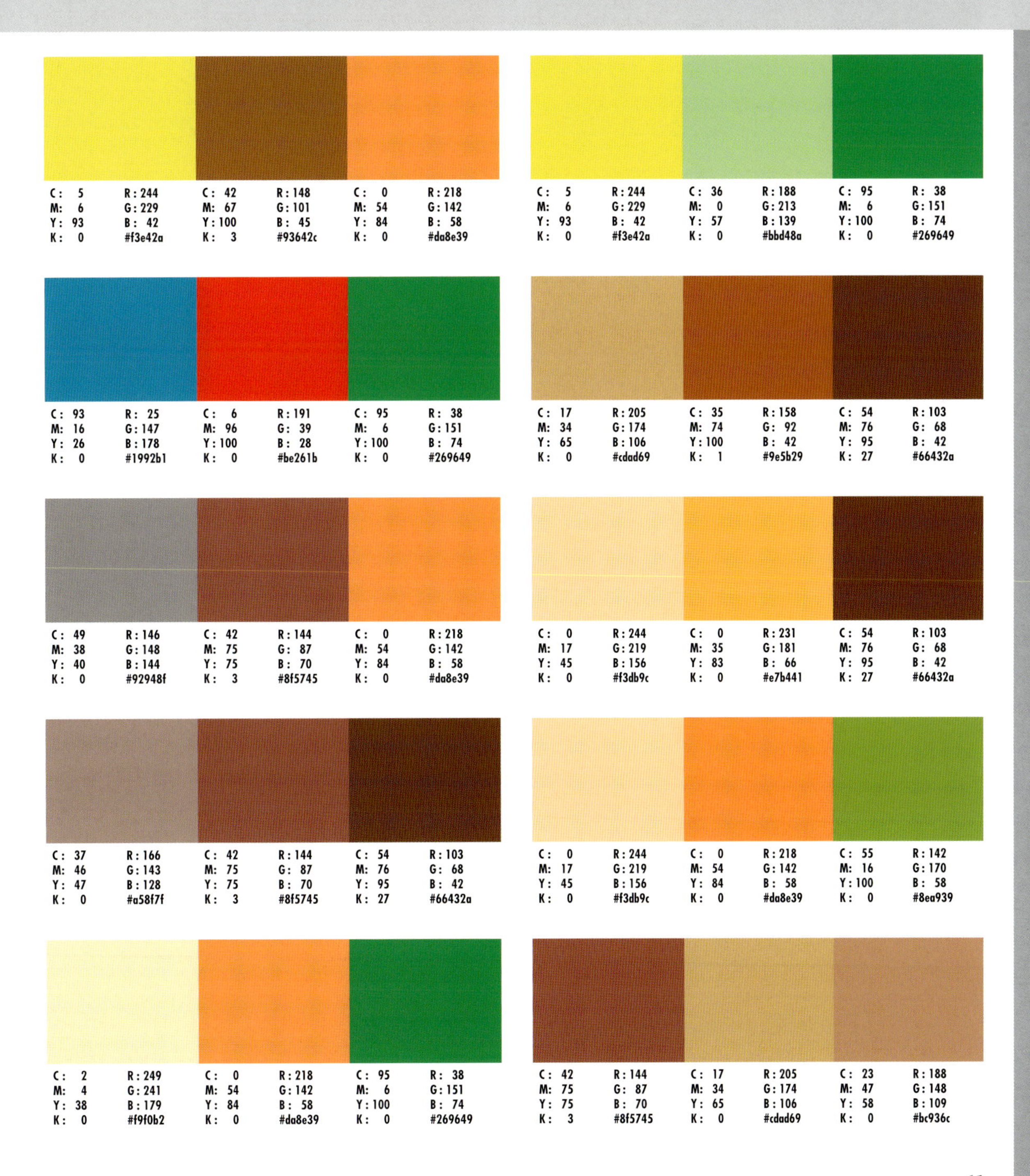
C: 5 M: 6 Y: 93 K: 0 R: 244 G: 229 B: 42 #f3e42a
C: 42 M: 67 Y: 100 K: 3 R: 148 G: 101 B: 45 #93642c
C: 0 M: 54 Y: 84 K: 0 R: 218 G: 142 B: 58 #da8e39
C: 5 M: 6 Y: 93 K: 0 R: 244 G: 229 B: 42 #f3e42a
C: 36 M: 0 Y: 57 K: 0 R: 188 G: 213 B: 139 #bbd48a
C: 95 M: 6 Y: 100 K: 0 R: 38 G: 151 B: 74 #269649
C: 93 M: 16 Y: 26 K: 0 R: 25 G: 147 B: 178 #1992b1
C: 6 M: 96 Y: 100 K: 0 R: 191 G: 39 B: 28 #be261b
C: 95 M: 6 Y: 100 K: 0 R: 38 G: 151 B: 74 #269649
C: 17 M: 34 Y: 65 K: 0 R: 205 G: 174 B: 106 #cdad69
C: 35 M: 74 Y: 100 K: 1 R: 158 G: 92 B: 42 #9e5b29
C: 54 M: 76 Y: 95 K: 27 R: 103 G: 68 B: 42 #66432a
C: 49 M: 38 Y: 40 K: 0 R: 146 G: 148 B: 144 #92948f
C: 42 M: 75 Y: 75 K: 3 R: 144 G: 87 B: 70 #8f5745
C: 0 M: 54 Y: 84 K: 0 R: 218 G: 142 B: 58 #da8e39
C: 0 M: 17 Y: 45 K: 0 R: 244 G: 219 B: 156 #f3db9c
C: 0 M: 35 Y: 83 K: 0 R: 231 G: 181 B: 66 #e7b441
C: 54 M: 76 Y: 95 K: 27 R: 103 G: 68 B: 42 #66432a
C: 37 M: 46 Y: 47 K: 0 R: 166 G: 143 B: 128 #a58f7f
C: 42 M: 75 Y: 75 K: 3 R: 144 G: 87 B: 70 #8f5745
C: 54 M: 76 Y: 95 K: 27 R: 103 G: 68 B: 42 #66432a
C: 0 M: 17 Y: 45 K: 0 R: 244 G: 219 B: 156 #f3db9c
C: 0 M: 54 Y: 84 K: 0 R: 218 G: 142 B: 58 #da8e39
C: 55 M: 16 Y: 100 K: 0 R: 142 G: 170 B: 58 #8ea939
C: 2 M: 4 Y: 38 K: 0 R: 249 G: 241 B: 179 #f9f0b2
C: 0 M: 54 Y: 84 K: 0 R: 218 G: 142 B: 58 #da8e39
C: 95 M: 6 Y: 100 K: 0 R: 38 G: 151 B: 74 #269649
C: 42 M: 75 Y: 75 K: 3 R: 144 G: 87 B: 70 #8f5745
C: 17 M: 34 Y: 65 K: 0 R: 205 G: 174 B: 106 #cdad69
C: 23 M: 47 Y: 58 K: 0 R: 188 G: 148 B: 109 #bc936c

keyword ▶

ストロベリー

sub ▶ ピンク・くだもの・いちご狩り・遠足・赤・甘い・野いちご・

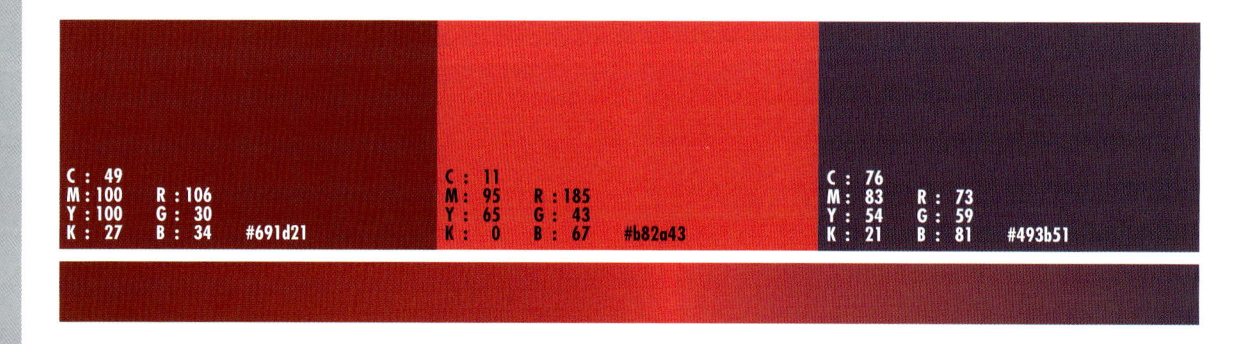

C	M	Y	K	R	G	B	HEX
49	100	100	27	106	30	34	#691d21
11	95	65	0	185	43	67	#b82a43
76	83	54	21	73	59	81	#493b51

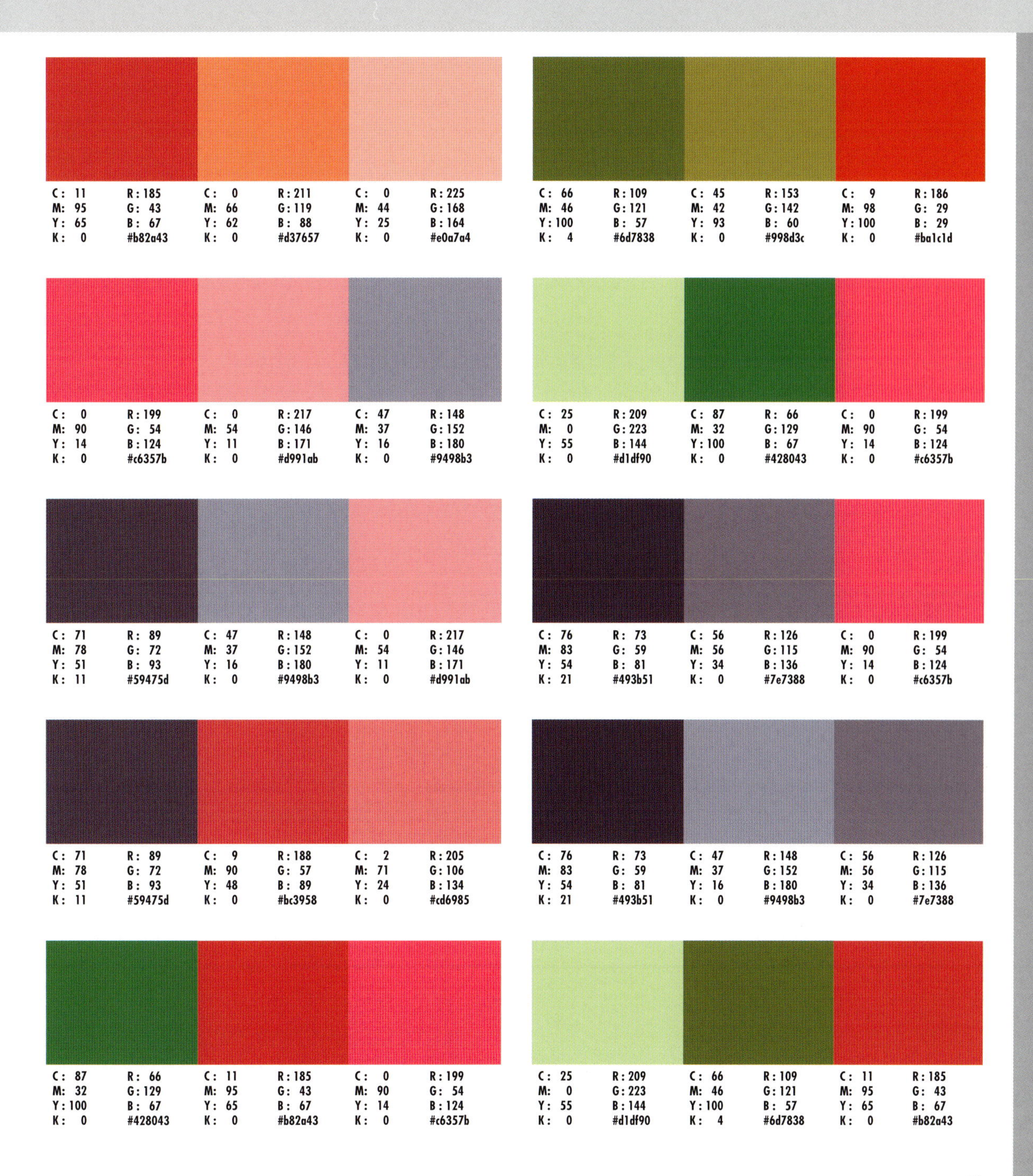
C: 11 M: 95 Y: 65 K: 0 R: 185 G: 43 B: 67 #b82a43
C: 0 M: 66 Y: 62 K: 0 R: 211 G: 119 B: 88 #d37657
C: 0 M: 44 Y: 25 K: 0 R: 225 G: 168 B: 164 #e0a7a4
C: 66 M: 46 Y: 100 K: 4 R: 109 G: 121 B: 57 #6d7838
C: 45 M: 42 Y: 93 K: 0 R: 153 G: 142 B: 60 #998d3c
C: 9 M: 98 Y: 100 K: 0 R: 186 G: 29 B: 29 #ba1c1d
C: 0 M: 90 Y: 14 K: 0 R: 199 G: 54 B: 124 #c6357b
C: 0 M: 54 Y: 11 K: 0 R: 217 G: 146 B: 171 #d991ab
C: 47 M: 37 Y: 16 K: 0 R: 148 G: 152 B: 180 #9498b3
C: 25 M: 0 Y: 55 K: 0 R: 209 G: 223 B: 144 #d1df90
C: 87 M: 32 Y: 100 K: 0 R: 66 G: 129 B: 67 #428043
C: 0 M: 90 Y: 14 K: 0 R: 199 G: 54 B: 124 #c6357b
C: 71 M: 78 Y: 51 K: 11 R: 89 G: 72 B: 93 #59475d
C: 47 M: 37 Y: 16 K: 0 R: 148 G: 152 B: 180 #9498b3
C: 0 M: 54 Y: 11 K: 0 R: 217 G: 146 B: 171 #d991ab
C: 76 M: 83 Y: 54 K: 21 R: 73 G: 59 B: 81 #493b51
C: 56 M: 56 Y: 34 K: 0 R: 126 G: 115 B: 136 #7e7388
C: 0 M: 90 Y: 14 K: 0 R: 199 G: 54 B: 124 #c6357b
C: 71 M: 78 Y: 51 K: 11 R: 89 G: 72 B: 93 #59475d
C: 9 M: 90 Y: 48 K: 0 R: 188 G: 57 B: 89 #bc3958
C: 2 M: 71 Y: 24 K: 0 R: 205 G: 106 B: 134 #cd6985
C: 76 M: 83 Y: 54 K: 21 R: 73 G: 59 B: 81 #493b51
C: 47 M: 37 Y: 16 K: 0 R: 148 G: 152 B: 180 #9498b3
C: 56 M: 56 Y: 34 K: 0 R: 126 G: 115 B: 136 #7e7388
C: 87 M: 32 Y: 100 K: 0 R: 66 G: 129 B: 67 #428043
C: 11 M: 95 Y: 65 K: 0 R: 185 G: 43 B: 67 #b82a43
C: 0 M: 90 Y: 14 K: 0 R: 199 G: 54 B: 124 #c6357b
C: 25 M: 0 Y: 55 K: 0 R: 209 G: 223 B: 144 #d1df90
C: 66 M: 46 Y: 100 K: 4 R: 109 G: 121 B: 57 #6d7838
C: 11 M: 95 Y: 65 K: 0 R: 185 G: 43 B: 67 #b82a43

keyword ▶

端午の節句

sub ▶

5月5日・こいのぼり・男の子・かぶと・子どもの日・5月・新緑・

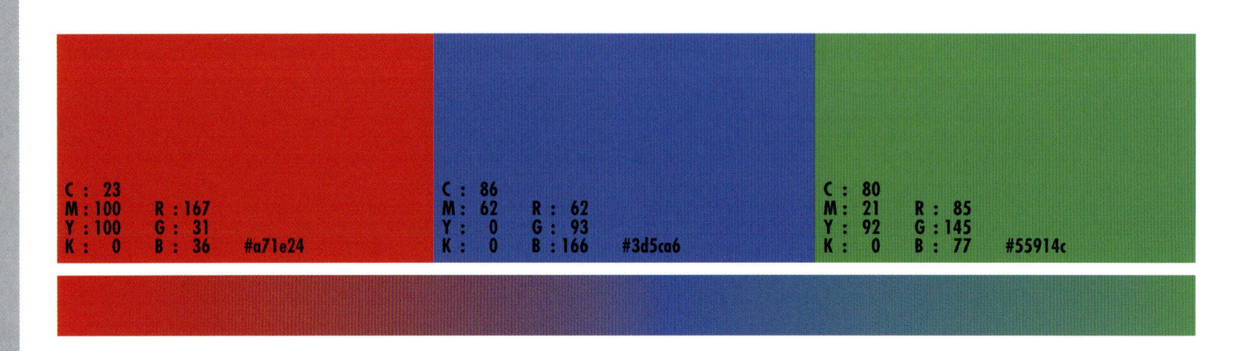

C : 23 M : 100 Y : 100 K : 0	R : 167 G : 31 B : 36	#a71e24
C : 86 M : 62 Y : 0 K : 0	R : 62 G : 93 B : 166	#3d5ca6
C : 80 M : 21 Y : 92 K : 0	R : 85 G : 145 B : 77	#55914c

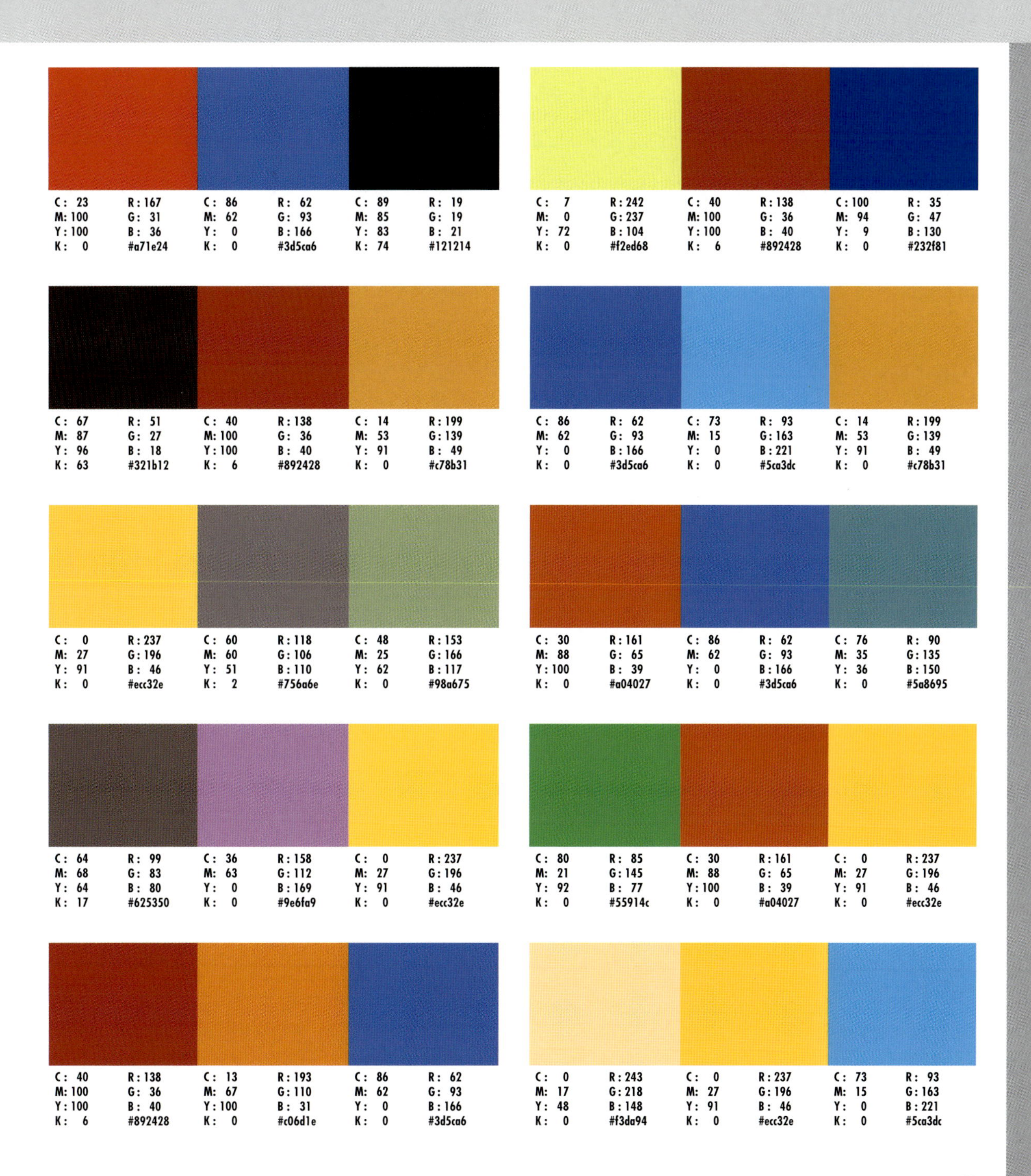
C: 23 M: 100 Y: 100 K: 0
R: 167 G: 31 B: 36 #a71e24
C: 86 M: 62 Y: 0 K: 0
R: 62 G: 93 B: 166 #3d5ca6
C: 89 M: 85 Y: 83 K: 74
R: 19 G: 19 B: 21 #121214
C: 7 M: 0 Y: 72 K: 0
R: 242 G: 237 B: 104 #f2ed68
C: 40 M: 100 Y: 100 K: 6
R: 138 G: 36 B: 40 #892428
C: 100 M: 94 Y: 9 K: 0
R: 35 G: 47 B: 130 #232f81
C: 67 M: 87 Y: 96 K: 63
R: 51 G: 27 B: 18 #321b12
C: 40 M: 100 Y: 100 K: 6
R: 138 G: 36 B: 40 #892428
C: 14 M: 53 Y: 91 K: 0
R: 199 G: 139 B: 49 #c78b31
C: 86 M: 62 Y: 0 K: 0
R: 62 G: 93 B: 166 #3d5ca6
C: 73 M: 15 Y: 0 K: 0
R: 93 G: 163 B: 221 #5ca3dc
C: 14 M: 53 Y: 91 K: 0
R: 199 G: 139 B: 49 #c78b31
C: 0 M: 27 Y: 91 K: 0
R: 237 G: 196 B: 46 #ecc32e
C: 60 M: 60 Y: 51 K: 2
R: 118 G: 106 B: 110 #756a6e
C: 48 M: 25 Y: 62 K: 0
R: 153 G: 166 B: 117 #98a675
C: 30 M: 88 Y: 100 K: 0
R: 161 G: 65 B: 39 #a04027
C: 86 M: 62 Y: 0 K: 0
R: 62 G: 93 B: 166 #3d5ca6
C: 76 M: 35 Y: 36 K: 0
R: 90 G: 135 B: 150 #5a8695
C: 64 M: 68 Y: 64 K: 17
R: 99 G: 83 B: 80 #625350
C: 36 M: 63 Y: 0 K: 0
R: 158 G: 112 B: 169 #9e6fa9
C: 0 M: 27 Y: 91 K: 0
R: 237 G: 196 B: 46 #ecc32e
C: 80 M: 21 Y: 92 K: 0
R: 85 G: 145 B: 77 #55914c
C: 30 M: 88 Y: 100 K: 0
R: 161 G: 65 B: 39 #a04027
C: 0 M: 27 Y: 91 K: 0
R: 237 G: 196 B: 46 #ecc32e
C: 40 M: 100 Y: 100 K: 6
R: 138 G: 36 B: 40 #892428
C: 13 M: 67 Y: 100 K: 0
R: 193 G: 110 B: 31 #c06d1e
C: 86 M: 62 Y: 0 K: 0
R: 62 G: 93 B: 166 #3d5ca6
C: 0 M: 17 Y: 48 K: 0
R: 243 G: 218 B: 148 #f3da94
C: 0 M: 27 Y: 91 K: 0
R: 237 G: 196 B: 46 #ecc32e
C: 73 M: 15 Y: 0 K: 0
R: 93 G: 163 B: 221 #5ca3dc

keyword ▶

新緑

sub ▶

春・黄緑・野原・高原・河原・自然・緑・草・樹木

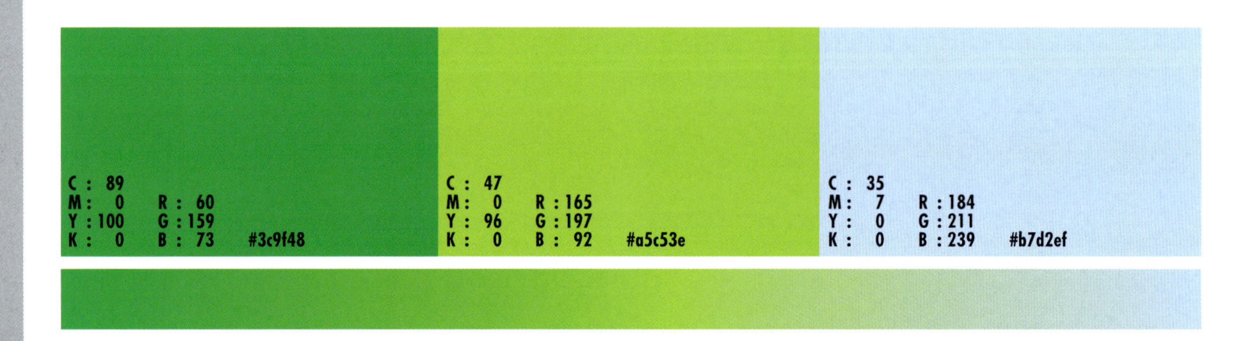

C	M	Y	K	R	G	B	HEX
89	0	100	0	60	159	73	#3c9f48
47	0	96	0	165	197	92	#a5c53e
35	7	0	0	184	211	239	#b7d2ef

C	M	Y	K	R	G	B	Hex
70	36	100	0	107	134	61	#6b853d
58	16	99	0	137	168	60	#89a73b
14	0	37	0	230	237	182	#e6ecb6

C	M	Y	K	R	G	B	Hex
100	48	100	18	29	95	59	#1c5f3b
58	16	99	0	137	168	60	#89a73b
14	0	37	0	188	160	183	#BCA0B7

C	M	Y	K	R	G	B	Hex
97	55	100	33	30	77	49	#1e4d30
98	26	95	0	32	130	77	#20814c
56	0	100	0	144	188	60	#90bb3b

C	M	Y	K	R	G	B	Hex
100	48	100	18	29	95	59	#1c5f3b
70	36	100	0	107	134	61	#6b853d
61	0	41	0	131	189	169	#83bda8

C	M	Y	K	R	G	B	Hex
98	26	95	0	32	130	77	#20814c
56	0	100	0	144	188	60	#90bb3b
73	43	100	4	96	121	60	#60783c

C	M	Y	K	R	G	B	Hex
50	23	0	0	146	173	218	#91acd9
35	7	0	0	184	211	239	#b7d2ef
47	0	96	0	165	197	62	#a5c53e

C	M	Y	K	R	G	B	Hex
92	0	100	0	50	157	74	#319d49
56	0	100	0	144	188	60	#90bb3b
34	0	84	0	192	211	84	#bfd353

C	M	Y	K	R	G	B	Hex
98	26	95	0	32	130	77	#20814c
97	55	100	33	30	77	49	#1e4d30
73	43	100	4	96	121	60	#60783c

C	M	Y	K	R	G	B	Hex
100	50	100	21	28	90	57	#1c5a38
53	32	0	0	136	156	206	#889cce
14	0	37	0	188	160	183	#BCA0B7

C	M	Y	K	R	G	B	Hex
82	56	100	27	63	85	49	#3f5430
73	43	100	4	96	121	60	#60783c
58	16	99	0	137	168	60	#89a73b

keyword ▶

母の日

sub ▶

カーネーション・花・5月・赤・ピンク・白・プレゼント・マザーズデー・日曜日

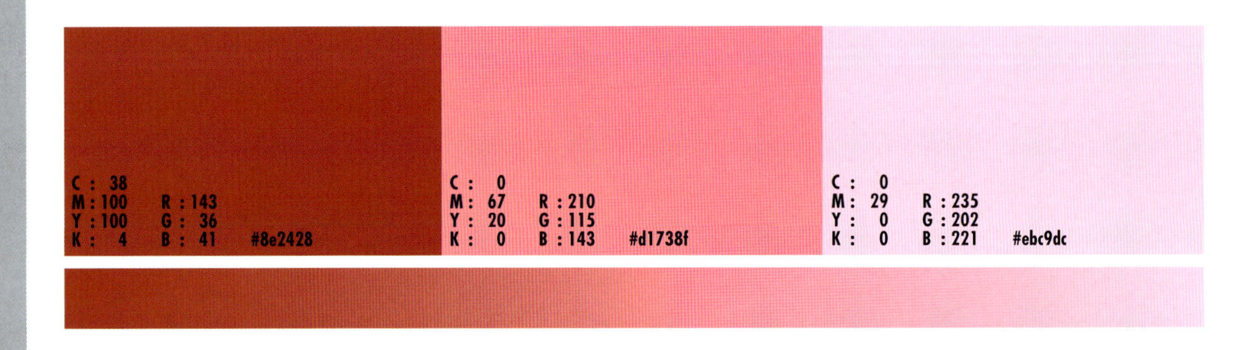

C : 38 M : 100 R : 143 Y : 100 G : 36 K : 4 B : 41 #8e2428	C : 0 M : 67 R : 210 Y : 20 G : 115 K : 0 B : 143 #d1738f	C : 0 M : 29 R : 235 Y : 0 G : 202 K : 0 B : 221 #ebc9dc

C: 0 M: 46 Y: 11 K: 0
R: 223 G: 164 B: 183 #dfa4b6
C: 69 M: 31 Y: 100 K: 0
R: 109 G: 141 B: 62 #6d8d3d
C: 0 M: 81 Y: 34 K: 0
R: 203 G: 82 B: 112 #cb5270
C: 0 M: 64 Y: 34 K: 0
R: 212 G: 122 B: 129 #d37a80
C: 40 M: 100 Y: 100 K: 6
R: 138 G: 36 B: 40 #892428
C: 3 M: 93 Y: 65 K: 0
R: 196 G: 46 B: 67 #c32e43
C: 0 M: 83 Y: 54 K: 0
R: 203 G: 77 B: 86 #ca4d56
C: 0 M: 55 Y: 0 K: 0
R: 217 G: 146 B: 184 #d991b8
C: 0 M: 29 Y: 0 K: 0
R: 235 G: 202 B: 221 #ebc9dc
C: 47 M: 100 Y: 100 K: 20
R: 114 G: 33 B: 37 #722025
C: 0 M: 36 Y: 19 K: 0
R: 230 G: 185 B: 183 #e6b8b7
C: 0 M: 88 Y: 46 K: 0
R: 200 G: 61 B: 91 #c83d5b
C: 70 M: 49 Y: 100 K: 8
R: 100 G: 112 B: 56 #637037
C: 55 M: 35 Y: 82 K: 0
R: 136 G: 146 B: 81 #879251
C: 0 M: 83 Y: 38 K: 0
R: 202 G: 76 B: 105 #ca4b69
C: 0 M: 46 Y: 11 K: 0
R: 223 G: 164 B: 183 #dfa4b6
C: 0 M: 17 Y: 7 K: 0
R: 244 G: 224 B: 225 #f3e0e1
C: 0 M: 81 Y: 34 K: 0
R: 203 G: 82 B: 112 #cb5270
C: 3 M: 93 Y: 65 K: 0
R: 196 G: 46 B: 67 #c32e43
C: 40 M: 100 Y: 100 K: 6
R: 138 G: 36 B: 40 #892428
C: 0 M: 36 Y: 19 K: 0
R: 230 G: 185 B: 183 #e6b8b7
C: 0 M: 81 Y: 34 K: 0
R: 203 G: 82 B: 112 #cb5270
C: 0 M: 36 Y: 19 K: 0
R: 230 G: 185 B: 183 #e6b8b7
C: 0 M: 17 Y: 7 K: 0
R: 244 G: 224 B: 225 #f3e0e1
C: 0 M: 29 Y: 0 K: 0
R: 235 G: 202 B: 221 #ebc9dc
C: 0 M: 83 Y: 38 K: 0
R: 202 G: 76 B: 105 #ca4b69
C: 72 M: 59 Y: 100 K: 26
R: 81 G: 86 B: 47 #51552e
C: 4 M: 47 Y: 35 K: 0
R: 217 G: 158 B: 146 #d89d91
C: 16 M: 66 Y: 47 K: 0
R: 188 G: 113 B: 110 #bc706d
C: 0 M: 90 Y: 65 K: 0
R: 200 G: 58 B: 96 #c73944

keyword ▶

父の日

sub ▶

6月・日曜日・バラ・赤・白・プレゼント・ファーザーズデイ・リボン・ネクタイ・

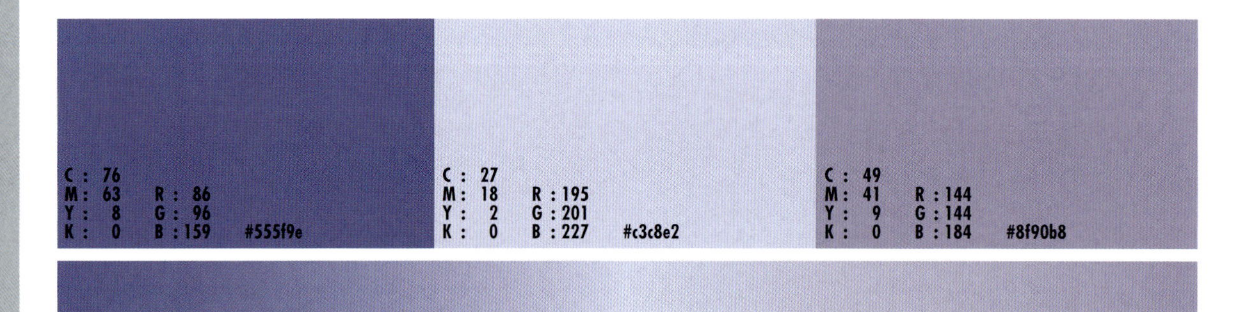

C : 76
M : 63 R : 86
Y : 8 G : 96
K : 0 B : 159 #555f9e

C : 27
M : 18 R : 195
Y : 2 G : 201
K : 0 B : 227 #c3c8e2

C : 49
M : 41 R : 144
Y : 9 G : 144
K : 0 B : 184 #8f90b8

C	M	Y	K	R	G	B	#
28	2	8	0	201	224	234	#c8e0e9
5	21	73	0	233	204	94	#e9cb5e
76	63	8	0	86	96	159	#555f9e

C	M	Y	K	R	G	B	#
42	30	19	0	161	167	184	#a1a7b8
27	18	2	0	195	201	227	#c3c8e2
49	41	9	0	144	144	184	#8f90b8

C	M	Y	K	R	G	B	#
61	82	85	46	75	47	39	#4b2e27
53	81	85	26	103	62	49	#673d31
46	54	71	1	147	123	87	#927a57

C	M	Y	K	R	G	B	#
61	82	85	46	75	47	39	#4b2e27
70	70	64	24	82	73	75	#52494a
46	95	99	16	122	44	39	#7a2c27

C	M	Y	K	R	G	B	#
2	17	31	0	240	219	182	#f0dab5
46	54	71	1	147	123	87	#927a57
70	70	64	24	82	73	75	#52494a

C	M	Y	K	R	G	B	#
59	64	97	20	106	87	47	#69572f
28	51	69	0	179	138	89	#b38958
2	17	31	0	240	219	182	#f0dab5

C	M	Y	K	R	G	B	#
74	81	81	61	46	35	33	#2e2321
58	63	58	5	118	100	96	#756460
32	36	47	0	179	162	135	#b2a286

C	M	Y	K	R	G	B	#
43	1	32	0	172	208	188	#acd0bc
58	0	59	0	139	190	135	#8abd87
87	46	100	9	63	107	61	#3e6a3c

C	M	Y	K	R	G	B	#
0	89	84	0	201	62	46	#c83d2e
46	95	99	16	122	44	39	#7a2c27
5	21	73	0	233	204	94	#e9cb5e

C	M	Y	K	R	G	B	#
46	54	75	1	145	121	81	#917951
32	36	47	0	179	162	135	#b2a286
70	70	64	24	82	73	75	#52494a

keyword ▶

あじさい

sub ▶

梅雨・七色・雨・紫陽花・寺・紫色・ブルー・ピンク・七変化・八仙花・藍色・

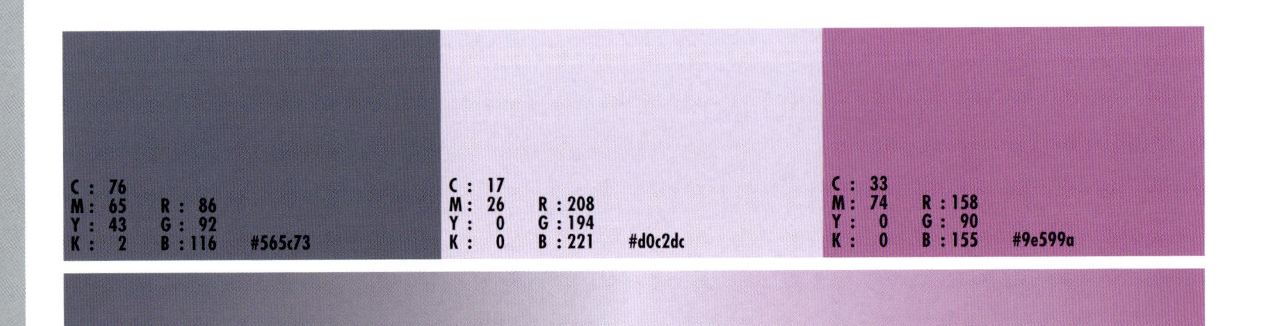

C: 43 M: 50 Y: 0 K: 0
R: 152 G: 133 B: 186 #9785b9
C: 69 M: 91 Y: 5 K: 0
R: 95 G: 52 B: 135 #5e3386
C: 81 M: 90 Y: 27 K: 0
R: 75 G: 56 B: 116 #4a3874
C: 81 M: 90 Y: 27 K: 0
R: 75 G: 56 B: 116 #4a3874
C: 64 M: 50 Y: 0 K: 0
R: 111 G: 120 B: 182 #6f78b6
C: 23 M: 7 Y: 5 K: 0
R: 210 G: 223 B: 235 #d1dfeb
C: 35 M: 47 Y: 0 K: 0
R: 167 G: 143 B: 190 #a68fbe
C: 33 M: 74 Y: 0 K: 0
R: 158 G: 90 B: 155 #9e599a
C: 61 M: 100 Y: 29 K: 0
R: 109 G: 35 B: 106 #6c236a
C: 66 M: 23 Y: 8 K: 0
R: 112 G: 159 B: 203 #709fca
C: 86 M: 50 Y: 14 K: 0
R: 62 G: 110 B: 165 #3e6da4
C: 83 M: 46 Y: 100 K: 9
R: 73 G: 109 B: 60 #496d3b
C: 81 M: 70 Y: 18 K: 0
R: 75 G: 85 B: 142 #4a548d
C: 33 M: 74 Y: 0 K: 0
R: 158 G: 90 B: 155 #9e599a
C: 55 M: 50 Y: 0 K: 0
R: 128 G: 127 B: 184 #807eb8
C: 40 M: 47 Y: 0 K: 0
R: 157 G: 139 B: 189 #9d8bbd
C: 61 M: 100 Y: 29 K: 0
R: 109 G: 35 B: 106 #6c236a
C: 81 M: 70 Y: 18 K: 0
R: 75 G: 85 B: 142 #4a548d
C: 16 M: 7 Y: 72 K: 0
R: 223 G: 220 B: 104 #dfdb67
C: 83 M: 46 Y: 100 K: 9
R: 73 G: 109 B: 60 #496d3b
C: 88 M: 53 Y: 100 K: 24
R: 54 G: 88 B: 52 #355834
C: 17 M: 26 Y: 0 K: 0
R: 208 G: 194 B: 221 #d0c2dc
C: 26 M: 42 Y: 0 K: 0
R: 184 G: 157 B: 198 #b89cc5
C: 33 M: 74 Y: 0 K: 0
R: 158 G: 90 B: 155 #9e599a
C: 61 M: 100 Y: 29 K: 0
R: 109 G: 35 B: 106 #6c236a
C: 33 M: 74 Y: 0 K: 0
R: 158 G: 90 B: 155 #9e599a
C: 72 M: 53 Y: 0 K: 0
R: 94 G: 112 B: 178 #5e70b2
C: 11 M: 1 Y: 33 K: 0
R: 235 G: 239 B: 191 #eaeebe
C: 60 M: 29 Y: 75 K: 0
R: 129 G: 152 B: 94 #80975e
C: 81 M: 90 Y: 27 K: 0
R: 75 G: 56 B: 116 #4a3874

keyword ▶

七夕

sub ▶ 7月7日・仙台・飾り・竹・笹の葉・天の川・織姫・彦星・祭り・しちせき・古事記・

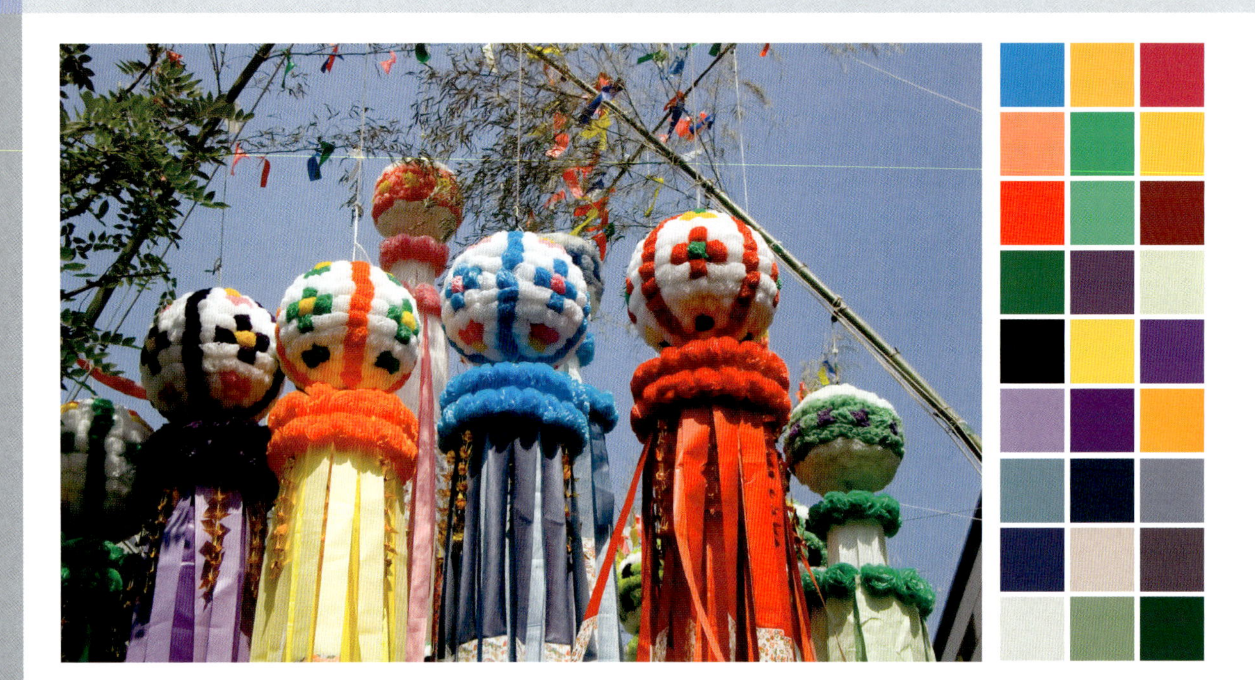

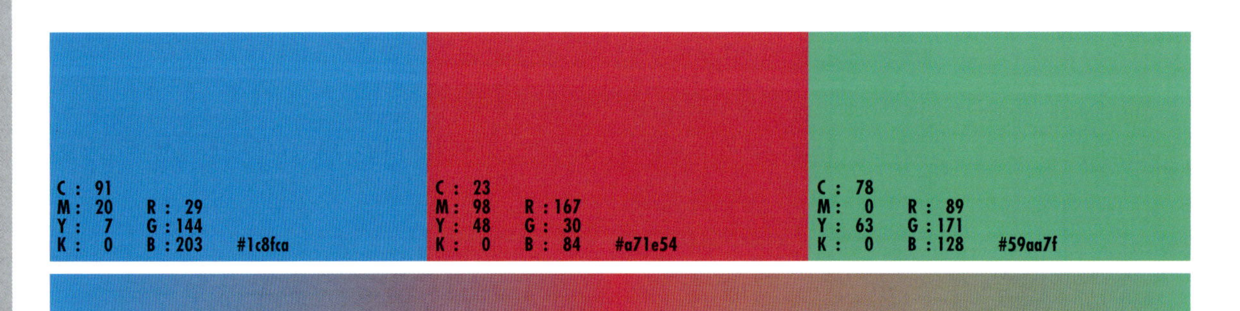

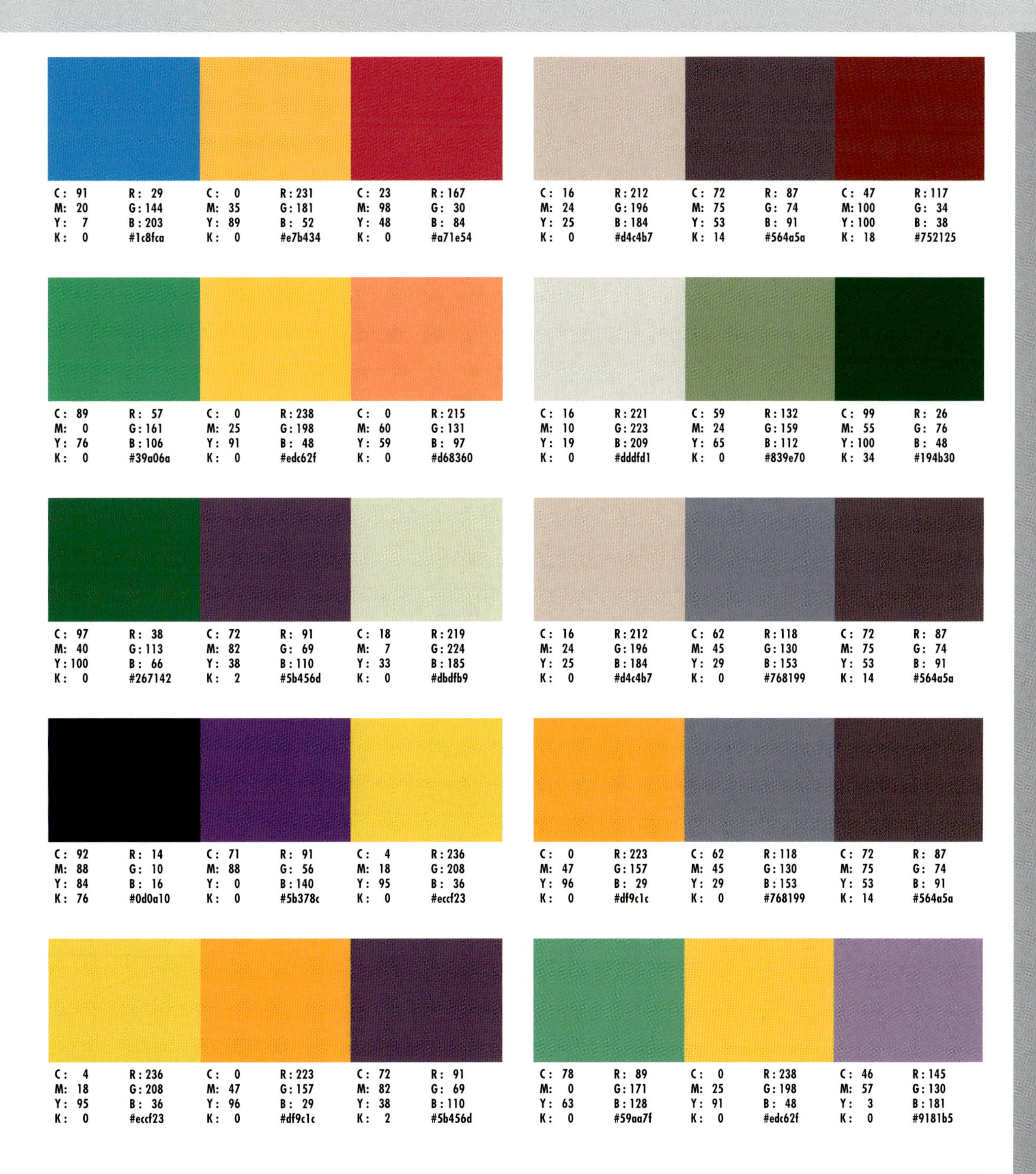
C: 91 M: 20 Y: 7 K: 0 R: 29 G: 144 B: 203 #1c8fca
C: 0 M: 35 Y: 89 K: 0 R: 231 G: 181 B: 52 #e7b434
C: 23 M: 98 Y: 48 K: 0 R: 167 G: 30 B: 84 #a71e54
C: 16 M: 24 Y: 25 K: 0 R: 212 G: 196 B: 184 #d4c4b7
C: 72 M: 75 Y: 53 K: 14 R: 87 G: 74 B: 91 #564a5a
C: 47 M: 100 Y: 100 K: 18 R: 117 G: 34 B: 38 #752125
C: 89 M: 0 Y: 76 K: 0 R: 57 G: 161 B: 106 #39a06a
C: 0 M: 25 Y: 91 K: 0 R: 238 G: 198 B: 48 #edc62f
C: 0 M: 60 Y: 59 K: 0 R: 215 G: 131 B: 97 #d68360
C: 16 M: 10 Y: 19 K: 0 R: 221 G: 223 B: 209 #dddfd1
C: 59 M: 24 Y: 65 K: 0 R: 132 G: 159 B: 112 #839e70
C: 99 M: 55 Y: 100 K: 34 R: 26 G: 76 B: 48 #194b30
C: 97 M: 40 Y: 100 K: 0 R: 38 G: 113 B: 66 #267142
C: 72 M: 82 Y: 38 K: 2 R: 91 G: 69 B: 110 #5b456d
C: 18 M: 7 Y: 33 K: 0 R: 219 G: 224 B: 185 #dbdfb9
C: 16 M: 24 Y: 25 K: 0 R: 212 G: 196 B: 184 #d4c4b7
C: 62 M: 45 Y: 29 K: 0 R: 118 G: 130 B: 153 #768199
C: 72 M: 75 Y: 53 K: 14 R: 87 G: 74 B: 91 #564a5a
C: 92 M: 88 Y: 84 K: 76 R: 14 G: 10 B: 16 #0d0a10
C: 71 M: 88 Y: 0 K: 0 R: 91 G: 56 B: 140 #5b378c
C: 4 M: 18 Y: 95 K: 0 R: 236 G: 208 B: 36 #eccf23
C: 0 M: 47 Y: 96 K: 0 R: 223 G: 157 B: 29 #df9c1c
C: 62 M: 45 Y: 29 K: 0 R: 118 G: 130 B: 153 #768199
C: 72 M: 75 Y: 53 K: 14 R: 87 G: 74 B: 91 #564a5a
C: 4 M: 18 Y: 95 K: 0 R: 236 G: 208 B: 36 #eccf23
C: 0 M: 47 Y: 96 K: 0 R: 223 G: 157 B: 29 #df9c1c
C: 72 M: 82 Y: 38 K: 2 R: 91 G: 69 B: 110 #5b456d
C: 78 M: 0 Y: 63 K: 0 R: 89 G: 171 B: 128 #59aa7f
C: 0 M: 25 Y: 91 K: 0 R: 238 G: 198 B: 48 #edc62f
C: 46 M: 57 Y: 3 K: 0 R: 145 G: 130 B: 181 #9181b5

keyword ▶

ほおずき市

sub ▶

7月10日・浅草寺・四万六千日・オレンジ・風鈴・縁日・薬草・鉢植え・

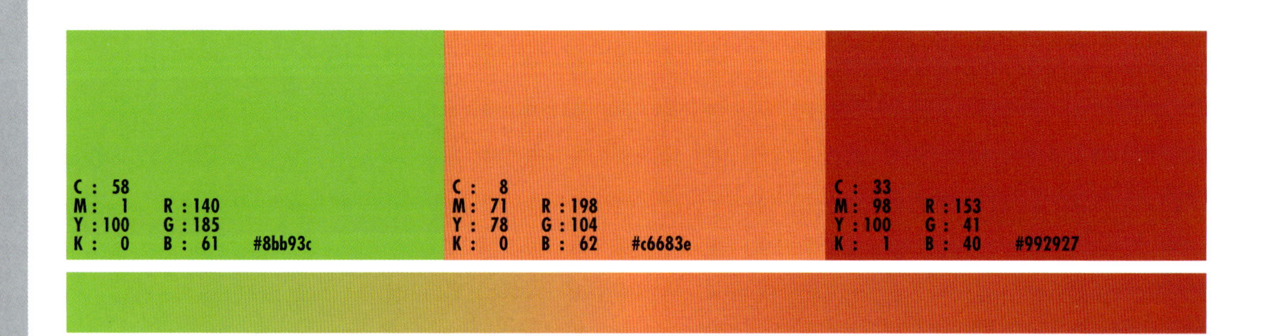

C : 58		
M : 1	R : 140	
Y : 100	G : 185	
K : 0	B : 61	#8bb93c

C : 8		
M : 71	R : 198	
Y : 78	G : 104	
K : 0	B : 62	#c6683e

C : 33		
M : 98	R : 153	
Y : 100	G : 41	
K : 1	B : 40	#992927

C	M	Y	K	R	G	B	Hex
49	1	68	0	160	198	118	#a0c575
67	19	57	0	115	160	129	#729f81
74	45	88	5	93	118	73	#5d7648

C	M	Y	K	R	G	B	Hex
74	45	88	5	93	118	73	#5d7648
0	48	45	0	222	158	129	#de9e81
5	88	96	0	194	64	32	#c23f1f

C	M	Y	K	R	G	B	Hex
9	33	87	0	220	180	60	#dbb43c
26	33	98	0	191	167	42	#bea729
62	37	100	0	123	138	58	#7a8939

C	M	Y	K	R	G	B	Hex
9	33	87	0	220	180	60	#dbb43c
0	63	75	0	213	125	70	#d57d45
5	88	96	0	194	64	32	#c23f1f

C	M	Y	K	R	G	B	Hex
33	98	100	1	153	41	40	#992927
0	76	82	0	206	95	54	#ce5e35
26	33	98	0	191	167	42	#bea729

C	M	Y	K	R	G	B	Hex
52	23	100	0	147	164	55	#93a337
62	37	100	0	123	138	58	#7a8939
0	58	79	0	216	136	66	#d88741

C	M	Y	K	R	G	B	Hex
29	98	100	0	159	39	38	#9f2626
0	63	75	0	213	125	70	#d57d45
4	33	68	0	227	183	98	#e2b762

C	M	Y	K	R	G	B	Hex
13	25	41	0	218	196	156	#d9c49c
56	79	84	32	95	60	48	#5f3c30
86	56	100	31	54	80	47	#364f2f

C	M	Y	K	R	G	B	Hex
50	33	49	0	147	155	134	#929a85
62	37	100	0	123	138	58	#7a8939
13	25	41	0	218	196	156	#d9c49c

C	M	Y	K	R	G	B	Hex
9	33	87	0	220	180	60	#dbb43c
8	71	78	0	198	104	62	#c6683e
74	45	88	5	93	118	73	#5d7648

keyword ▶

海

sub ▶

砂浜・ビーチ・リゾート・ヤシの木・トロピカル・サーフィン・波・エメラルドグリーン・

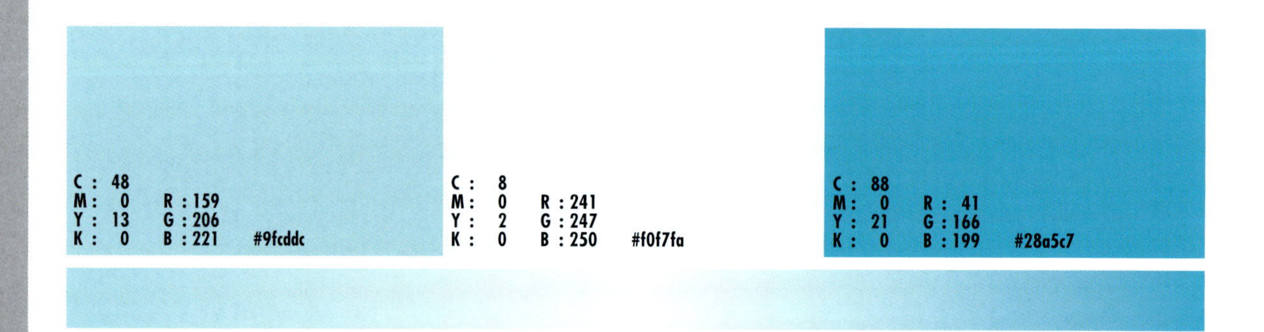

C : 48
M : 0　R : 159
Y : 13　G : 206
K : 0　B : 221　#9fcddc

C : 8
M : 0　R : 241
Y : 2　G : 247
K : 0　B : 250　#f0f7fa

C : 88
M : 0　R : 41
Y : 21　G : 166
K : 0　B : 199　#28a5c7

C: 97	R: 35	C: 92	R: 47	C: 69	R: 108
M: 70	G: 81	M: 58	G: 98	M: 14	G: 168
Y: 18	B: 142	Y: 14	B: 157	Y: 16	B: 199
K: 0	#22518d	K: 0	#2e629c	K: 0	#6ba8c7

C: 77	R: 84	C: 86	R: 63	C: 38	R: 182
M: 27	G: 145	M: 34	G: 130	M: 2	G: 215
Y: 16	B: 186	Y: 29	B: 160	Y: 14	B: 221
K: 0	#5491ba	K: 0	#3e81a0	K: 0	#b5d7dc

C: 0	R: 199	C: 93	R: 31	C: 48	R: 159
M: 92	G: 52	M: 38	G: 122	M: 0	G: 206
Y: 59	B: 75	Y: 0	B: 193	Y: 13	B: 221
K: 0	#c7334b	K: 0	#1f7ac1	K: 0	#9fcddc

C: 18	R: 202	C: 57	R: 100	C: 85	R: 49
M: 35	G: 173	M: 73	G: 71	M: 61	G: 67
Y: 52	B: 128	Y: 100	B: 39	Y: 100	B: 40
K: 0	#caac7f	K: 28	#634626	K: 42	#304327

C: 38	R: 182	C: 70	R: 108	C: 97	R: 16
M: 2	G: 215	M: 0	G: 181	M: 42	G: 116
Y: 14	B: 221	Y: 35	B: 177	Y: 16	B: 170
K: 0	#b5d7dc	K: 0	#6bb4b1	K: 0	#1073a9

C: 85	R: 49	C: 62	R: 126	C: 77	R: 84
M: 61	G: 67	M: 27	G: 151	M: 27	G: 145
Y: 100	B: 40	Y: 99	B: 61	Y: 16	B: 186
K: 42	#304327	K: 0	#7d973c	K: 0	#5491ba

C: 62	R: 126	C: 90	R: 49	C: 97	R: 35
M: 27	G: 151	M: 55	G: 84	M: 70	G: 81
Y: 99	B: 61	Y: 92	B: 57	Y: 18	B: 142
K: 0	#7d973c	K: 26	#305439	K: 0	#22518d

C: 0	R: 199	C: 0	R: 231	C: 57	R: 100
M: 92	G: 52	M: 36	G: 179	M: 73	G: 71
Y: 59	B: 75	Y: 90	B: 48	Y: 100	B: 39
K: 0	#c7334b	K: 0	#e6b22f	K: 28	#634626

C: 8	R: 241	C: 25	R: 209	C: 70	R: 108
M: 0	G: 247	M: 0	G: 230	M: 0	G: 181
Y: 2	B: 250	Y: 10	B: 233	Y: 35	B: 177
K: 0	#f0f7fa	K: 0	#d0e6e8	K: 0	#6bb4b1

C: 7	R: 236	C: 21	R: 192	C: 70	R: 108
M: 11	G: 229	M: 47	G: 150	M: 0	G: 181
Y: 13	B: 221	Y: 54	B: 116	Y: 35	B: 177
K: 0	#ebe5dc	K: 0	#bf9573	K: 0	#6bb4b1

keyword ▶

あさがお

sub ▶

夏の朝・夏休み・早起き・赤・青・紫・蔓・朝顔市・園芸・観察日記

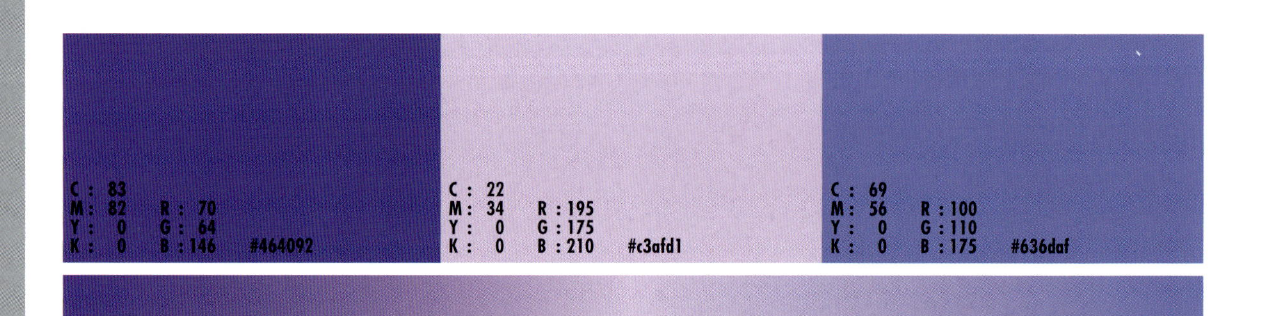

C	M	Y	K	R	G	B	Hex
83	82	0	0	70	64	146	#464092
22	34	0	0	195	175	210	#c3afd1
69	56	0	0	100	110	175	#636daf

C: 97	R: 40	C: 69	R: 100	C: 22	R: 195
M: 100	G: 42	M: 56	G: 110	M: 34	G: 175
Y: 59	B: 73	Y: 0	B: 175	Y: 0	B: 210
K: 19	#272949	K: 0	#636daf	K: 0	#c3afd1

C: 97	R: 40	C: 83	R: 70	C: 42	R: 148
M: 100	G: 42	M: 82	G: 64	M: 64	G: 108
Y: 59	B: 73	Y: 0	B: 146	Y: 0	B: 167
K: 19	#272949	K: 0	#464092	K: 0	#946ba7

C: 17	R: 218	C: 30	R: 169	C: 38	R: 145
M: 13	G: 217	M: 60	G: 119	M: 92	G: 47
Y: 15	B: 213	Y: 0	B: 173	Y: 0	B: 135
K: 0	#d9d8d4	K: 0	#a877ac	K: 0	#912e87

C: 37	R: 177	C: 69	R: 101	C: 82	R: 72
M: 17	G: 194	M: 39	G: 135	M: 80	G: 68
Y: 0	B: 228	Y: 0	B: 196	Y: 0	B: 148
K: 0	#b1c2e4	K: 0	#6486c3	K: 0	#474494

C: 77	R: 81	C: 38	R: 178	C: 91	R: 46
M: 59	G: 101	M: 13	G: 196	M: 56	G: 80
Y: 0	B: 171	Y: 32	B: 178	Y: 100	B: 49
K: 0	#5164aa	K: 0	#b2c4b2	K: 30	#2d5030

C: 97	R: 40	C: 35	R: 176	C: 42	R: 148
M: 100	G: 42	M: 26	G: 179	M: 64	G: 108
Y: 59	B: 73	Y: 16	B: 194	Y: 0	B: 167
K: 19	#272949	K: 0	#b0b3c1	K: 0	#946ba7

C: 53	R: 147	C: 83	R: 68	C: 6	R: 190
M: 16	G: 174	M: 51	G: 98	M: 94	G: 37
Y: 78	B: 94	Y: 100	B: 56	Y: 27	B: 107
K: 0	#93ad5d	K: 16	#436237	K: 0	#bd256a

C: 45	R: 169	C: 7	R: 203	C: 23	R: 167
M: 0	G: 202	M: 62	G: 126	M: 98	G: 24
Y: 68	B: 118	Y: 0	B: 173	Y: 38	B: 95
K: 0	#a9ca75	K: 0	#cb7eac	K: 0	#a6175e

C: 30	R: 175	C: 6	R: 190	C: 7	R: 203
M: 49	G: 142	M: 94	G: 37	M: 62	G: 126
Y: 0	B: 188	Y: 27	B: 107	Y: 0	B: 173
K: 0	#ae8ebc	K: 0	#bd256a	K: 0	#cb7eac

C: 80	R: 75	C: 23	R: 186	C: 37	R: 177
M: 47	G: 117	M: 48	G: 147	M: 17	G: 194
Y: 0	B: 184	Y: 0	B: 190	Y: 0	B: 228
K: 0	#4b74b8	K: 0	#b993be	K: 0	#b1c2e4

keyword ▶

夏休み

sub ▶

サマーキャンプ・山・高原・テント・ロッジ・飯ごう・湖・川・カヌー・臨海学校・

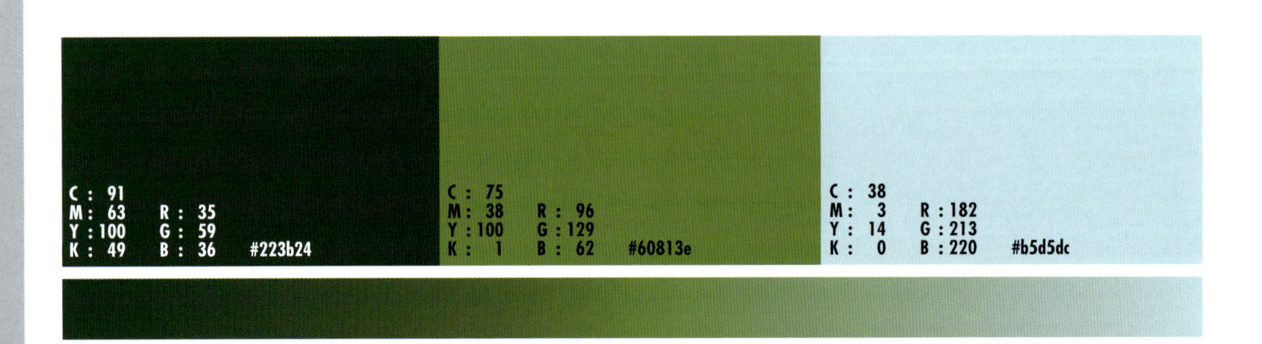

CMYK	RGB	CMYK	RGB	CMYK	RGB
C: 73	R: 96	C: 25	R: 206	C: 38	R: 182
M: 22	G: 155	M: 4	G: 225	M: 3	G: 213
Y: 14	B: 194	Y: 10	B: 229	Y: 14	B: 220
K: 0	#609ac2	K: 0	#cee0e4	K: 0	#b5d5dc

CMYK	RGB	CMYK	RGB	CMYK	RGB
C: 69	R: 104	C: 79	R: 62	C: 81	R: 78
M: 47	G: 127	M: 61	G: 73	M: 44	G: 115
Y: 52	B: 118	Y: 100	B: 42	Y: 100	B: 61
K: 0	#677a76	K: 37	#3e4929	K: 6	#4d723d

CMYK	RGB	CMYK	RGB	CMYK	RGB
C: 0	R: 244	C: 0	R: 216	C: 78	R: 70
M: 16	G: 219	M: 58	G: 135	M: 58	G: 83
Y: 55	B: 136	Y: 91	B: 43	Y: 100	B: 47
K: 0	#f3da87	K: 0	#d8862a	K: 29	#45522e

CMYK	RGB	CMYK	RGB	CMYK	RGB
C: 90	R: 35	C: 38	R: 182	C: 59	R: 131
M: 18	G: 147	M: 3	G: 213	M: 20	G: 169
Y: 9	B: 202	Y: 14	B: 220	Y: 27	B: 178
K: 0	#2392c9	K: 0	#b5d5dc	K: 0	#83a8b1

CMYK	RGB	CMYK	RGB	CMYK	RGB
C: 19	R: 211	C: 28	R: 188	C: 91	R: 35
M: 18	G: 203	M: 33	G: 170	M: 63	G: 59
Y: 48	B: 148	Y: 60	B: 115	Y: 100	B: 36
K: 0	#d3ca93	K: 0	#bca973	K: 49	#223b24

CMYK	RGB	CMYK	RGB	CMYK	RGB
C: 42	R: 139	C: 28	R: 188	C: 0	R: 234
M: 79	G: 78	M: 33	G: 170	M: 30	G: 192
Y: 100	B: 43	Y: 60	B: 115	Y: 62	B: 111
K: 7	#8b4e2a	K: 0	#bca973	K: 0	#eac06f

CMYK	RGB	CMYK	RGB	CMYK	RGB
C: 19	R: 211	C: 89	R: 50	C: 75	R: 96
M: 18	G: 203	M: 55	G: 82	M: 38	G: 129
Y: 48	B: 148	Y: 100	B: 49	Y: 100	B: 62
K: 0	#d3ca93	K: 30	#315131	K: 1	#60813e

CMYK	RGB	CMYK	RGB	CMYK	RGB
C: 41	R: 174	C: 66	R: 113	C: 76	R: 87
M: 0	G: 214	M: 35	G: 141	M: 48	G: 117
Y: 6	B: 235	Y: 36	B: 151	Y: 32	B: 144
K: 0	#add5ea	K: 0	#708c97	K: 0	#577590

CMYK	RGB	CMYK	RGB	CMYK	RGB
C: 52	R: 138	C: 73	R: 84	C: 91	R: 35
M: 47	G: 131	M: 58	G: 92	M: 63	G: 59
Y: 54	B: 115	Y: 77	B: 72	Y: 100	B: 36
K: 0	#8a8373	K: 19	#545c47	K: 49	#223b24

CMYK	RGB	CMYK	RGB	CMYK	RGB
C: 0	R: 234	C: 53	R: 141	C: 69	R: 104
M: 30	G: 192	M: 29	G: 160	M: 47	G: 122
Y: 62	B: 111	Y: 27	B: 171	Y: 52	B: 118
K: 0	#eac06f	K: 0	#8da0aa	K: 0	#677a76

keyword ▶

土用の丑の日

sub ▶

ウナギ・うな丼・うな重・山椒・重箱・丼・ご飯・七輪・

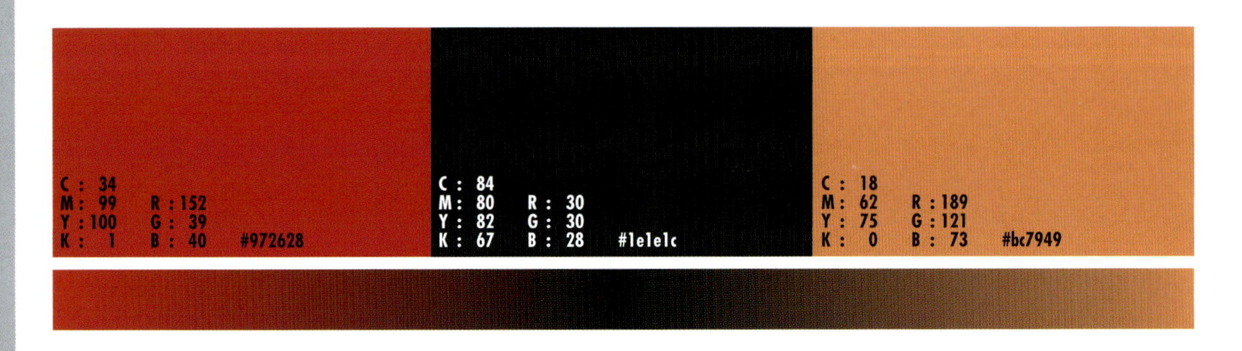

C: 34 M: 85 Y: 100 K: 1 R: 156 G: 70 B: 41 #9b4628
C: 14 M: 44 Y: 80 K: 0 R: 205 G: 157 B: 73 #cc9c48
C: 18 M: 62 Y: 75 K: 0 R: 189 G: 121 B: 73 #bc7949
C: 34 M: 85 Y: 100 K: 1 R: 156 G: 70 B: 41 #9b4628
C: 14 M: 44 Y: 80 K: 0 R: 205 G: 157 B: 73 #cc9c48
C: 59 M: 99 Y: 100 K: 54 R: 67 G: 18 B: 19 #421113
C: 18 M: 62 Y: 75 K: 0 R: 189 G: 121 B: 73 #bc7949
C: 55 M: 83 Y: 99 K: 34 R: 94 G: 54 B: 34 #5e3622
C: 59 M: 99 Y: 100 K: 54 R: 67 G: 18 B: 19 #421113
C: 24 M: 62 Y: 68 K: 0 R: 180 G: 119 B: 84 #b37654
C: 55 M: 83 Y: 99 K: 34 R: 94 G: 54 B: 34 #5e3622
C: 85 M: 51 Y: 100 K: 18 R: 64 G: 96 B: 55 #406037
C: 75 M: 31 Y: 100 K: 0 R: 97 G: 137 B: 64 #61893f
C: 25 M: 5 Y: 47 K: 0 R: 207 G: 218 B: 159 #ced99e
C: 13 M: 68 Y: 100 K: 0 R: 194 G: 109 B: 30 #c16c1e
C: 53 M: 89 Y: 100 K: 36 R: 93 G: 45 B: 32 #5d2d1f
C: 57 M: 36 Y: 85 K: 0 R: 132 G: 142 B: 77 #848e4d
C: 44 M: 57 Y: 62 K: 0 R: 149 G: 118 B: 98 #947661
C: 5 M: 75 Y: 90 K: 0 R: 200 G: 96 B: 43 #c8602b
C: 11 M: 44 Y: 50 K: 0 R: 209 G: 160 B: 124 #d1a07c
C: 44 M: 57 Y: 62 K: 0 R: 149 G: 118 B: 98 #947661
C: 14 M: 44 Y: 80 K: 0 R: 205 G: 157 B: 73 #cc9c48
C: 53 M: 89 Y: 100 K: 36 R: 93 G: 45 B: 32 #5d2d1f
C: 90 M: 73 Y: 99 K: 68 R: 24 G: 35 B: 20 #172214
C: 57 M: 36 Y: 85 K: 0 R: 132 G: 142 B: 77 #848e4d
C: 26 M: 62 Y: 94 K: 0 R: 177 G: 116 B: 47 #b0742e
C: 60 M: 97 Y: 100 K: 56 R: 64 G: 19 B: 18 #401312
C: 24 M: 62 Y: 68 K: 0 R: 180 G: 119 B: 84 #b37654
C: 3 M: 21 Y: 18 K: 0 R: 237 G: 214 B: 201 #edd5c9
C: 48 M: 27 Y: 58 K: 0 R: 152 G: 164 B: 123 #98a47b

keyword ▶

夏野菜

sub ▶ トマト・キュウリ・ズッキーニ・瓜・レタス・パセリ・にんじん・アスパラガス・

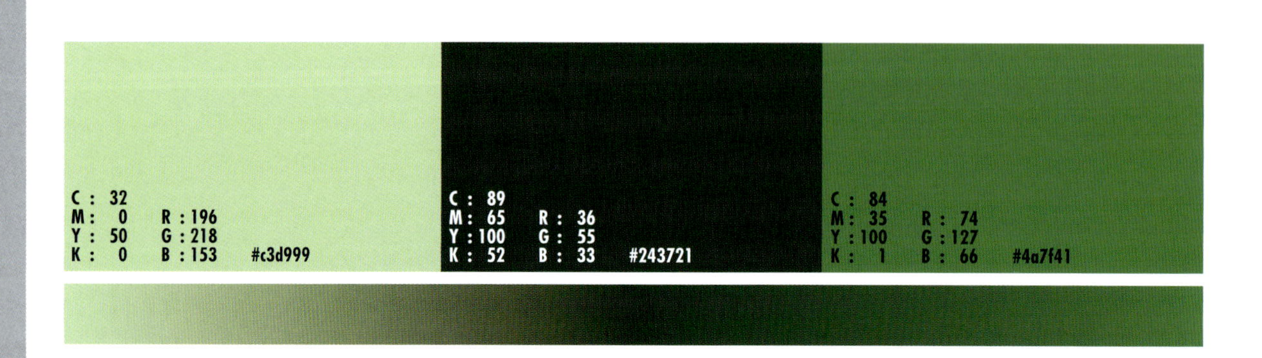

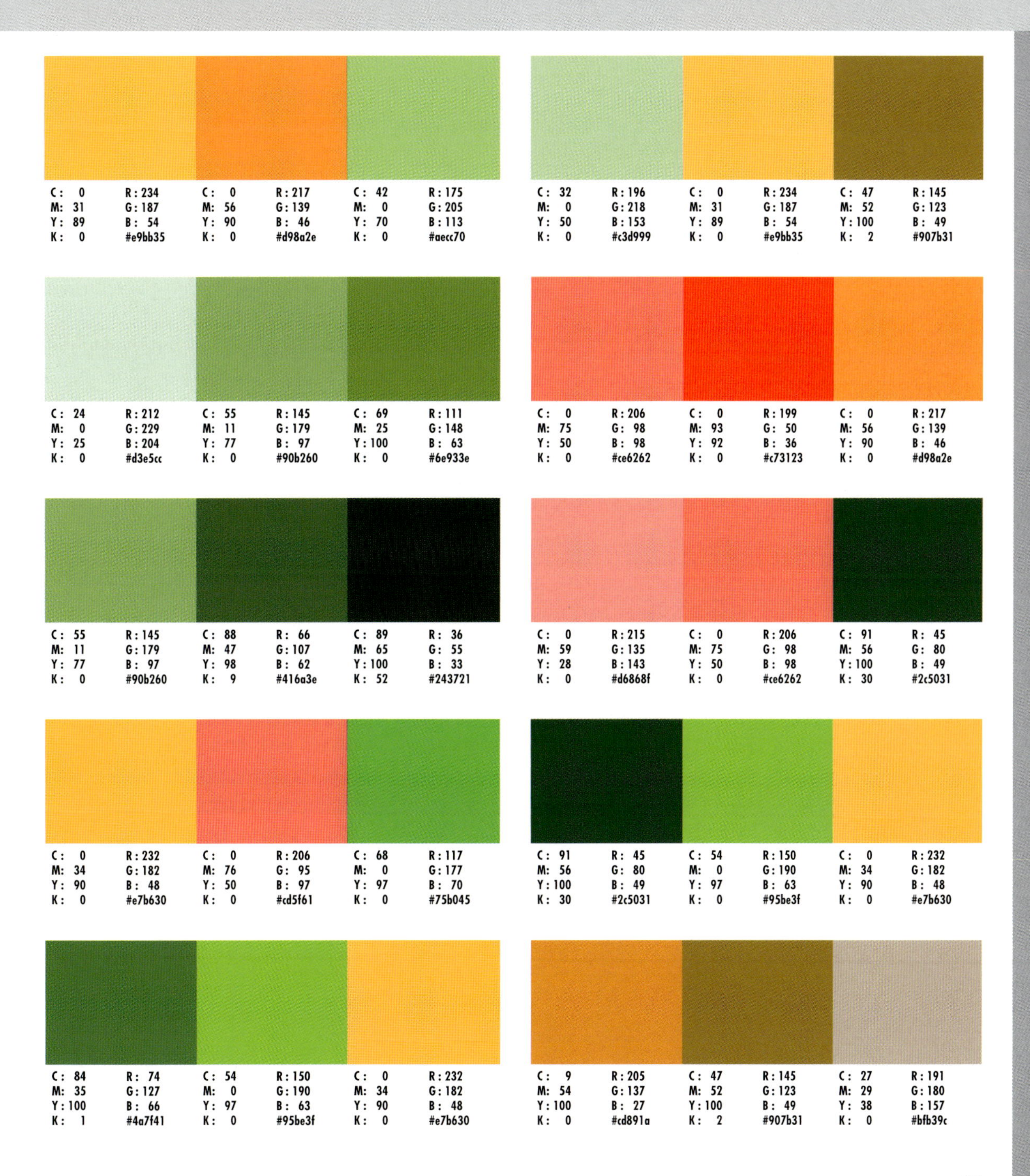
C: 0 M: 31 Y: 89 K: 0 R: 234 G: 187 B: 54 #e9bb35
C: 0 M: 56 Y: 90 K: 0 R: 217 G: 139 B: 46 #d98a2e
C: 42 M: 0 Y: 70 K: 0 R: 175 G: 205 B: 113 #aecc70
C: 32 M: 0 Y: 50 K: 0 R: 196 G: 218 B: 153 #c3d999
C: 0 M: 31 Y: 89 K: 0 R: 234 G: 187 B: 54 #e9bb35
C: 47 M: 52 Y: 100 K: 2 R: 145 G: 123 B: 49 #907b31
C: 24 M: 0 Y: 25 K: 0 R: 212 G: 229 B: 204 #d3e5cc
C: 55 M: 11 Y: 77 K: 0 R: 145 G: 179 B: 97 #90b260
C: 69 M: 25 Y: 100 K: 0 R: 111 G: 148 B: 63 #6e933e
C: 0 M: 75 Y: 50 K: 0 R: 206 G: 98 B: 98 #ce6262
C: 0 M: 93 Y: 92 K: 0 R: 199 G: 50 B: 36 #c73123
C: 0 M: 56 Y: 90 K: 0 R: 217 G: 139 B: 46 #d98a2e
C: 55 M: 11 Y: 77 K: 0 R: 145 G: 179 B: 97 #90b260
C: 88 M: 47 Y: 98 K: 9 R: 66 G: 107 B: 62 #416a3e
C: 89 M: 65 Y: 100 K: 52 R: 36 G: 55 B: 33 #243721
C: 0 M: 59 Y: 28 K: 0 R: 215 G: 135 B: 143 #d6868f
C: 0 M: 75 Y: 50 K: 0 R: 206 G: 98 B: 98 #ce6262
C: 91 M: 56 Y: 100 K: 30 R: 45 G: 80 B: 49 #2c5031
C: 0 M: 34 Y: 90 K: 0 R: 232 G: 182 B: 48 #e7b630
C: 0 M: 76 Y: 50 K: 0 R: 206 G: 95 B: 97 #cd5f61
C: 68 M: 0 Y: 97 K: 0 R: 117 G: 177 B: 70 #75b045
C: 91 M: 56 Y: 100 K: 30 R: 45 G: 80 B: 49 #2c5031
C: 54 M: 0 Y: 97 K: 0 R: 150 G: 190 B: 63 #95be3f
C: 0 M: 34 Y: 90 K: 0 R: 232 G: 182 B: 48 #e7b630
C: 84 M: 35 Y: 100 K: 1 R: 74 G: 127 B: 66 #4a7f41
C: 54 M: 0 Y: 97 K: 0 R: 150 G: 190 B: 63 #95be3f
C: 0 M: 34 Y: 90 K: 0 R: 232 G: 182 B: 48 #e7b630
C: 9 M: 54 Y: 100 K: 0 R: 205 G: 137 B: 27 #cd891a
C: 47 M: 52 Y: 100 K: 2 R: 145 G: 123 B: 49 #907b31
C: 27 M: 29 Y: 38 K: 0 R: 191 G: 180 B: 157 #bfb39c

keyword ▶

ひまわり

sub ▶ 太陽・日差し・暑い・黄色・真夏・向日葵・日回り・食用・日輪草・種・日車・

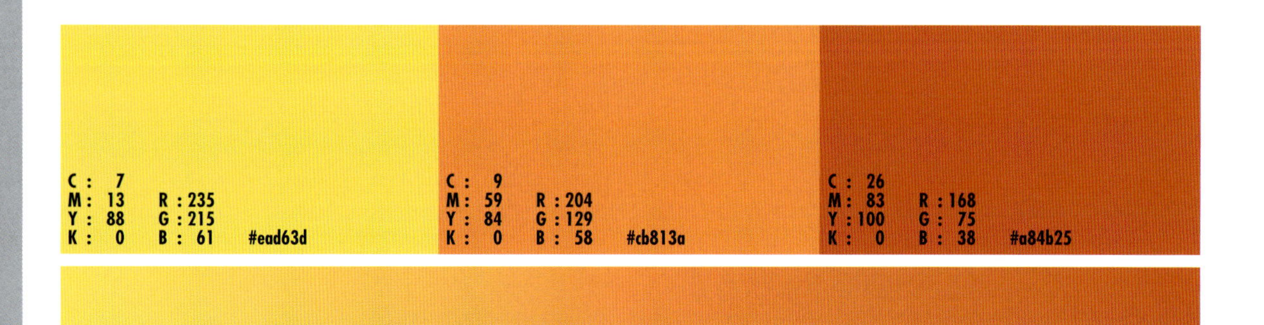

C : 7
M : 13 R : 235
Y : 88 G : 215
K : 0 B : 61 #ead63d

C : 9
M : 59 R : 204
Y : 84 G : 129
K : 0 B : 58 #cb813a

C : 26
M : 83 R : 168
Y : 100 G : 75
K : 0 B : 38 #a84b25

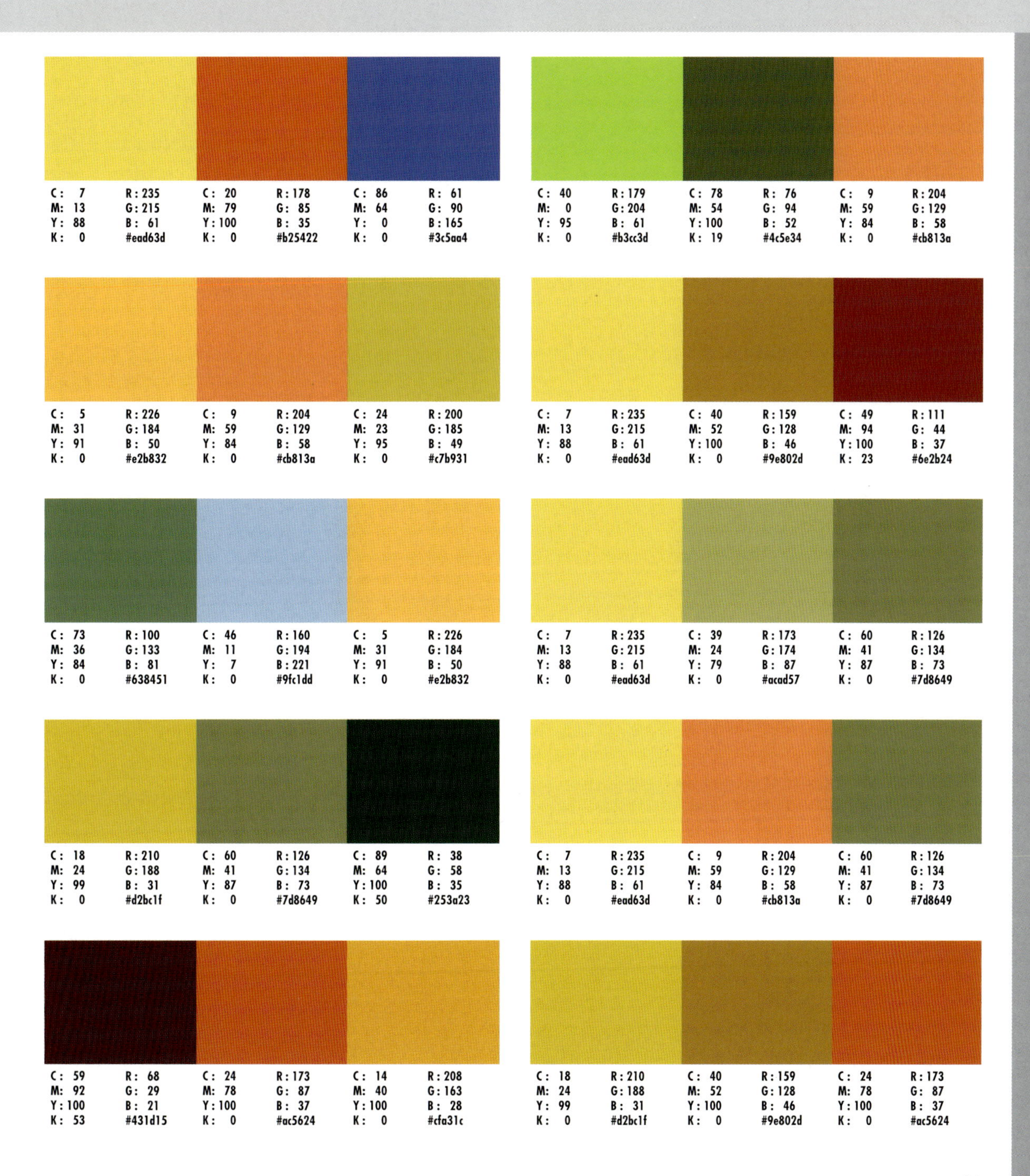
C: 7 M: 13 Y: 88 K: 0 R: 235 G: 215 B: 61 #ead63d
C: 20 M: 79 Y: 100 K: 0 R: 178 G: 85 B: 35 #b25422
C: 86 M: 64 Y: 0 K: 0 R: 61 G: 90 B: 165 #3c5aa4
C: 40 M: 0 Y: 95 K: 0 R: 179 G: 204 B: 61 #b3cc3d
C: 78 M: 54 Y: 100 K: 19 R: 76 G: 94 B: 52 #4c5e34
C: 9 M: 59 Y: 84 K: 0 R: 204 G: 129 B: 58 #cb813a
C: 5 M: 31 Y: 91 K: 0 R: 226 G: 184 B: 50 #e2b832
C: 9 M: 59 Y: 84 K: 0 R: 204 G: 129 B: 58 #cb813a
C: 24 M: 23 Y: 95 K: 0 R: 200 G: 185 B: 49 #c7b931
C: 7 M: 13 Y: 88 K: 0 R: 235 G: 215 B: 61 #ead63d
C: 40 M: 52 Y: 100 K: 0 R: 159 G: 128 B: 46 #9e802d
C: 49 M: 94 Y: 100 K: 23 R: 111 G: 44 B: 37 #6e2b24
C: 73 M: 36 Y: 84 K: 0 R: 100 G: 133 B: 81 #638451
C: 46 M: 11 Y: 7 K: 0 R: 160 G: 194 B: 221 #9fc1dd
C: 5 M: 31 Y: 91 K: 0 R: 226 G: 184 B: 50 #e2b832
C: 7 M: 13 Y: 88 K: 0 R: 235 G: 215 B: 61 #ead63d
C: 39 M: 24 Y: 79 K: 0 R: 173 G: 174 B: 87 #acad57
C: 60 M: 41 Y: 87 K: 0 R: 126 G: 134 B: 73 #7d8649
C: 18 M: 24 Y: 99 K: 0 R: 210 G: 188 B: 31 #d2bc1f
C: 60 M: 41 Y: 87 K: 0 R: 126 G: 134 B: 73 #7d8649
C: 89 M: 64 Y: 100 K: 50 R: 38 G: 58 B: 35 #253a23
C: 7 M: 13 Y: 88 K: 0 R: 235 G: 215 B: 61 #ead63d
C: 9 M: 59 Y: 84 K: 0 R: 204 G: 129 B: 58 #cb813a
C: 60 M: 41 Y: 87 K: 0 R: 126 G: 134 B: 73 #7d8649
C: 59 M: 92 Y: 100 K: 53 R: 68 G: 29 B: 21 #431d15
C: 24 M: 78 Y: 100 K: 0 R: 173 G: 87 B: 37 #ac5624
C: 14 M: 40 Y: 100 K: 0 R: 208 G: 163 B: 28 #cfa31c
C: 18 M: 24 Y: 99 K: 0 R: 210 G: 188 B: 31 #d2bc1f
C: 40 M: 52 Y: 100 K: 0 R: 159 G: 128 B: 46 #9e802d
C: 24 M: 78 Y: 100 K: 0 R: 173 G: 87 B: 37 #ac5624

keyword ▶

肝試し

sub ▶

ホラー・怪談・お墓・ゾンビ・夜中・丑三つ時・ロウソク・幽霊・四谷怪談・

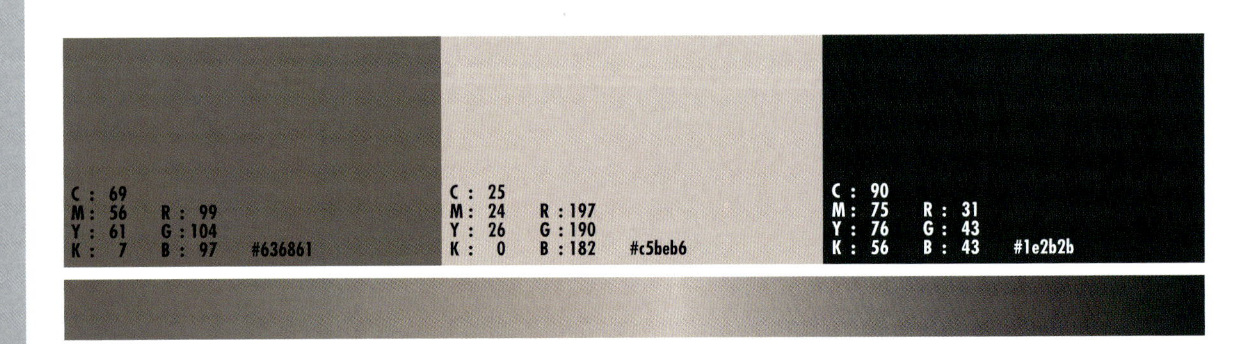

C: 69	R: 99	C: 62	R: 118	C: 90	R: 31
M: 56	G: 104	M: 42	G: 133	M: 75	G: 43
Y: 61	B: 97	Y: 42	B: 136	Y: 76	B: 43
K: 7	#636861	K: 0	#768588	K: 56	#1e2b2b

C: 45	R: 157	C: 69	R: 99	C: 77	R: 69
M: 29	G: 164	M: 56	G: 104	M: 61	G: 78
Y: 41	B: 150	Y: 61	B: 97	Y: 84	B: 58
K: 0	#9ca495	K: 7	#636861	K: 31	#454e39

C: 51	R: 145	C: 82	R: 73	C: 91	R: 34
M: 19	G: 177	M: 62	G: 95	M: 75	G: 49
Y: 6	B: 214	Y: 44	B: 117	Y: 71	B: 52
K: 0	#91b1d6	K: 3	#495e74	K: 49	#213134

C: 0	R: 223	C: 26	R: 165	C: 66	R: 50
M: 47	G: 156	M: 94	G: 50	M: 94	G: 17
Y: 81	B: 66	Y: 100	B: 37	Y: 98	B: 12
K: 0	#de9c41	K: 0	#a53125	K: 65	#31110b

C: 0	R: 223	C: 54	R: 84	C: 99	R: 15
M: 47	G: 156	M: 100	G: 23	M: 91	G: 28
Y: 81	B: 66	Y: 100	B: 26	Y: 69	B: 42
K: 0	#de9c41	K: 43	#54161a	K: 59	#0f1c2a

C: 45	R: 157	C: 81	R: 73	C: 75	R: 71
M: 29	G: 164	M: 59	G: 94	M: 64	G: 76
Y: 41	B: 150	Y: 60	B: 95	Y: 78	B: 62
K: 0	#9ca495	K: 11	#485d5e	K: 31	#474b3d

C: 66	R: 50	C: 58	R: 126	C: 34	R: 177
M: 94	G: 17	M: 48	G: 124	M: 29	G: 175
Y: 98	B: 12	Y: 81	B: 77	Y: 23	B: 180
K: 65	#31110b	K: 3	#7d7c4d	K: 0	#b1afb4

C: 78	R: 78	C: 91	R: 34	C: 0	R: 217
M: 68	G: 84	M: 75	G: 49	M: 56	G: 139
Y: 52	B: 100	Y: 71	B: 52	Y: 84	B: 57
K: 10	#4d5463	K: 49	#213134	K: 0	#d98a38

C: 90	R: 31	C: 52	R: 145	C: 77	R: 69
M: 75	G: 43	M: 29	G: 158	M: 61	G: 78
Y: 76	B: 43	Y: 67	B: 107	Y: 84	B: 58
K: 56	#1e2b2b	K: 0	#909e6b	K: 31	#454e39

C: 25	R: 197	C: 62	R: 118	C: 77	R: 69
M: 24	G: 190	M: 42	G: 133	M: 61	G: 78
Y: 26	B: 182	Y: 42	B: 136	Y: 84	B: 58
K: 0	#c5beb6	K: 0	#768588	K: 31	#454e39

keyword ▶

虫

sub ▶

里山・クワガタ・カブトムシ・セミ・林・クヌギの木・虫取り・木・森・アブラゼミ・

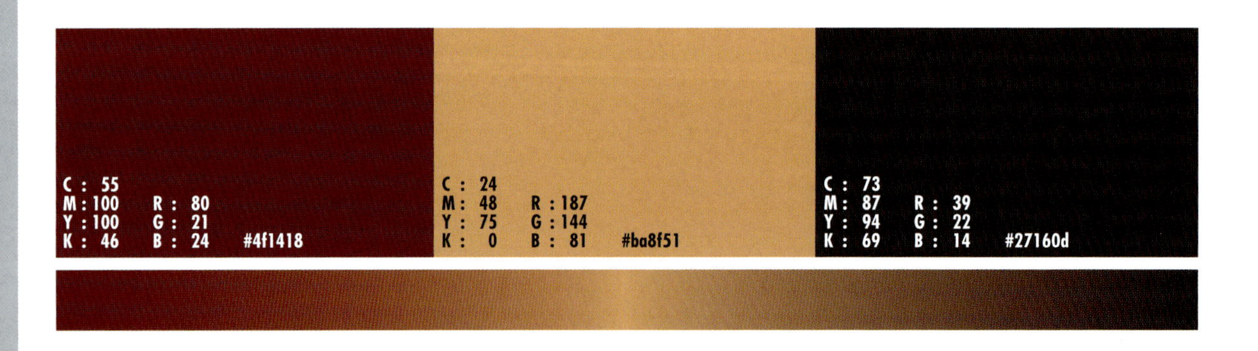

C	M	Y	K	R	G	B	HEX
55	100	100	46	80	21	24	#4f1418
24	48	75	0	187	144	81	#ba8f51
73	87	94	69	39	22	14	#27160d

C	M	Y	K	R	G	B	Hex
55	100	100	46	80	21	24	#4f1418
56	74	58	8	117	82	88	#755158
93	89	88	79	6	0	2	#060001

C	M	Y	K	R	G	B	Hex
9	20	44	0	228	208	155	#e3cf9a
29	60	83	0	173	119	65	#ac7740
55	100	100	46	80	21	24	#4f1418

C	M	Y	K	R	G	B	Hex
29	0	81	0	213	232	81	#d5e851
92	62	100	48	33	60	37	#203c25
65	29	100	0	119	146	60	#77913c

C	M	Y	K	R	G	B	Hex
73	87	94	69	39	22	14	#27160d
62	73	100	40	81	60	34	#503c21
49	61	72	4	136	107	80	#886b50

C	M	Y	K	R	G	B	Hex
0	47	74	0	223	158	80	#df9e4f
29	60	83	0	173	119	65	#ac7740
55	100	100	46	80	21	24	#4f1418

C	M	Y	K	R	G	B	Hex
63	78	67	28	89	63	66	#583f41
9	20	44	0	228	208	155	#e3cf9a
72	81	70	46	61	46	51	#3d2e33

C	M	Y	K	R	G	B	Hex
23	23	51	0	202	191	139	#c9bf8a
65	29	100	0	119	146	60	#77913c
93	89	88	79	6	0	2	#060001

C	M	Y	K	R	G	B	Hex
51	48	68	0	140	130	96	#8c825f
23	23	51	0	202	191	139	#c9bf8a
59	67	61	10	112	91	88	#6f5a58

C	M	Y	K	R	G	B	Hex
23	23	51	0	202	191	139	#c9bf8a
73	68	87	45	64	60	44	#3f3c2b
52	92	100	32	99	42	33	#622a20

C	M	Y	K	R	G	B	Hex
9	20	44	0	228	208	155	#e3cf9a
51	48	68	0	140	130	96	#8c825f
62	73	100	40	81	60	34	#503c21

keyword ▶

夏祭り

sub ▶

盆踊り・浴衣・屋台・ヨーヨー・金魚すくい・うちわ・花火・提灯・祭り・お盆・

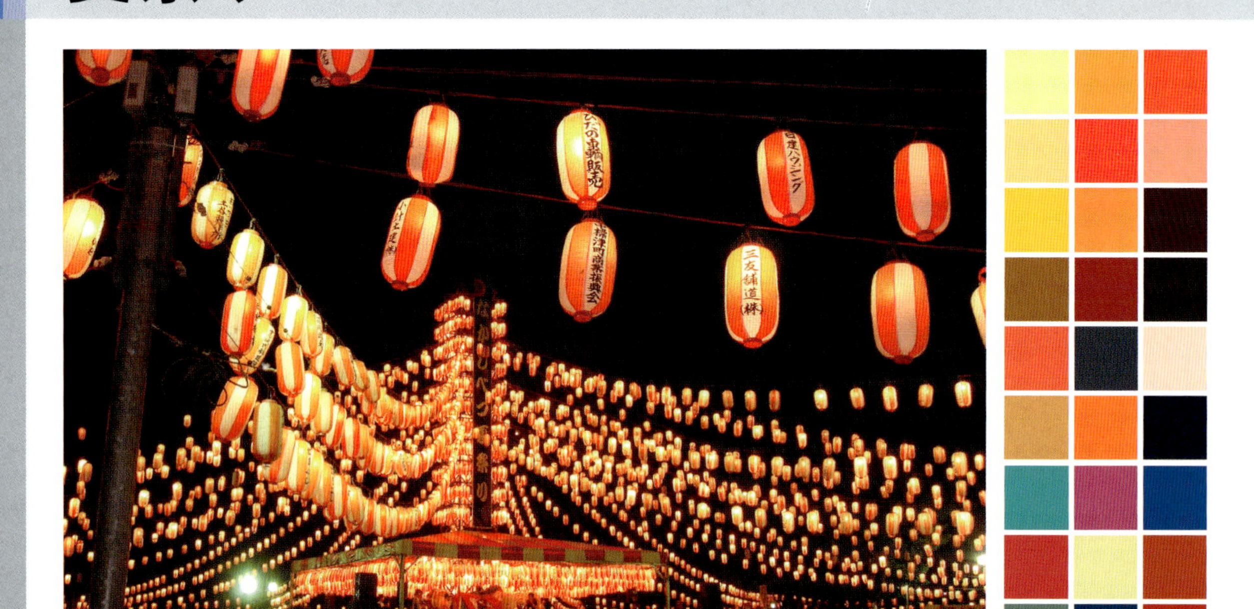

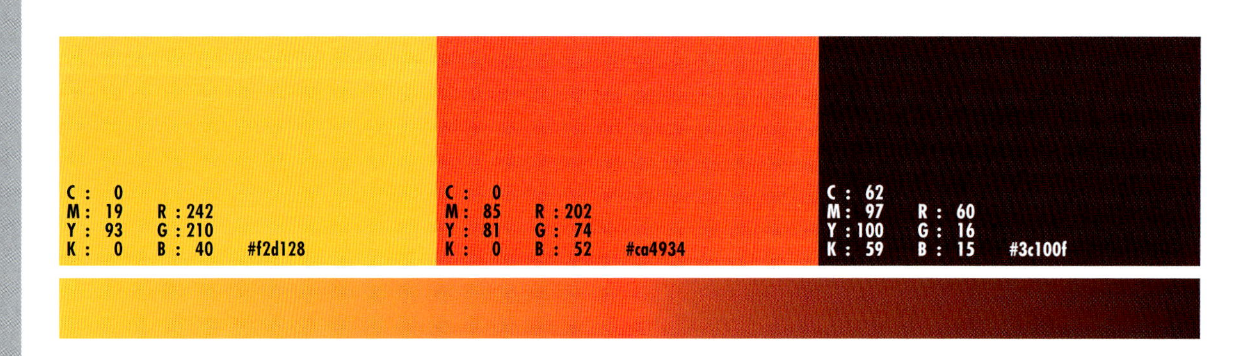

C : 0 M : 19　R : 242 Y : 93　G : 210 K : 0　B : 40　#f2d128	C : 0 M : 85　R : 202 Y : 81　G : 74 K : 0　B : 52　#ca4934	C : 62 M : 97　R : 60 Y : 100　G : 16 K : 59　B : 15　#3c100f

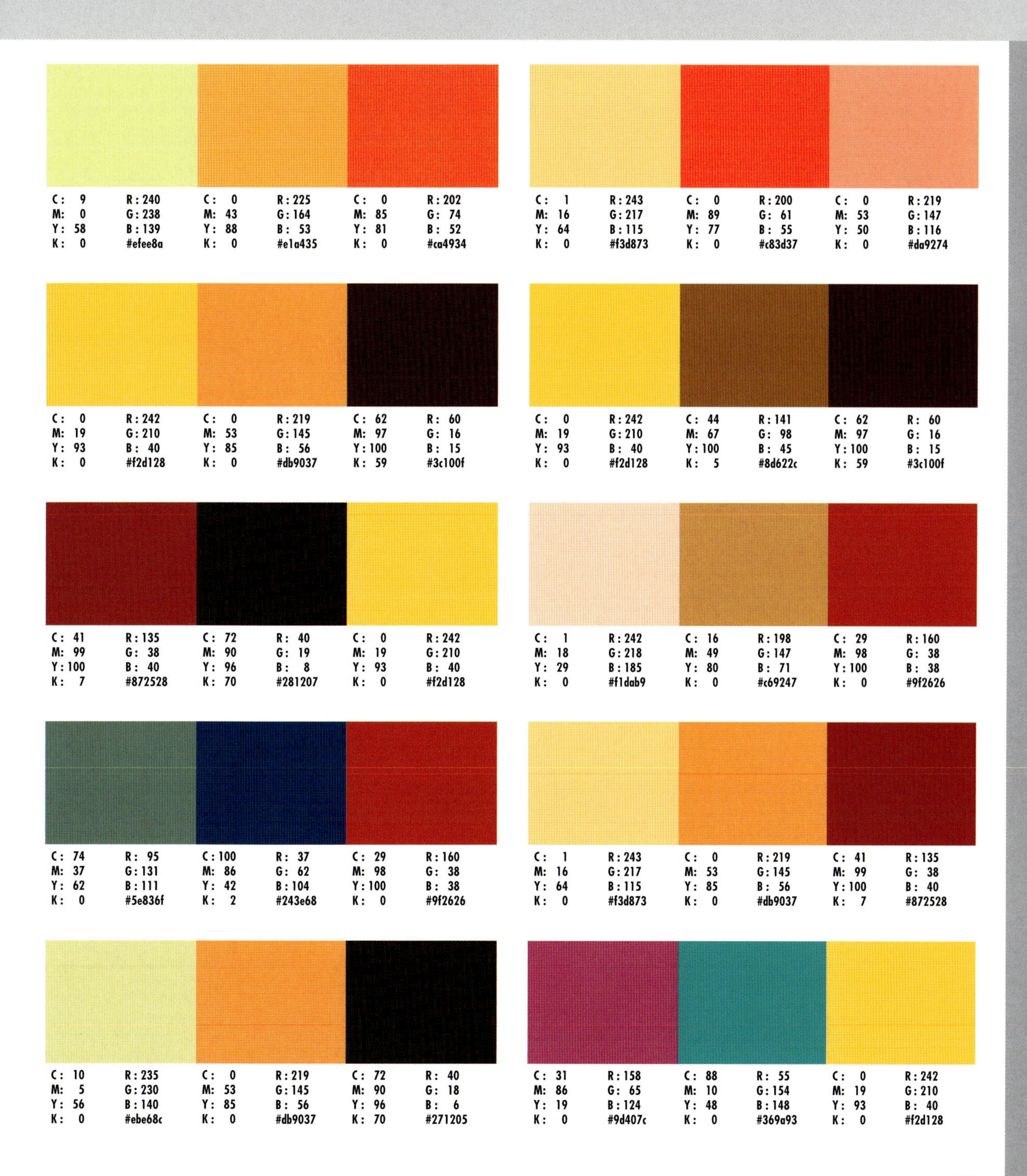
C: 9 M: 0 Y: 58 K: 0 R: 240 G: 238 B: 139 #efee8a
C: 0 M: 43 Y: 88 K: 0 R: 225 G: 164 B: 53 #e1a435
C: 0 M: 85 Y: 81 K: 0 R: 202 G: 74 B: 52 #ca4934
C: 1 M: 16 Y: 64 K: 0 R: 243 G: 217 B: 115 #f3d873
C: 0 M: 89 Y: 77 K: 0 R: 200 G: 61 B: 55 #c83d37
C: 0 M: 53 Y: 50 K: 0 R: 219 G: 147 B: 116 #da9274
C: 0 M: 19 Y: 93 K: 0 R: 242 G: 210 B: 40 #f2d128
C: 0 M: 53 Y: 85 K: 0 R: 219 G: 145 B: 56 #db9037
C: 62 M: 97 Y: 100 K: 59 R: 60 G: 16 B: 15 #3c100f
C: 0 M: 19 Y: 93 K: 0 R: 242 G: 210 B: 40 #f2d128
C: 44 M: 67 Y: 100 K: 5 R: 141 G: 98 B: 45 #8d622c
C: 62 M: 97 Y: 100 K: 59 R: 60 G: 16 B: 15 #3c100f
C: 41 M: 99 Y: 100 K: 7 R: 135 G: 38 B: 40 #872528
C: 72 M: 90 Y: 96 K: 70 R: 40 G: 19 B: 8 #281207
C: 0 M: 19 Y: 93 K: 0 R: 242 G: 210 B: 40 #f2d128
C: 1 M: 18 Y: 29 K: 0 R: 242 G: 218 B: 185 #f1dab9
C: 16 M: 49 Y: 80 K: 0 R: 198 G: 147 B: 71 #c69247
C: 29 M: 98 Y: 100 K: 0 R: 160 G: 38 B: 38 #9f2626
C: 74 M: 37 Y: 62 K: 0 R: 95 G: 131 B: 111 #5e836f
C: 100 M: 86 Y: 42 K: 2 R: 37 G: 62 B: 104 #243e68
C: 29 M: 98 Y: 100 K: 0 R: 160 G: 38 B: 38 #9f2626
C: 1 M: 16 Y: 64 K: 0 R: 243 G: 217 B: 115 #f3d873
C: 0 M: 53 Y: 85 K: 0 R: 219 G: 145 B: 56 #db9037
C: 41 M: 99 Y: 100 K: 7 R: 135 G: 38 B: 40 #872528
C: 10 M: 5 Y: 56 K: 0 R: 235 G: 230 B: 140 #ebe68c
C: 0 M: 53 Y: 85 K: 0 R: 219 G: 145 B: 56 #db9037
C: 72 M: 90 Y: 96 K: 70 R: 40 G: 18 B: 6 #271205
C: 31 M: 86 Y: 19 K: 0 R: 158 G: 65 B: 124 #9d407c
C: 88 M: 10 Y: 48 K: 0 R: 55 G: 154 B: 148 #369a93
C: 0 M: 19 Y: 93 K: 0 R: 242 G: 210 B: 40 #f2d128

keyword ▶

浴衣

sub ▶

夏・草履・うちわ・花柄・しぼり・藍染め・藍色・花火・盆踊り・温泉・帯・木綿・

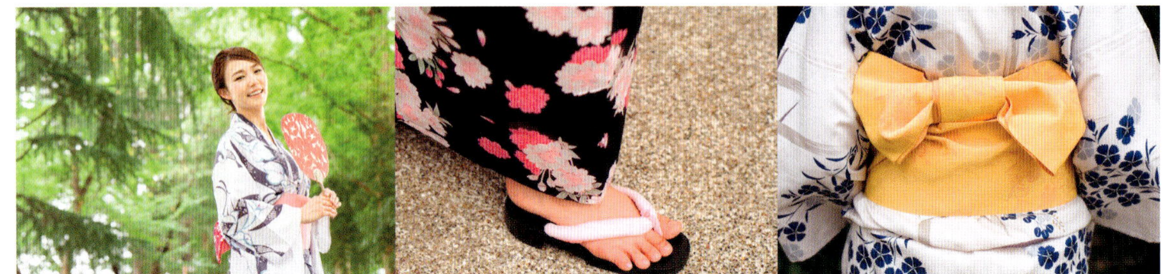

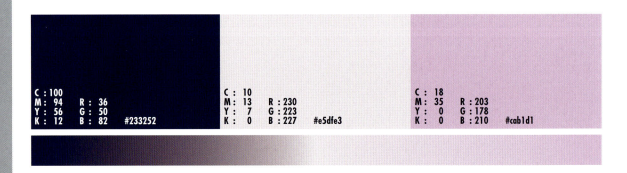

C	M	Y	K	R	G	B	Hex
100	94	56	12	36	50	82	#233252
10	13	7	0	230	223	227	#e5dfe3
18	35	0	0	203	178	210	#cab1d1

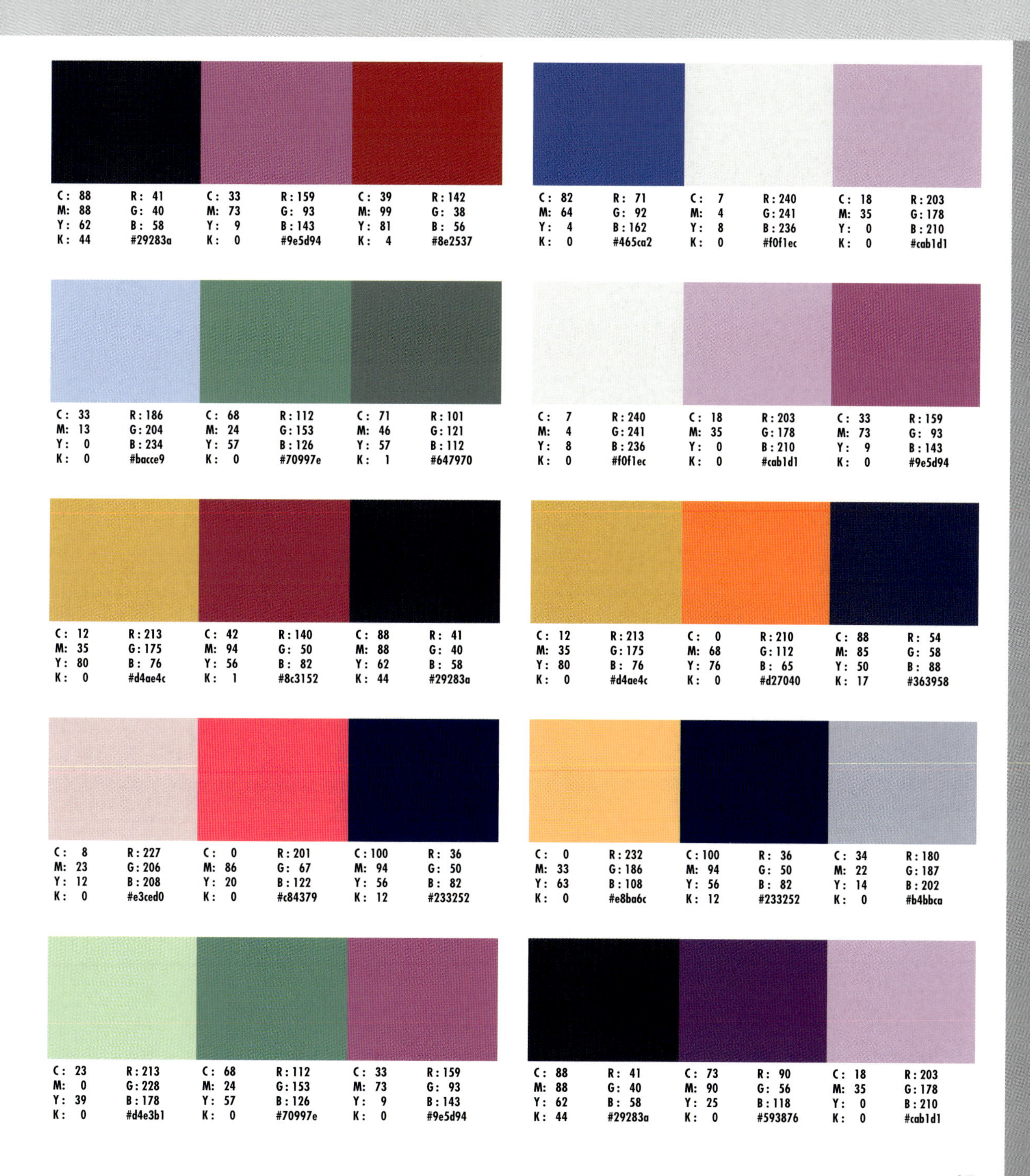
C: 88 M: 88 Y: 62 K: 44
R: 41 G: 40 B: 58 #29283a
C: 33 M: 73 Y: 9 K: 0
R: 159 G: 93 B: 143 #9e5d94
C: 39 M: 99 Y: 81 K: 4
R: 142 G: 38 B: 56 #8e2537
C: 82 M: 64 Y: 4 K: 0
R: 71 G: 92 B: 162 #465ca2
C: 7 M: 4 Y: 8 K: 0
R: 240 G: 241 B: 236 #f0f1ec
C: 18 M: 35 Y: 0 K: 0
R: 203 G: 178 B: 210 #cab1d1
C: 33 M: 13 Y: 0 K: 0
R: 186 G: 204 B: 234 #bacce9
C: 68 M: 24 Y: 57 K: 0
R: 112 G: 153 B: 126 #70997e
C: 71 M: 46 Y: 57 K: 1
R: 101 G: 121 B: 112 #647970
C: 7 M: 4 Y: 8 K: 0
R: 240 G: 241 B: 236 #f0f1ec
C: 18 M: 35 Y: 0 K: 0
R: 203 G: 178 B: 210 #cab1d1
C: 33 M: 73 Y: 9 K: 0
R: 159 G: 93 B: 143 #9e5d94
C: 12 M: 35 Y: 80 K: 0
R: 213 G: 175 B: 76 #d4ae4c
C: 42 M: 94 Y: 56 K: 1
R: 140 G: 50 B: 82 #8c3152
C: 88 M: 88 Y: 62 K: 44
R: 41 G: 40 B: 58 #29283a
C: 12 M: 35 Y: 80 K: 0
R: 213 G: 175 B: 76 #d4ae4c
C: 0 M: 68 Y: 76 K: 0
R: 210 G: 112 B: 65 #d27040
C: 88 M: 85 Y: 50 K: 17
R: 54 G: 58 B: 88 #363958
C: 8 M: 23 Y: 12 K: 0
R: 227 G: 206 B: 208 #e3ced0
C: 0 M: 86 Y: 20 K: 0
R: 201 G: 67 B: 122 #c84379
C: 100 M: 94 Y: 56 K: 12
R: 36 G: 50 B: 82 #233252
C: 0 M: 33 Y: 63 K: 0
R: 232 G: 186 B: 108 #e8ba6c
C: 100 M: 94 Y: 56 K: 12
R: 36 G: 50 B: 82 #233252
C: 34 M: 22 Y: 14 K: 0
R: 180 G: 187 B: 202 #b4bbca
C: 23 M: 0 Y: 39 K: 0
R: 213 G: 228 B: 178 #d4e3b1
C: 68 M: 24 Y: 57 K: 0
R: 112 G: 153 B: 126 #70997e
C: 33 M: 73 Y: 9 K: 0
R: 159 G: 93 B: 143 #9e5d94
C: 88 M: 88 Y: 62 K: 44
R: 41 G: 40 B: 58 #29283a
C: 73 M: 90 Y: 25 K: 0
R: 90 G: 56 B: 118 #593876
C: 18 M: 35 Y: 0 K: 0
R: 203 G: 178 B: 210 #cab1d1

keyword ▶

花火

sub ▶

打ち上げ花火・花火大会・夏・夜・お祭り・線香花火・浴衣・仕掛け花火・割物・

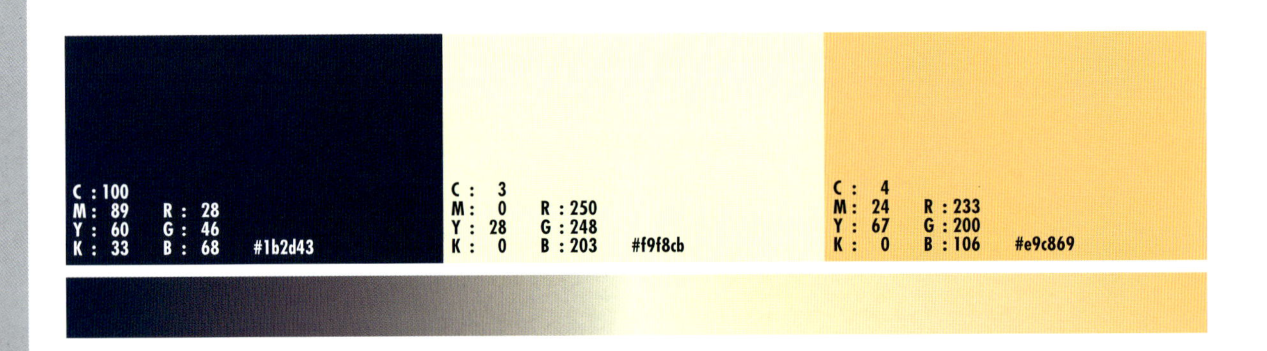

C	M	Y	K	R	G	B	
100	89	60	33	28	46	68	#1b2d43
3	0	28	0	250	248	203	#f9f8cb
4	24	67	0	233	200	106	#e9c869

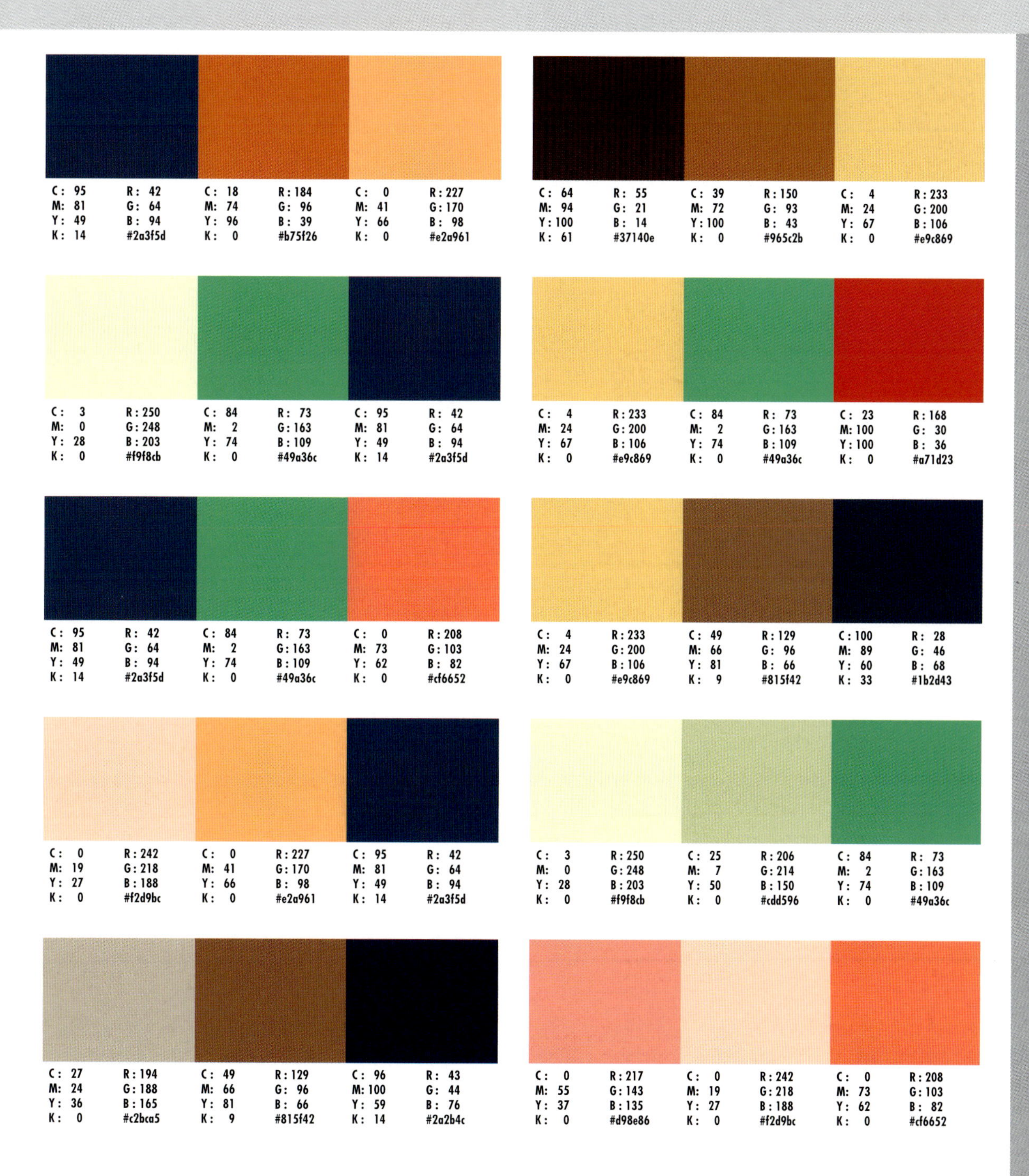
C: 95 M: 81 Y: 49 K: 14 R: 42 G: 64 B: 94 #2a3f5d
C: 18 M: 74 Y: 96 K: 0 R: 184 G: 96 B: 39 #b75f26
C: 0 M: 41 Y: 66 K: 0 R: 227 G: 170 B: 98 #e2a961
C: 64 M: 94 Y: 100 K: 61 R: 55 G: 21 B: 14 #37140e
C: 39 M: 72 Y: 100 K: 0 R: 150 G: 93 B: 43 #965c2b
C: 4 M: 24 Y: 67 K: 0 R: 233 G: 200 B: 106 #e9c869
C: 3 M: 0 Y: 28 K: 0 R: 250 G: 248 B: 203 #f9f8cb
C: 84 M: 2 Y: 74 K: 0 R: 73 G: 163 B: 109 #49a36c
C: 95 M: 81 Y: 49 K: 14 R: 42 G: 64 B: 94 #2a3f5d
C: 4 M: 24 Y: 67 K: 0 R: 233 G: 200 B: 106 #e9c869
C: 84 M: 2 Y: 74 K: 0 R: 73 G: 163 B: 109 #49a36c
C: 23 M: 100 Y: 100 K: 0 R: 168 G: 30 B: 36 #a71d23
C: 95 M: 81 Y: 49 K: 14 R: 42 G: 64 B: 94 #2a3f5d
C: 84 M: 2 Y: 74 K: 0 R: 73 G: 163 B: 109 #49a36c
C: 0 M: 73 Y: 62 K: 0 R: 208 G: 103 B: 82 #cf6652
C: 4 M: 24 Y: 67 K: 0 R: 233 G: 200 B: 106 #e9c869
C: 49 M: 66 Y: 81 K: 9 R: 129 G: 96 B: 66 #815f42
C: 100 M: 89 Y: 60 K: 33 R: 28 G: 46 B: 68 #1b2d43
C: 0 M: 19 Y: 27 K: 0 R: 242 G: 218 B: 188 #f2d9bc
C: 0 M: 41 Y: 66 K: 0 R: 227 G: 170 B: 98 #e2a961
C: 95 M: 81 Y: 49 K: 14 R: 42 G: 64 B: 94 #2a3f5d
C: 3 M: 0 Y: 28 K: 0 R: 250 G: 248 B: 203 #f9f8cb
C: 25 M: 7 Y: 50 K: 0 R: 206 G: 214 B: 150 #cdd596
C: 84 M: 2 Y: 74 K: 0 R: 73 G: 163 B: 109 #49a36c
C: 27 M: 24 Y: 36 K: 0 R: 194 G: 188 B: 165 #c2bca5
C: 49 M: 66 Y: 81 K: 9 R: 129 G: 96 B: 66 #815f42
C: 96 M: 100 Y: 59 K: 14 R: 43 G: 44 B: 76 #2a2b4c
C: 0 M: 55 Y: 37 K: 0 R: 217 G: 143 B: 135 #d98e86
C: 0 M: 19 Y: 27 K: 0 R: 242 G: 218 B: 188 #f2d9bc
C: 0 M: 73 Y: 62 K: 0 R: 208 G: 103 B: 82 #cf6652

keyword ▶

コスモス

sub ▶

秋桜・桃色・白・赤・真心・公園・花畑・景観・オオハルシャギク

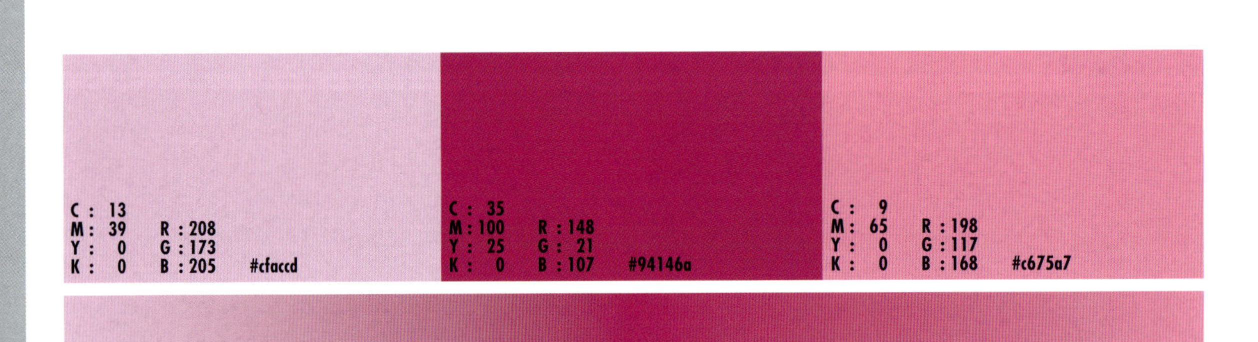

C : 13	R : 208	
M : 39	G : 173	
Y : 0	B : 205	#cfaccd
K : 0		

C : 35	R : 148	
M : 100	G : 21	
Y : 25	B : 107	#94146a
K : 0		

C : 9	R : 198	
M : 65	G : 117	
Y : 0	B : 168	#c675a7
K : 0		

C	M	Y	K	R	G	B	Hex
13	39	0	0	208	173	205	#cfaccd
55	87	69	22	104	55	64	#67363f
26	72	0	0	169	96	157	#a95f9d

C	M	Y	K	R	G	B	Hex
69	31	100	0	109	141	62	#6d8d3d
85	71	100	63	32	40	23	#202817
0	66	90	0	211	117	44	#d3752b

C	M	Y	K	R	G	B	Hex
19	8	10	0	217	224	226	#d8e0e2
3	29	0	0	231	200	221	#e6c7dc
9	65	0	0	198	117	168	#c675a7

C	M	Y	K	R	G	B	Hex
25	81	0	0	168	76	147	#a74c92
23	60	0	0	181	123	174	#b47bad
51	99	50	3	124	36	84	#7b2454

C	M	Y	K	R	G	B	Hex
0	23	92	0	239	202	43	#efc92a
15	46	100	0	202	151	30	#c9971e
0	66	90	0	211	117	44	#d3752b

C	M	Y	K	R	G	B	Hex
35	100	25	0	148	21	107	#94146a
55	100	72	31	94	28	52	#5d1c33
0	37	90	0	230	177	48	#e5b12f

C	M	Y	K	R	G	B	Hex
3	29	0	0	231	200	221	#e6c7dc
9	65	0	0	198	117	168	#c675a7
35	100	25	0	148	21	107	#94146a

C	M	Y	K	R	G	B	Hex
0	87	17	0	200	62	123	#c73e7b
82	58	100	33	60	78	45	#3c4e2d
69	31	100	0	109	141	62	#6d8d3d

C	M	Y	K	R	G	B	Hex
17	82	0	0	178	74	145	#b24a91
70	44	100	4	102	121	59	#66793a
33	4	100	0	192	206	43	#c0ce2a

C	M	Y	K	R	G	B	Hex
0	37	90	0	230	177	48	#e5b12f
0	66	90	0	211	117	44	#d3752b
0	96	73	0	198	34	57	#c52138

keyword ▶

稲穂

sub ▶

田んぼ・収穫・新米・稲・藁・黄金色・祭り・稲刈り

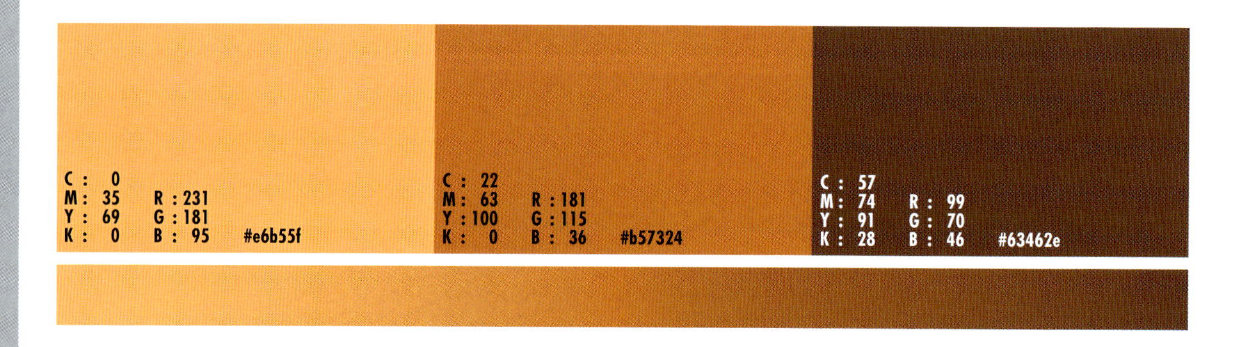

C : 0	R : 231	C : 0	R : 221	C : 22	R : 181
M : 35	G : 181	M : 50	G : 150	M : 63	G : 115
Y : 69	B : 95	Y : 96	B : 30	Y : 100	B : 36
K : 0	#e6b55f	K : 0	#dc951d	K : 0	#b57324

C : 40	R : 173	C : 67	R : 109	C : 0	R : 239
M : 18	G : 181	M : 42	G : 126	M : 24	G : 203
Y : 100	B : 48	Y : 100	B : 59	Y : 64	B : 112
K : 0	#acb430	K : 2	#6d7e3a	K : 0	#eecb70

C : 38	R : 169	C : 59	R : 119	C : 48	R : 138
M : 36	G : 158	M : 52	G : 113	M : 59	G : 110
Y : 69	B : 99	Y : 100	B : 52	Y : 93	B : 56
K : 0	#a99d62	K : 7	#777133	K : 4	#896e37

C : 66	R : 62	C : 55	R : 112	C : 36	R : 174
M : 79	G : 44	M : 68	G : 84	M : 32	G : 164
Y : 100	B : 25	Y : 100	B : 43	Y : 81	B : 80
K : 54	#3e2b18	K : 19	#6f542b	K : 0	#aea34f

C : 34	R : 178	C : 26	R : 186	C : 36	R : 174
M : 28	G : 175	M : 43	G : 154	M : 32	G : 164
Y : 36	B : 160	Y : 53	B : 120	Y : 81	B : 80
K : 0	#b1aea0	K : 0	#b99a78	K : 0	#aea34f

C : 40	R : 173	C : 0	R : 231	C : 22	R : 181
M : 18	G : 181	M : 35	G : 181	M : 63	G : 115
Y : 100	B : 48	Y : 69	B : 95	Y : 100	B : 36
K : 0	#acb430	K : 0	#e6b55f	K : 0	#b57324

C : 24	R : 192	C : 38	R : 169	C : 59	R : 119
M : 35	G : 169	M : 36	G : 158	M : 52	G : 113
Y : 49	B : 132	Y : 69	B : 99	Y : 100	B : 52
K : 0	#c0a984	K : 0	#a99d62	K : 7	#777133

C : 57	R : 93	C : 55	R : 112	C : 25	R : 185
M : 77	G : 61	M : 68	G : 84	M : 48	G : 143
Y : 100	B : 35	Y : 100	B : 43	Y : 74	B : 82
K : 34	#5d3d23	K : 19	#6f542b	K : 0	#b88e52

C : 22	R : 201	C : 56	R : 116	C : 57	R : 99
M : 28	G : 183	M : 62	G : 96	M : 74	G : 70
Y : 55	B : 127	Y : 93	B : 54	Y : 91	B : 46
K : 0	#c9b77f	K : 14	#745f35	K : 28	#63462e

C : 78	R : 75	C : 57	R : 93	C : 25	R : 185
M : 54	G : 93	M : 77	G : 61	M : 48	G : 143
Y : 100	B : 52	Y : 100	B : 35	Y : 74	B : 82
K : 21	#4a5c33	K : 34	#5d3d23	K : 0	#b88e52

keyword ▶

ぶどう

sub ▶

巨峰・デラウェア・マスカット・ワイン・紫・緑

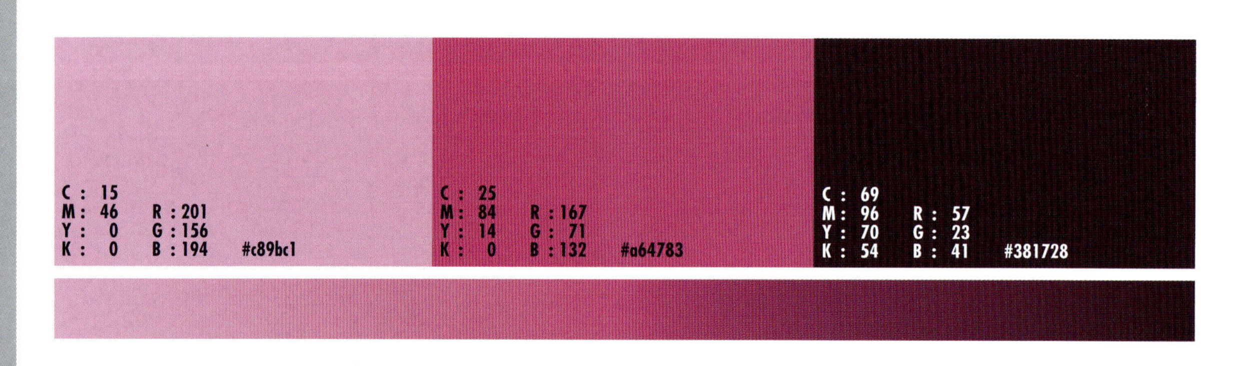

C : 15
M : 46 R : 201
Y : 0 G : 156
K : 0 B : 194 #c89bc1

C : 25
M : 84 R : 167
Y : 14 G : 71
K : 0 B : 132 #a64783

C : 69
M : 96 R : 57
Y : 70 G : 23
K : 54 B : 41 #381728

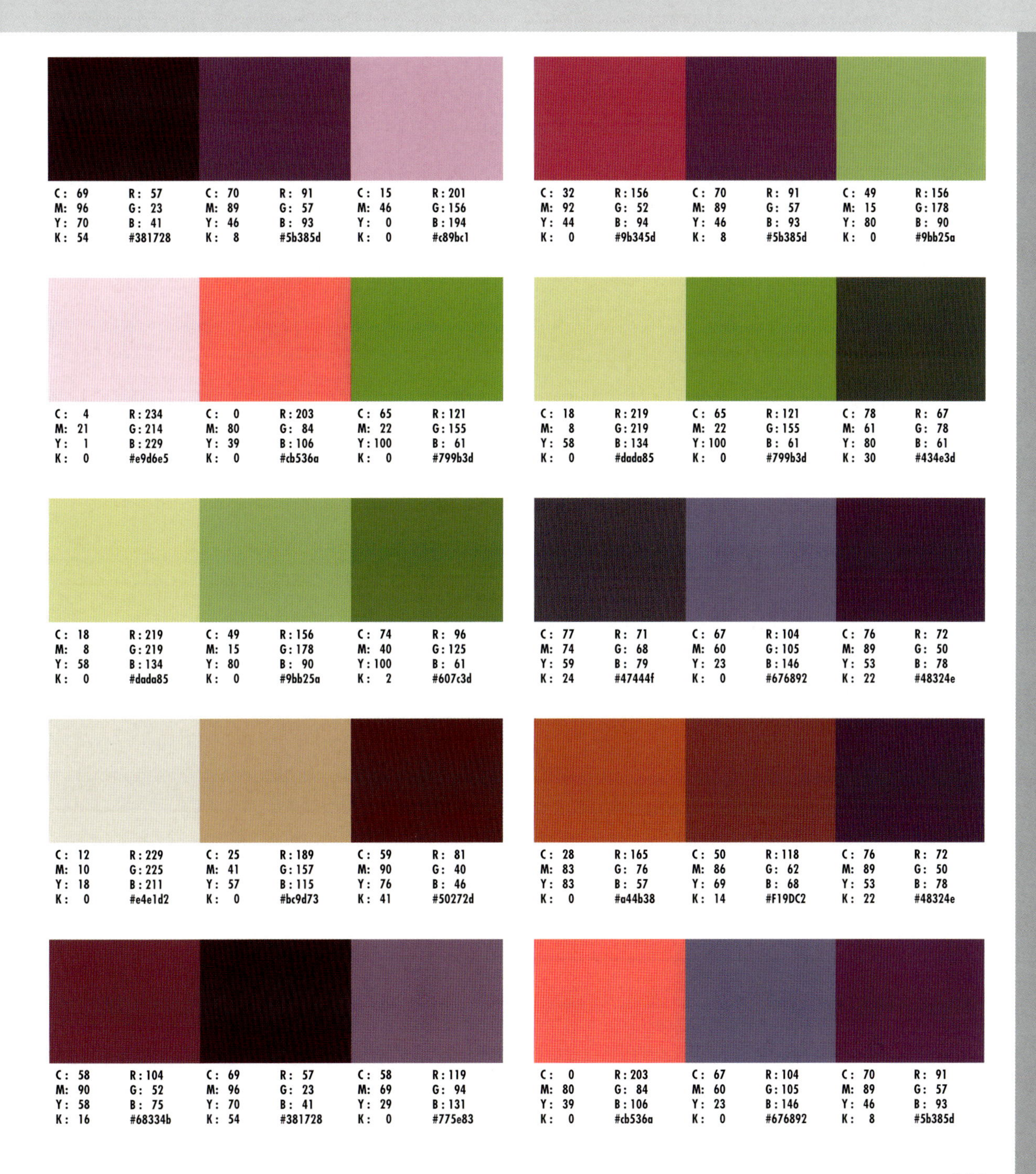
C: 69 M: 96 Y: 70 K: 54
R: 57 G: 23 B: 41 #381728
C: 70 M: 89 Y: 46 K: 8
R: 91 G: 57 B: 93 #5b385d
C: 15 M: 46 Y: 0 K: 0
R: 201 G: 156 B: 194 #c89bc1
C: 32 M: 92 Y: 44 K: 0
R: 156 G: 52 B: 94 #9b345d
C: 70 M: 89 Y: 46 K: 8
R: 91 G: 57 B: 93 #5b385d
C: 49 M: 15 Y: 80 K: 0
R: 156 G: 178 B: 90 #9bb25a
C: 4 M: 21 Y: 1 K: 0
R: 234 G: 214 B: 229 #e9d6e5
C: 0 M: 80 Y: 39 K: 0
R: 203 G: 84 B: 106 #cb536a
C: 65 M: 22 Y: 100 K: 0
R: 121 G: 155 B: 61 #799b3d
C: 18 M: 8 Y: 58 K: 0
R: 219 G: 219 B: 134 #dada85
C: 65 M: 22 Y: 100 K: 0
R: 121 G: 155 B: 61 #799b3d
C: 78 M: 61 Y: 80 K: 30
R: 67 G: 78 B: 61 #434e3d
C: 18 M: 8 Y: 58 K: 0
R: 219 G: 219 B: 134 #dada85
C: 49 M: 15 Y: 80 K: 0
R: 156 G: 178 B: 90 #9bb25a
C: 74 M: 40 Y: 100 K: 2
R: 96 G: 125 B: 61 #607c3d
C: 77 M: 74 Y: 59 K: 24
R: 71 G: 68 B: 79 #47444f
C: 67 M: 60 Y: 23 K: 0
R: 104 G: 105 B: 146 #676892
C: 76 M: 89 Y: 53 K: 22
R: 72 G: 50 B: 78 #48324e
C: 12 M: 10 Y: 18 K: 0
R: 229 G: 225 B: 211 #e4e1d2
C: 25 M: 41 Y: 57 K: 0
R: 189 G: 157 B: 115 #bc9d73
C: 59 M: 90 Y: 76 K: 41
R: 81 G: 40 B: 46 #50272d
C: 28 M: 83 Y: 83 K: 0
R: 165 G: 76 B: 57 #a44b38
C: 50 M: 86 Y: 69 K: 14
R: 118 G: 62 B: 68 #F19DC2
C: 76 M: 89 Y: 53 K: 22
R: 72 G: 50 B: 78 #48324e
C: 58 M: 90 Y: 58 K: 16
R: 104 G: 52 B: 75 #68334b
C: 69 M: 96 Y: 70 K: 54
R: 57 G: 23 B: 41 #381728
C: 58 M: 69 Y: 29 K: 0
R: 119 G: 94 B: 131 #775e83
C: 0 M: 80 Y: 39 K: 0
R: 203 G: 84 B: 106 #cb536a
C: 67 M: 60 Y: 23 K: 0
R: 104 G: 105 B: 146 #676892
C: 70 M: 89 Y: 46 K: 8
R: 91 G: 57 B: 93 #5b385d

keyword ▶

果物

sub ▶

桃・梨・柿・ピンク・オレンジ・橙・甘柿・渋柿・実・くるみ・プラム・実りの秋

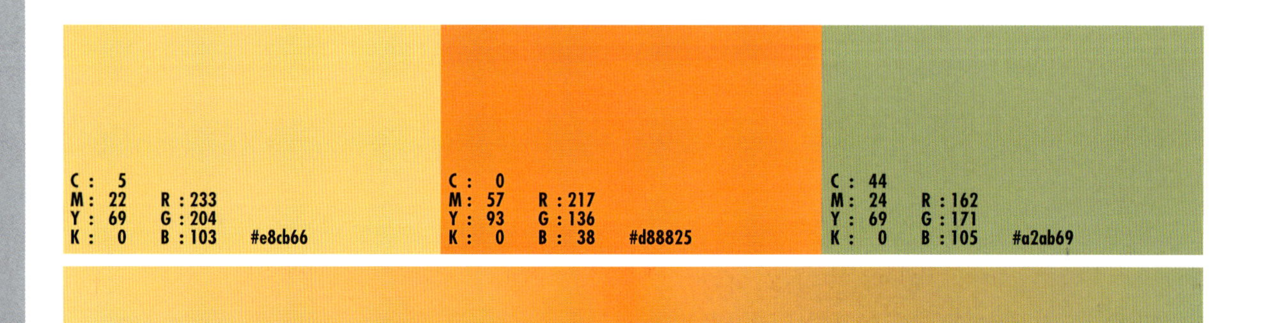

C : 5
M : 22 R : 233
Y : 69 G : 204
K : 0 B : 103 #e8cb66

C : 0
M : 57 R : 217
Y : 93 G : 136
K : 0 B : 38 #d88825

C : 44
M : 24 R : 162
Y : 69 G : 171
K : 0 B : 105 #a2ab69

C: 0	R: 245	C: 0	R: 239	C: 19	R: 180
M: 15	G: 223	M: 24	G: 201	M: 79	G: 85
Y: 42	B: 162	Y: 90	B: 51	Y: 100	B: 34
K: 0	#f4dea2	K: 0	#eec832	K: 0	#b35522

C: 0	R: 245	C: 16	R: 209	C: 61	R: 87
M: 15	G: 223	M: 31	G: 178	M: 72	G: 65
Y: 42	B: 162	Y: 98	B: 36	Y: 100	B: 36
K: 0	#f4dea2	K: 0	#d1b123	K: 36	#564124

C: 3	R: 207	C: 0	R: 234	C: 21	R: 175
M: 68	G: 113	M: 31	G: 193	M: 81	G: 80
Y: 56	B: 95	Y: 37	B: 159	Y: 56	B: 88
K: 0	#cf705f	K: 0	#e9c19e	K: 0	#af4f57

C: 5	R: 233	C: 34	R: 176	C: 61	R: 87
M: 22	G: 204	M: 35	G: 160	M: 72	G: 65
Y: 69	B: 103	Y: 73	B: 91	Y: 100	B: 36
K: 0	#e8cb66	K: 0	#b0a05b	K: 36	#564124

C: 0	R: 217	C: 53	R: 100	C: 66	R: 119
M: 57	G: 136	M: 96	G: 38	M: 19	G: 158
Y: 93	B: 38	Y: 73	B: 55	Y: 100	B: 62
K: 0	#d88825	K: 27	#642536	K: 0	#779d3e

C: 44	R: 162	C: 0	R: 217	C: 54	R: 83
M: 24	G: 171	M: 57	G: 136	M: 95	G: 31
Y: 69	B: 105	Y: 93	B: 38	Y: 100	B: 26
K: 0	#a2ab69	K: 0	#d88825	K: 43	#531e1a

C: 5	R: 233	C: 0	R: 213	C: 24	R: 171
M: 22	G: 204	M: 63	G: 125	M: 81	G: 80
Y: 69	B: 103	Y: 70	B: 78	Y: 100	B: 37
K: 0	#e8cb66	K: 0	#d57c4d	K: 0	#ab4f25

C: 21	R: 175	C: 3	R: 207	C: 85	R: 66
M: 81	G: 80	M: 68	G: 113	M: 51	G: 101
Y: 56	B: 88	Y: 56	B: 95	Y: 81	B: 75
K: 0	#af4f57	K: 0	#cf705f	K: 13	#41644b

C: 0	R: 234	C: 3	R: 207	C: 29	R: 159
M: 31	G: 193	M: 68	G: 113	M: 93	G: 51
Y: 37	B: 159	Y: 56	B: 95	Y: 52	B: 85
K: 0	#e9c19e	K: 0	#cf705f	K: 0	#9f3355

C: 3	R: 207	C: 65	R: 99	C: 78	R: 39
M: 68	G: 113	M: 62	G: 92	M: 84	G: 30
Y: 56	B: 95	Y: 66	B: 82	Y: 76	B: 33
K: 0	#cf705f	K: 14	#635c52	K: 63	#271e21

keyword ▶

りんご

sub ▶ ふじ・サンフジ・紅玉・お菓子・アップルパイ・姫ふじ・バラ科・果実・ジャム

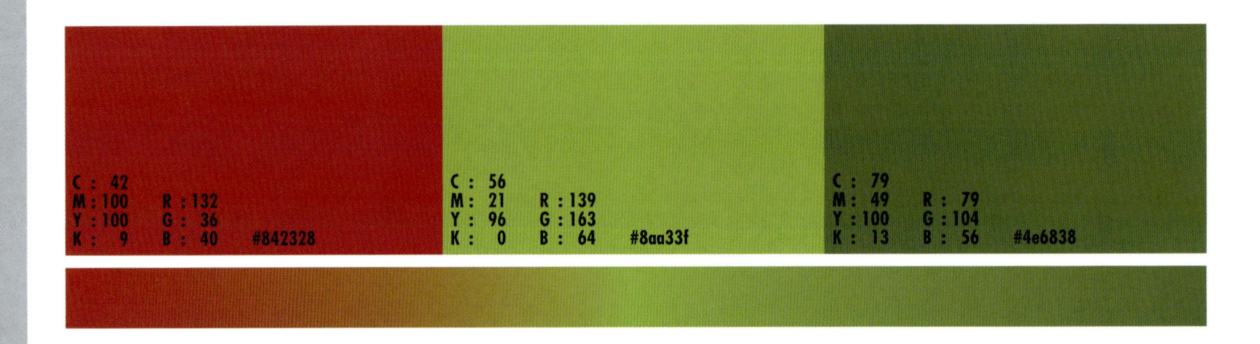

C	M	Y	K	R	G	B	Hex
56	58	100	10	120	104	49	#786830
21	85	85	0	174	72	52	#ad4734
40	100	100	6	138	36	40	#8a2428

C	M	Y	K	R	G	B	Hex
10	99	98	0	185	28	32	#b91c20
68	66	100	36	78	70	38	#4d4626
64	48	100	5	113	118	55	#717637

C	M	Y	K	R	G	B	Hex
52	77	84	21	111	72	54	#6f4736
0	93	52	0	199	47	82	#c62e51
40	100	100	6	138	36	40	#8a2428

C	M	Y	K	R	G	B	Hex
56	21	96	0	139	163	64	#8aa33f
79	49	100	13	79	104	56	#4e6838
0	93	52	0	199	47	82	#c62e51

C	M	Y	K	R	G	B	Hex
0	27	65	0	236	197	108	#ecc56b
1	66	32	0	210	118	130	#d17581
0	93	52	0	199	47	82	#c62e51

C	M	Y	K	R	G	B	Hex
22	72	100	0	178	99	36	#b26324
43	66	100	4	145	101	45	#90642c
40	100	100	6	138	36	40	#8a2428

C	M	Y	K	R	G	B	Hex
42	100	100	9	132	36	40	#842328
43	66	100	4	145	101	45	#90642c
52	77	84	21	111	72	54	#6f4736

C	M	Y	K	R	G	B	Hex
66	73	100	45	71	57	31	#47381f
52	77	84	21	111	72	54	#6f4736
42	100	100	9	132	36	40	#842328

C	M	Y	K	R	G	B	Hex
24	8	99	0	207	208	36	#cfd023
45	16	100	0	164	180	51	#a4b333
10	99	98	0	185	28	32	#b91c20

C	M	Y	K	R	G	B	Hex
21	94	81	0	171	48	53	#aa3035
0	27	65	0	236	197	108	#ecc56b
0	20	5	0	241	218	225	#f1dae1

keyword ▶

お月見

sub ▶

月見・満月・中秋の名月・スーパームーン・団子・観月・十五夜・お月様・うさぎ・

C : 2
M : 0 R : 253
Y : 12 G : 252
K : 0 B : 235 #fcfcea

C : 2
M : 12 R : 245
Y : 22 G : 231
K : 0 B : 204 #f4e6cc

C : 93
M : 88 R : 6
Y : 89 G : 0
K : 80 B : 0 #050000

C	M	Y	K	R	G	B	Hex
2	12	22	0	245	231	204	#f4e6cc
11	38	61	0	213	171	109	#d5aa6c
43	94	100	10	131	49	40	#833028

C	M	Y	K	R	G	B	Hex
2	0	12	0	253	252	235	#fcfcea
49	29	100	0	150	157	53	#969c34
59	98	100	54	67	19	20	#431313

C	M	Y	K	R	G	B	Hex
11	38	61	0	213	171	109	#d5aa6c
43	94	100	10	131	49	40	#833028
28	72	92	0	170	98	50	#a96131

C	M	Y	K	R	G	B	Hex
5	8	8	0	242	237	233	#f2ede9
42	49	54	0	155	134	114	#9a8671
76	69	100	52	53	53	30	#35341d

C	M	Y	K	R	G	B	Hex
2	14	28	0	243	225	190	#f3e1be
41	78	100	6	142	80	43	#8e4f2a
55	100	100	47	77	20	23	#4d1317

C	M	Y	K	R	G	B	Hex
2	91	95	0	198	56	32	#c53820
7	15	19	0	233	220	205	#e9dccc
43	46	56	0	154	139	113	#9a8a70

C	M	Y	K	R	G	B	Hex
31	29	39	0	184	176	154	#b7b09a
43	46	56	0	154	139	113	#9a8a70
54	74	84	21	109	75	56	#6c4b37

C	M	Y	K	R	G	B	Hex
41	68	100	3	148	99	44	#93632c
44	91	100	12	128	54	40	#803628
49	29	100	0	150	157	53	#969c34

C	M	Y	K	R	G	B	Hex
14	18	36	0	219	208	171	#dbcfaa
42	49	54	0	155	134	114	#9a8671
43	94	100	10	131	49	40	#833028

C	M	Y	K	R	G	B	Hex
43	46	56	0	154	139	113	#9a8a70
31	29	39	0	184	176	154	#b7b09a
2	0	12	0	253	252	235	#fcfcea

keyword ▶

ススキ

sub ▶
かや・尾花・野原・お月見・茅葺き・花札・枯れススキ・穂・イネ・高原・ススキ野

C	M	Y	K	R	G	B	Hex
23	47	64	0	189	147	99	#bc9263
11	35	68	0	215	176	99	#d6b062
54	63	97	12	120	97	54	#786035

C	M	Y	K	R	G	B	Hex
54	63	97	12	120	97	54	#786035
21	9	36	0	212	217	177	#d4d9b1
74	63	82	32	73	76	57	#484b38

C	M	Y	K	R	G	B	Hex
21	9	36	0	212	217	177	#d4d9b1
38	29	72	0	171	168	97	#aba760
55	66	64	8	120	94	85	#775d55

C	M	Y	K	R	G	B	Hex
20	17	20	0	216	207	200	#d2cfc8
59	53	50	0	123	119	118	#7a7675
74	75	86	56	52	45	35	#342d23

C	M	Y	K	R	G	B	Hex
15	17	40	0	219	208	163	#dad0a3
31	65	88	0	167	109	57	#a76d38
16	71	100	0	187	103	33	#bb6620

C	M	Y	K	R	G	B	Hex
17	10	64	0	220	216	120	#dcd778
43	36	95	0	160	152	56	#a09737
56	51	78	0	127	120	79	#7f784f

C	M	Y	K	R	G	B	Hex
58	26	100	0	134	155	58	#859b39
72	53	88	14	90	102	65	#5a6641
31	65	88	0	167	109	57	#a76d38

C	M	Y	K	R	G	B	Hex
15	17	40	0	219	208	163	#dad0a3
56	51	78	0	127	120	79	#7f784f
74	63	82	32	73	76	57	#484b38

C	M	Y	K	R	G	B	Hex
72	53	88	14	90	102	65	#5a6641
52	46	88	1	139	132	69	#8b8344
11	35	68	0	215	176	99	#d6b062

C	M	Y	K	R	G	B	Hex
20	17	20	0	216	207	200	#d2cfc8
41	41	56	0	161	148	117	#a09374
56	78	100	34	94	60	35	#5d3c22

keyword ▶

秋の魚

sub ▶ サンマ・鮭・鮎・川魚・水揚げ・焼き魚・七輪・炭火・大根おろし・塩焼き

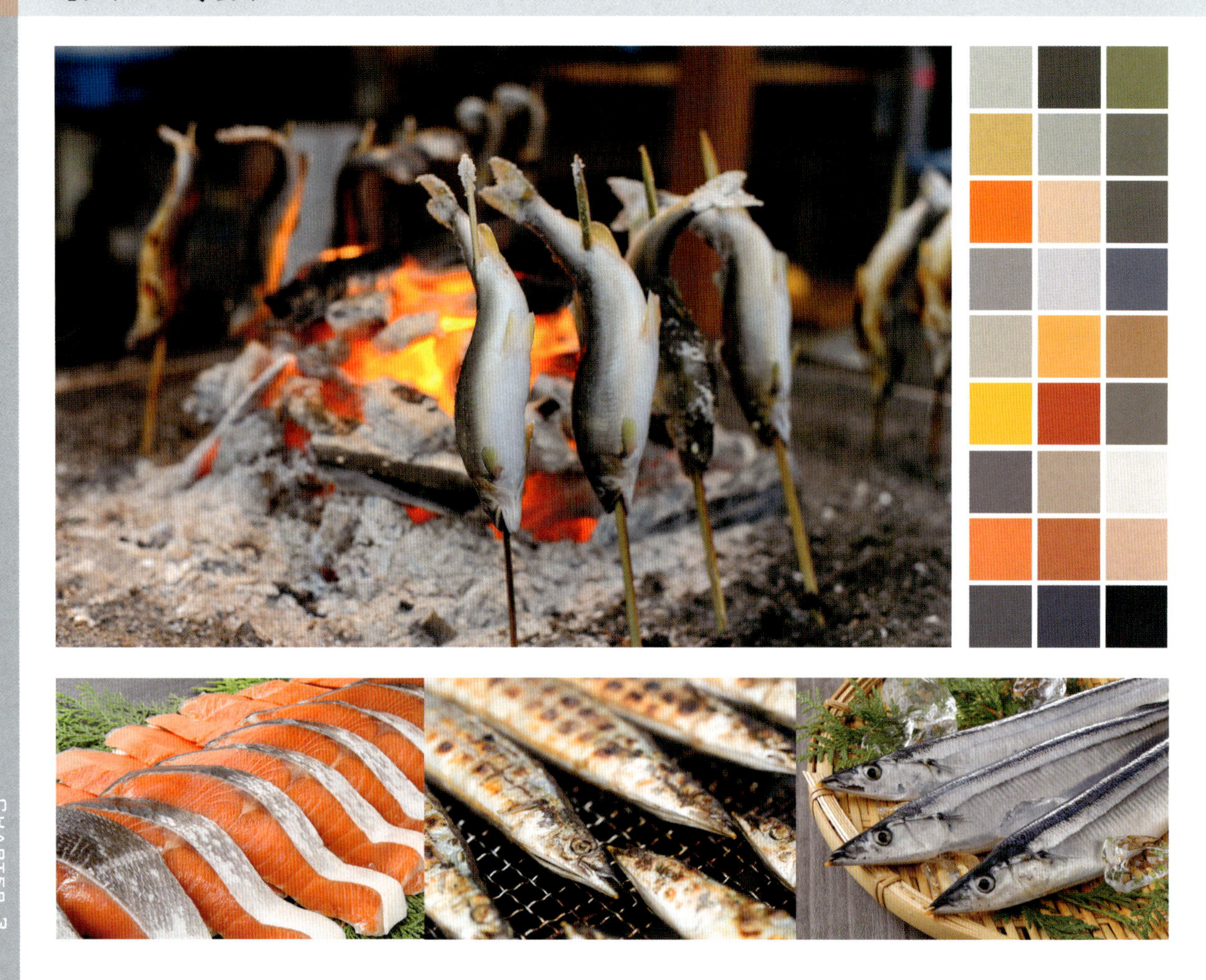

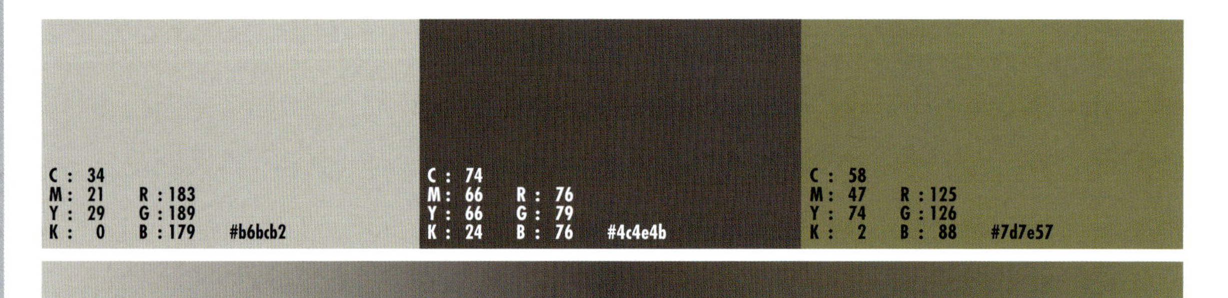

C	M	Y	K	R	G	B	Hex
20	36	70	0	199	169	95	#c7a85e
74	66	66	24	76	79	76	#4c4e4b
58	47	74	2	125	126	88	#7d7e57

C	M	Y	K	R	G	B	Hex
0	71	90	0	209	107	43	#d06b2b
10	33	38	0	217	184	155	#d9b79a
68	58	60	8	101	102	97	#646560

C	M	Y	K	R	G	B	Hex
29	27	34	0	187	181	166	#bbb5a5
0	40	72	0	228	172	86	#e3ab55
33	55	65	0	169	127	94	#a87f5d

C	M	Y	K	R	G	B	Hex
13	37	37	0	209	173	151	#d1ac96
3	68	71	0	207	113	74	#cf714a
23	73	72	0	176	98	73	#b06148

C	M	Y	K	R	G	B	Hex
12	12	12	0	227	223	220	#e3dfdc
32	41	43	0	178	155	139	#af9a8a
62	58	48	1	114	109	116	#726d74

C	M	Y	K	R	G	B	Hex
20	36	70	0	199	169	95	#c7a85e
40	26	36	0	168	174	162	#a7ada1
64	53	61	3	112	114	102	#707265

C	M	Y	K	R	G	B	Hex
48	38	35	0	149	149	152	#949597
25	19	14	0	199	199	207	#c7c7cf
72	57	40	0	95	107	128	#5f6b80

C	M	Y	K	R	G	B	Hex
0	26	92	0	237	197	43	#edc42b
24	87	82	0	170	67	56	#a94237
62	58	48	1	114	109	116	#726d74

C	M	Y	K	R	G	B	Hex
12	12	12	0	227	223	220	#e3dfdc
62	58	48	1	114	109	116	#726d74
80	71	51	12	73	78	96	#484e60

C	M	Y	K	R	G	B	Hex
0	40	72	0	228	172	86	#e3ab55
0	71	90	0	209	107	43	#d06b2b
74	66	66	24	76	79	76	#4c4e4b

keyword ▶

運動会

sub ▶ 小学校・玉投げ・騎馬戦・組体操・かけっこ・赤・白・グラウンド・トラック・

C : 39
M : 97　R : 141
Y : 86　G : 44
K : 5　B : 52　#8d2b33

C : 5
M : 5　R : 244
Y : 5　G : 242
K : 0　B : 241　#f3f2f1

C : 78
M : 70　R : 71
Y : 59　G : 74
K : 21　B : 83　#474a53

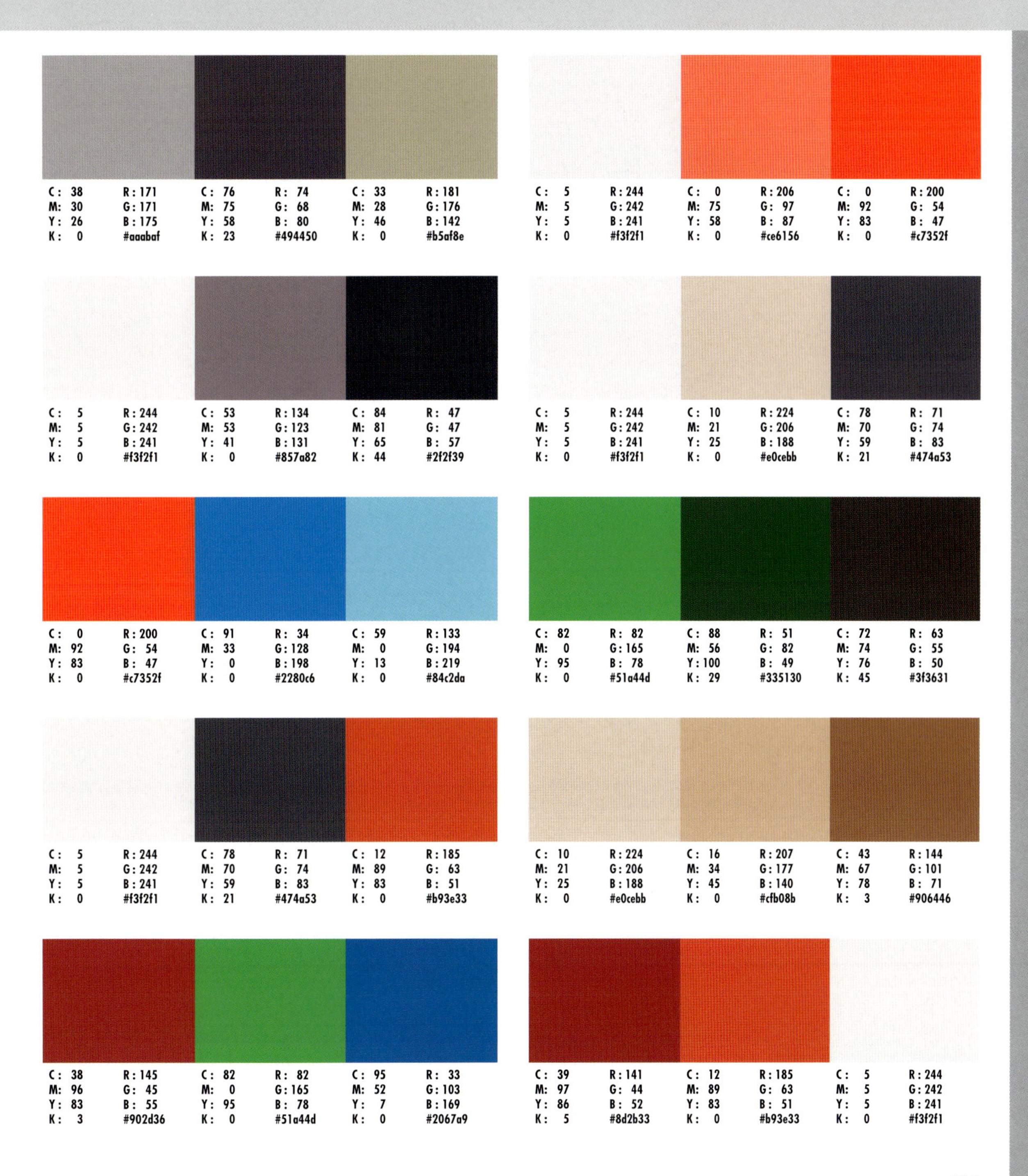
C: 38 M: 30 Y: 26 K: 0 R: 171 G: 171 B: 175 #aaabaf
C: 76 M: 75 Y: 58 K: 23 R: 74 G: 68 B: 80 #494450
C: 33 M: 28 Y: 46 K: 0 R: 181 G: 176 B: 142 #b5af8e
C: 5 M: 5 Y: 5 K: 0 R: 244 G: 242 B: 241 #f3f2f1
C: 0 M: 75 Y: 58 K: 0 R: 206 G: 97 B: 87 #ce6156
C: 0 M: 92 Y: 83 K: 0 R: 200 G: 54 B: 47 #c7352f
C: 5 M: 5 Y: 5 K: 0 R: 244 G: 242 B: 241 #f3f2f1
C: 53 M: 53 Y: 41 K: 0 R: 134 G: 123 B: 131 #857a82
C: 84 M: 81 Y: 65 K: 44 R: 47 G: 47 B: 57 #2f2f39
C: 5 M: 5 Y: 5 K: 0 R: 244 G: 242 B: 241 #f3f2f1
C: 10 M: 21 Y: 25 K: 0 R: 224 G: 206 B: 188 #e0cebb
C: 78 M: 70 Y: 59 K: 21 R: 71 G: 74 B: 83 #474a53
C: 0 M: 92 Y: 83 K: 0 R: 200 G: 54 B: 47 #c7352f
C: 91 M: 33 Y: 0 K: 0 R: 34 G: 128 B: 198 #2280c6
C: 59 M: 0 Y: 13 K: 0 R: 133 G: 194 B: 219 #84c2da
C: 82 M: 0 Y: 95 K: 0 R: 82 G: 165 B: 78 #51a44d
C: 88 M: 56 Y: 100 K: 29 R: 51 G: 82 B: 49 #335130
C: 72 M: 74 Y: 76 K: 45 R: 63 G: 55 B: 50 #3f3631
C: 5 M: 5 Y: 5 K: 0 R: 244 G: 242 B: 241 #f3f2f1
C: 78 M: 70 Y: 59 K: 21 R: 71 G: 74 B: 83 #474a53
C: 12 M: 89 Y: 83 K: 0 R: 185 G: 63 B: 51 #b93e33
C: 10 M: 21 Y: 25 K: 0 R: 224 G: 206 B: 188 #e0cebb
C: 16 M: 34 Y: 45 K: 0 R: 207 G: 177 B: 140 #cfb08b
C: 43 M: 67 Y: 78 K: 3 R: 144 G: 101 B: 71 #906446
C: 38 M: 96 Y: 83 K: 3 R: 145 G: 45 B: 55 #902d36
C: 82 M: 0 Y: 95 K: 0 R: 82 G: 165 B: 78 #51a44d
C: 95 M: 52 Y: 7 K: 0 R: 33 G: 103 B: 169 #2067a9
C: 39 M: 97 Y: 86 K: 5 R: 141 G: 44 B: 52 #8d2b33
C: 12 M: 89 Y: 83 K: 0 R: 185 G: 63 B: 51 #b93e33
C: 5 M: 5 Y: 5 K: 0 R: 244 G: 242 B: 241 #f3f2f1

keyword ▶

松茸

sub ▶

香り・山・雑木林・里山・きのこ・炊き込みご飯・土瓶蒸し・網焼き・姿焼き・赤松・

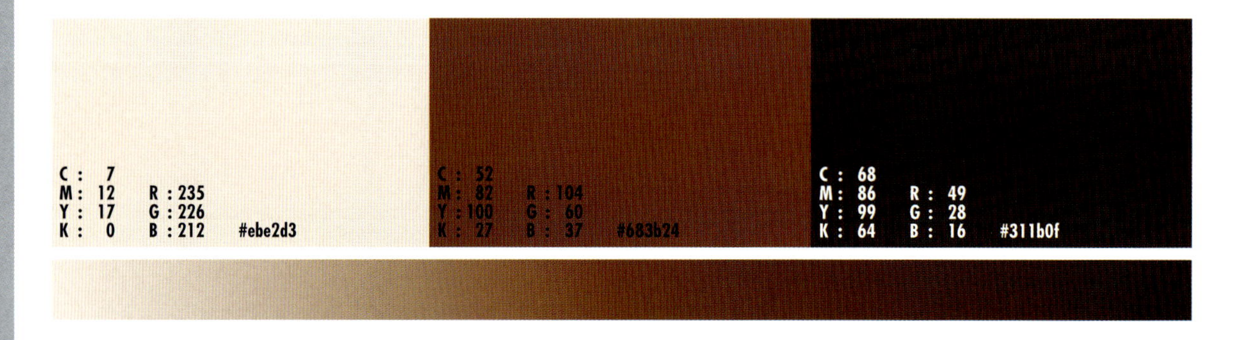

C: 16	R: 204	C: 52	R: 104	C: 68	R: 49
M: 39	G: 167	M: 82	G: 60	M: 86	G: 28
Y: 44	B: 137	Y: 100	B: 37	Y: 99	B: 16
K: 0	#cba688	K: 27	#683b24	K: 64	#311b0f

C: 16	R: 204	C: 42	R: 141	C: 48	R: 140
M: 39	G: 167	M: 77	G: 82	M: 60	G: 111
Y: 44	B: 137	Y: 96	B: 46	Y: 68	B: 87
K: 0	#cba688	K: 6	#8d522e	K: 2	#8b6e57

C: 34	R: 187	C: 82	R: 62	C: 17	R: 212
M: 11	G: 199	M: 57	G: 81	M: 23	G: 192
Y: 63	B: 121	Y: 100	B: 47	Y: 94	B: 48
K: 0	#bbc679	K: 30	#3e512e	K: 0	#d4bf2f

C: 48	R: 153	C: 82	R: 62	C: 21	R: 197
M: 27	G: 165	M: 57	G: 81	M: 37	G: 168
Y: 56	B: 126	Y: 100	B: 47	Y: 54	B: 123
K: 0	#99a47e	K: 30	#3e512e	K: 0	#c5a77b

C: 7	R: 235	C: 21	R: 197	C: 61	R: 111
M: 12	G: 226	M: 37	G: 168	M: 64	G: 96
Y: 17	B: 212	Y: 54	B: 123	Y: 59	B: 93
K: 0	#ebe2d3	K: 0	#c5a77b	K: 8	#6e605d

C: 22	R: 193	C: 61	R: 111	C: 40	R: 169
M: 43	G: 155	M: 64	G: 96	M: 26	G: 171
Y: 65	B: 101	Y: 59	B: 93	Y: 65	B: 111
K: 0	#c09b64	K: 8	#6e605d	K: 0	#a9aa6e

C: 17	R: 212	C: 7	R: 235	C: 74	R: 104
M: 23	G: 192	M: 12	G: 226	M: 0	G: 171
Y: 94	B: 48	Y: 17	B: 212	Y: 100	B: 68
K: 0	#d4bf2f	K: 0	#ebe2d3	K: 0	#68ab43

C: 39	R: 164	C: 73	R: 69	C: 43	R: 152
M: 41	G: 149	M: 69	G: 65	M: 53	G: 125
Y: 50	B: 127	Y: 76	B: 57	Y: 71	B: 87
K: 0	#a4957e	K: 37	#454138	K: 0	#977d57

C: 22	R: 207	C: 17	R: 212	C: 52	R: 104
M: 15	G: 208	M: 23	G: 192	M: 82	G: 60
Y: 26	B: 191	Y: 94	B: 48	Y: 100	B: 37
K: 0	#cfd0be	K: 0	#d4bf2f	K: 27	#683b24

C: 68	R: 49	C: 7	R: 235	C: 21	R: 197
M: 86	G: 28	M: 12	G: 226	M: 37	G: 168
Y: 99	B: 16	Y: 17	B: 212	Y: 54	B: 123
K: 64	#311b0f	K: 0	#ebe2d3	K: 0	#c5a77b

keyword ▶

ハロウィーン

sub ▶ 10月31日・ゾンビ・キャンディ・収穫祭・お菓子・カボチャ・

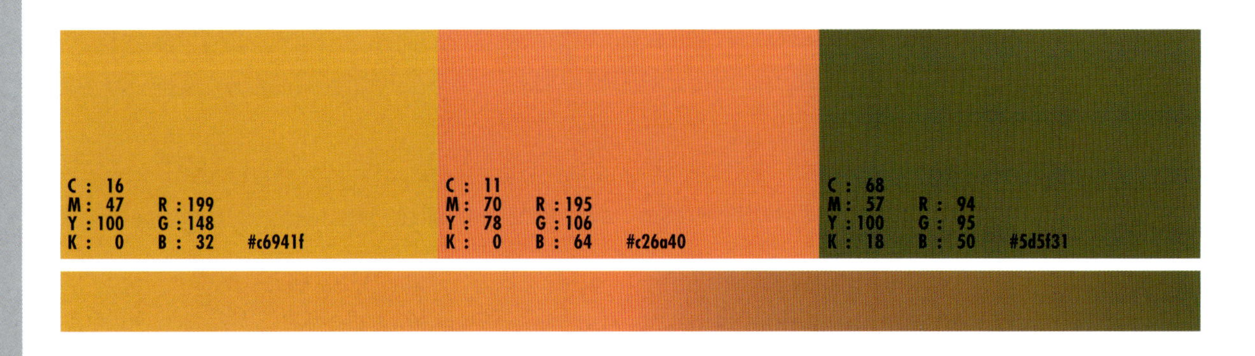

C: 16 M: 47 R: 199 Y: 100 G: 148 K: 0 B: 32 #c6941f	C: 11 M: 70 R: 195 Y: 78 G: 106 K: 0 B: 64 #c26a40	C: 68 M: 57 R: 94 Y: 100 G: 95 K: 18 B: 50 #5d5f31

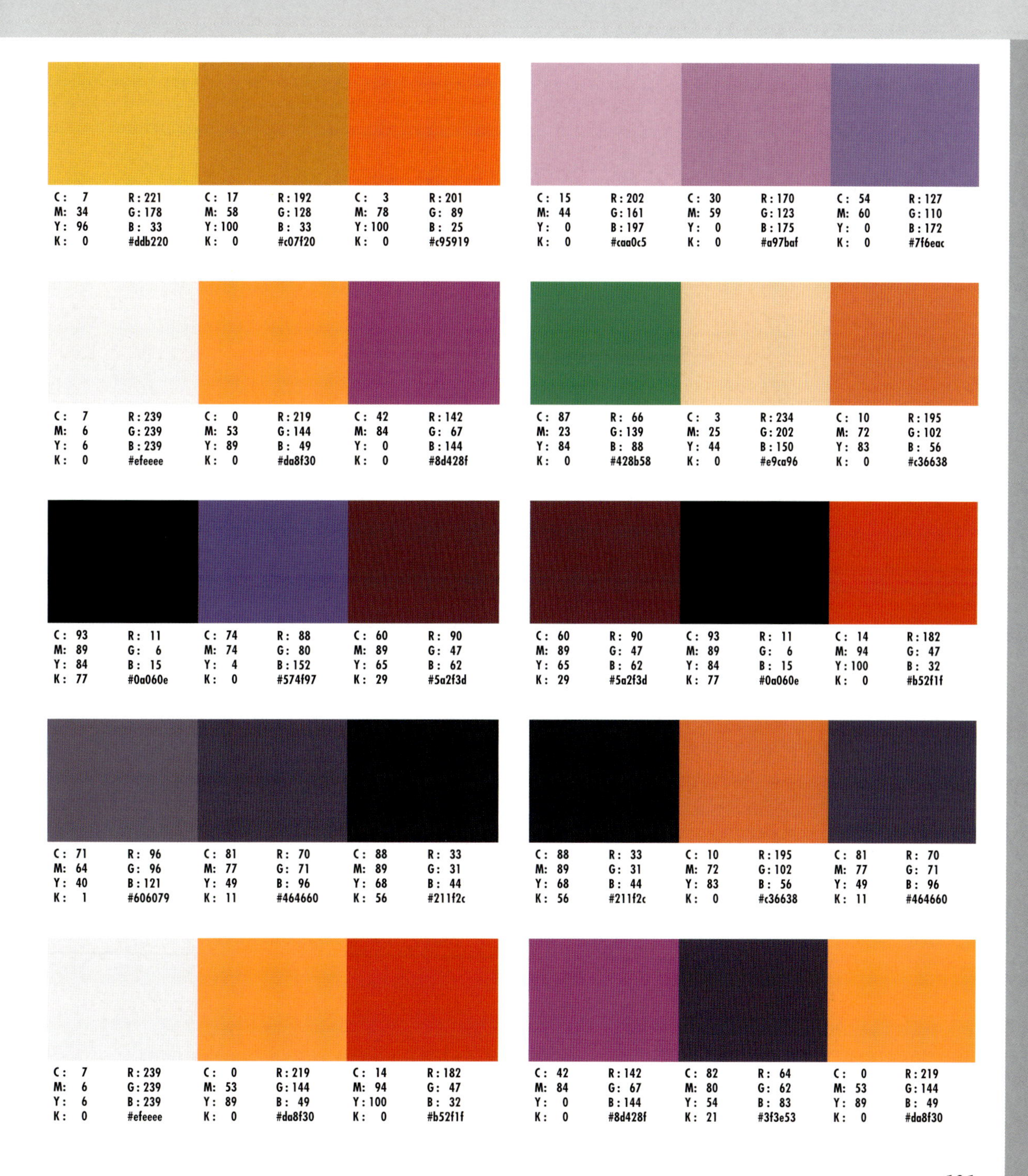
C: 7 M: 34 Y: 96 K: 0
R: 221 G: 178 B: 33 #ddb220
C: 17 M: 58 Y: 100 K: 0
R: 192 G: 128 B: 33 #c07f20
C: 3 M: 78 Y: 100 K: 0
R: 201 G: 89 B: 25 #c95919
C: 15 M: 44 Y: 0 K: 0
R: 202 G: 161 B: 197 #caa0c5
C: 30 M: 59 Y: 0 K: 0
R: 170 G: 123 B: 175 #a97baf
C: 54 M: 60 Y: 0 K: 0
R: 127 G: 110 B: 172 #7f6eac
C: 7 M: 6 Y: 6 K: 0
R: 239 G: 239 B: 239 #efeeee
C: 0 M: 53 Y: 89 K: 0
R: 219 G: 144 B: 49 #da8f30
C: 42 M: 84 Y: 0 K: 0
R: 142 G: 67 B: 144 #8d428f
C: 87 M: 23 Y: 84 K: 0
R: 66 G: 139 B: 88 #428b58
C: 3 M: 25 Y: 44 K: 0
R: 234 G: 202 B: 150 #e9ca96
C: 10 M: 72 Y: 83 K: 0
R: 195 G: 102 B: 56 #c36638
C: 93 M: 89 Y: 84 K: 77
R: 11 G: 6 B: 15 #0a060e
C: 74 M: 74 Y: 4 K: 0
R: 88 G: 80 B: 152 #574f97
C: 60 M: 89 Y: 65 K: 29
R: 90 G: 47 B: 62 #5a2f3d
C: 60 M: 89 Y: 65 K: 29
R: 90 G: 47 B: 62 #5a2f3d
C: 93 M: 89 Y: 84 K: 77
R: 11 G: 6 B: 15 #0a060e
C: 14 M: 94 Y: 100 K: 0
R: 182 G: 47 B: 32 #b52f1f
C: 71 M: 64 Y: 40 K: 1
R: 96 G: 96 B: 121 #606079
C: 81 M: 77 Y: 49 K: 11
R: 70 G: 71 B: 96 #464660
C: 88 M: 89 Y: 68 K: 56
R: 33 G: 31 B: 44 #211f2c
C: 88 M: 89 Y: 68 K: 56
R: 33 G: 31 B: 44 #211f2c
C: 10 M: 72 Y: 83 K: 0
R: 195 G: 102 B: 56 #c36638
C: 81 M: 77 Y: 49 K: 11
R: 70 G: 71 B: 96 #464660
C: 7 M: 6 Y: 6 K: 0
R: 239 G: 239 B: 239 #efeeee
C: 0 M: 53 Y: 89 K: 0
R: 219 G: 144 B: 49 #da8f30
C: 14 M: 94 Y: 100 K: 0
R: 182 G: 47 B: 32 #b52f1f
C: 42 M: 84 Y: 0 K: 0
R: 142 G: 67 B: 144 #8d428f
C: 82 M: 80 Y: 54 K: 21
R: 64 G: 62 B: 83 #3f3e53
C: 0 M: 53 Y: 89 K: 0
R: 219 G: 144 B: 49 #da8f30

keyword ▶

イチョウ

sub ▶

銀杏・並木道・紅葉・黄色・落葉樹・実・炒り銀杏・茶碗蒸し・落ち葉

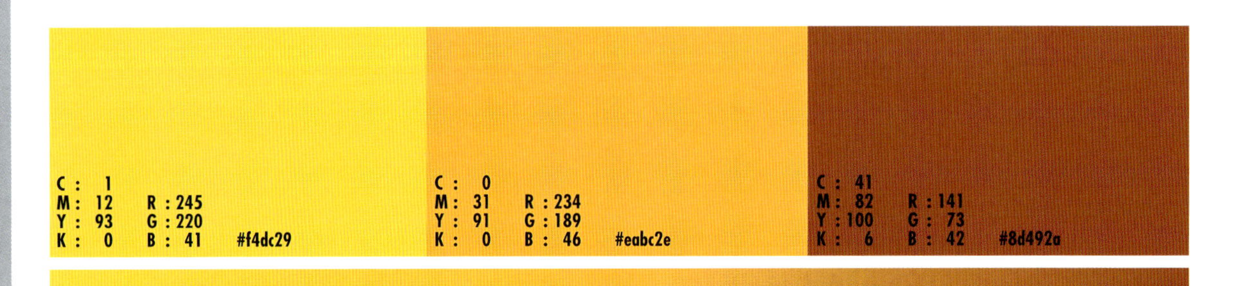

C : 1	R : 245	#f4dc29
M : 12	G : 220	
Y : 93	B : 41	
K : 0		

C : 0	R : 234	#eabc2e
M : 31	G : 189	
Y : 91	B : 46	
K : 0		

C : 41	R : 141	#8d492a
M : 82	G : 73	
Y : 100	B : 42	
K : 6		

C	M	Y	K	R	G	B	Hex
5	4	86	0	245	253	66	#f5e841
17	52	89	0	195	140	55	#c28b36
63	82	100	52	67	42	25	#432918

C	M	Y	K	R	G	B	Hex
71	48	88	7	97	113	69	#617045
0	19	66	0	242	213	110	#f2d46d
0	8	8	0	250	241	234	#faf1e9

C	M	Y	K	R	G	B	Hex
56	48	90	3	128	125	65	#807c41
32	67	100	0	165	106	41	#a46929
0	31	91	0	234	189	46	#eabc2e

C	M	Y	K	R	G	B	Hex
13	3	4	0	230	238	243	#e5eef3
23	0	51	0	212	226	153	#d4e198
71	48	88	7	97	113	69	#617045

C	M	Y	K	R	G	B	Hex
0	8	8	0	250	241	234	#faf1e9
39	39	47	0	166	153	132	#a59983
0	31	91	0	234	189	46	#eabc2e

C	M	Y	K	R	G	B	Hex
0	19	66	0	242	213	110	#f2d46d
12	70	100	0	194	106	30	#c1691e
0	42	75	0	226	168	80	#e2a84f

C	M	Y	K	R	G	B	Hex
54	17	78	0	144	172	93	#90ab5c
23	0	51	0	212	226	153	#d4e198
56	48	90	3	128	125	65	#807c41

C	M	Y	K	R	G	B	Hex
56	48	90	3	128	125	65	#807c41
39	39	47	0	166	153	132	#a59983
52	67	71	9	125	94	77	#7c5e4d

C	M	Y	K	R	G	B	Hex
0	30	77	0	235	192	81	#eabf50
32	67	100	0	165	106	41	#a46929
41	82	100	6	141	73	42	#8d492a

C	M	Y	K	R	G	B	Hex
0	12	49	0	247	228	150	#f7e396
54	17	78	0	144	172	93	#90ab5c
56	48	90	3	128	125	65	#807c41

keyword ▶

紅葉

sub ▶

もみじ・かえで・山・紅葉狩り・赤・黄色・里山・雑木林・たき火・落ち葉

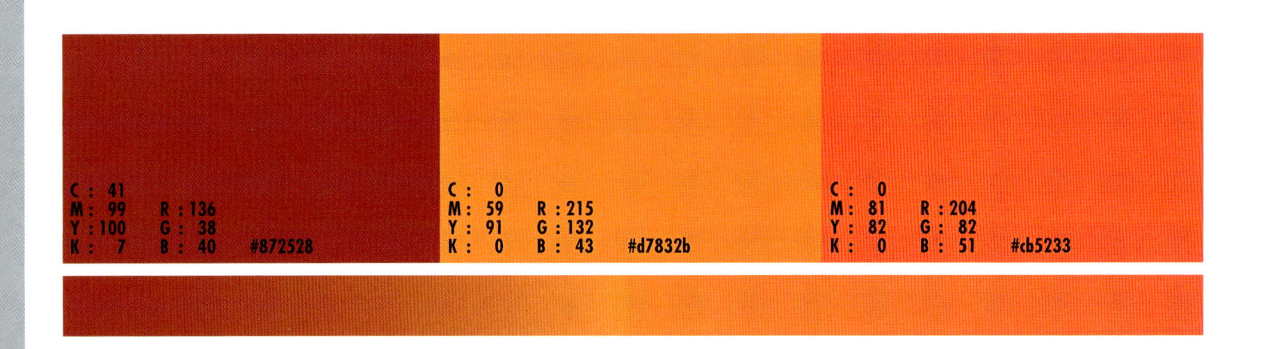

C : 41
M : 99 R : 136
Y : 100 G : 38
K : 7 B : 40 #872528

C : 0
M : 59 R : 215
Y : 91 G : 132
K : 0 B : 43 #d7832b

C : 0
M : 81 R : 204
Y : 82 G : 82
K : 0 B : 51 #cb5233

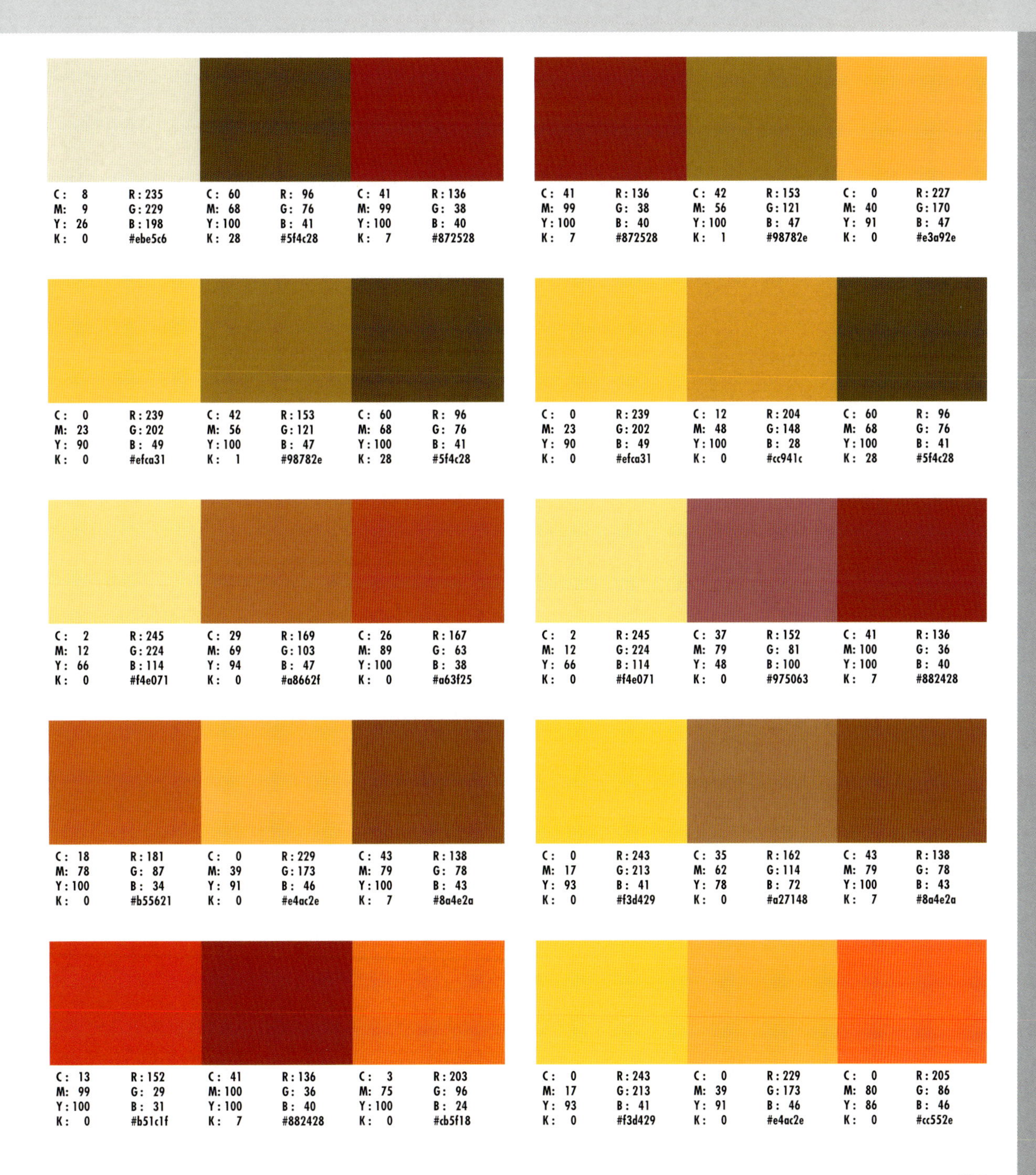
C: 8 M: 9 Y: 26 K: 0 R: 235 G: 229 B: 198 #ebe5c6
C: 60 M: 68 Y: 100 K: 28 R: 96 G: 76 B: 41 #5f4c28
C: 41 M: 99 Y: 100 K: 7 R: 136 G: 38 B: 40 #872528
C: 41 M: 99 Y: 100 K: 7 R: 136 G: 38 B: 40 #872528
C: 42 M: 56 Y: 100 K: 1 R: 153 G: 121 B: 47 #98782e
C: 0 M: 40 Y: 91 K: 0 R: 227 G: 170 B: 47 #e3a92e
C: 0 M: 23 Y: 90 K: 0 R: 239 G: 202 B: 49 #efca31
C: 42 M: 56 Y: 100 K: 1 R: 153 G: 121 B: 47 #98782e
C: 60 M: 68 Y: 100 K: 28 R: 96 G: 76 B: 41 #5f4c28
C: 0 M: 23 Y: 90 K: 0 R: 239 G: 202 B: 49 #efca31
C: 12 M: 48 Y: 100 K: 0 R: 204 G: 148 B: 28 #cc941c
C: 60 M: 68 Y: 100 K: 28 R: 96 G: 76 B: 41 #5f4c28
C: 2 M: 12 Y: 66 K: 0 R: 245 G: 224 B: 114 #f4e071
C: 29 M: 69 Y: 94 K: 0 R: 169 G: 103 B: 47 #a8662f
C: 26 M: 89 Y: 100 K: 0 R: 167 G: 63 B: 38 #a63f25
C: 2 M: 12 Y: 66 K: 0 R: 245 G: 224 B: 114 #f4e071
C: 37 M: 79 Y: 48 K: 0 R: 152 G: 81 B: 100 #975063
C: 41 M: 100 Y: 100 K: 7 R: 136 G: 36 B: 40 #882428
C: 18 M: 78 Y: 100 K: 0 R: 181 G: 87 B: 34 #b55621
C: 0 M: 39 Y: 91 K: 0 R: 229 G: 173 B: 46 #e4ac2e
C: 43 M: 79 Y: 100 K: 7 R: 138 G: 78 B: 43 #8a4e2a
C: 0 M: 17 Y: 93 K: 0 R: 243 G: 213 B: 41 #f3d429
C: 35 M: 62 Y: 78 K: 0 R: 162 G: 114 B: 72 #a27148
C: 43 M: 79 Y: 100 K: 7 R: 138 G: 78 B: 43 #8a4e2a
C: 13 M: 99 Y: 100 K: 0 R: 152 G: 29 B: 31 #b51c1f
C: 41 M: 100 Y: 100 K: 7 R: 136 G: 36 B: 40 #882428
C: 3 M: 75 Y: 100 K: 0 R: 203 G: 96 B: 24 #cb5f18
C: 0 M: 17 Y: 93 K: 0 R: 243 G: 213 B: 41 #f3d429
C: 0 M: 39 Y: 91 K: 0 R: 229 G: 173 B: 46 #e4ac2e
C: 0 M: 80 Y: 86 K: 0 R: 205 G: 86 B: 46 #cc552e

keyword ▶

菊

sub ▶

栽培菊・食用・薬草・観賞用植物・菊花紋章・観菊御宴・古典園芸植物・大菊・管物・厚物・

C : 6
M : 11 R : 238
Y : 94 G : 219
K : 0 B : 40 #eeda27

C : 4
M : 0 R : 248
Y : 44 G : 245
K : 0 B : 169 #f8f4a8

C : 17
M : 31 R : 206
Y : 100 G : 176
K : 0 B : 32 #ceaf1f

C: 5 M: 5 Y: 0 K: 0
R: 243 G: 243 B: 249
#f3f3f9
C: 0 M: 35 Y: 26 K: 0
R: 231 G: 185 B: 172
#e6b9ac
C: 59 M: 34 Y: 52 K: 0
R: 128 G: 147 B: 128
#809280
C: 0 M: 21 Y: 38 K: 0
R: 241 G: 212 B: 164
#f0d4a4
C: 0 M: 57 Y: 68 K: 0
R: 216 G: 136 B: 83
#d88853
C: 77 M: 56 Y: 86 K: 21
R: 76 G: 92 B: 63
#4b5b3f
C: 59 M: 34 Y: 52 K: 0
R: 128 G: 147 B: 128
#809280
C: 77 M: 56 Y: 86 K: 21
R: 76 G: 92 B: 63
#4b5b3f
C: 82 M: 64 Y: 98 K: 46
R: 49 G: 61 B: 37
#313d25
C: 9 M: 22 Y: 18 K: 0
R: 226 G: 207 B: 200
#e1cfc8
C: 17 M: 43 Y: 31 K: 0
R: 199 G: 160 B: 156
#c79f9b
C: 82 M: 64 Y: 98 K: 46
R: 49 G: 61 B: 37
#313d25
C: 4 M: 0 Y: 44 K: 0
R: 248 G: 245 B: 169
#f8f4a8
C: 5 M: 24 Y: 50 K: 0
R: 231 G: 202 B: 139
#e7c98b
C: 14 M: 41 Y: 88 K: 0
R: 205 G: 160 B: 58
#cda03a
C: 8 M: 47 Y: 0 K: 0
R: 211 G: 158 B: 194
#d39ec2
C: 30 M: 70 Y: 34 K: 0
R: 167 G: 100 B: 123
#a6647b
C: 45 M: 94 Y: 60 K: 4
R: 132 G: 49 B: 77
#84304c
C: 10 M: 19 Y: 6 K: 0
R: 226 G: 214 B: 223
#e2d5df
C: 0 M: 90 Y: 26 K: 0
R: 199 G: 53 B: 111
#c6346f
C: 50 M: 100 Y: 88 K: 28
R: 104 G: 30 B: 41
#671d29
C: 8 M: 47 Y: 0 K: 0
R: 211 G: 158 B: 194
#d39ec2
C: 0 M: 90 Y: 26 K: 0
R: 199 G: 53 B: 111
#c6346f
C: 77 M: 56 Y: 86 K: 21
R: 76 G: 92 B: 63
#4b5b3f
C: 5 M: 5 Y: 0 K: 0
R: 243 G: 243 B: 249
#f3f3f9
C: 0 M: 35 Y: 26 K: 0
R: 231 G: 185 B: 172
#e6b9ac
C: 17 M: 43 Y: 31 K: 0
R: 199 G: 160 B: 156
#c79f9b
C: 0 M: 83 Y: 66 K: 0
R: 202 G: 77 B: 71
#ca4c46
C: 59 M: 34 Y: 52 K: 0
R: 128 G: 147 B: 128
#809280
C: 0 M: 21 Y: 38 K: 0
R: 241 G: 212 B: 164
#f0d4a4

keyword ▶

栗

sub ▶

栗ご飯・お菓子・ケーキ・甘栗・焼き栗・いがぐり・マロン・クリーム

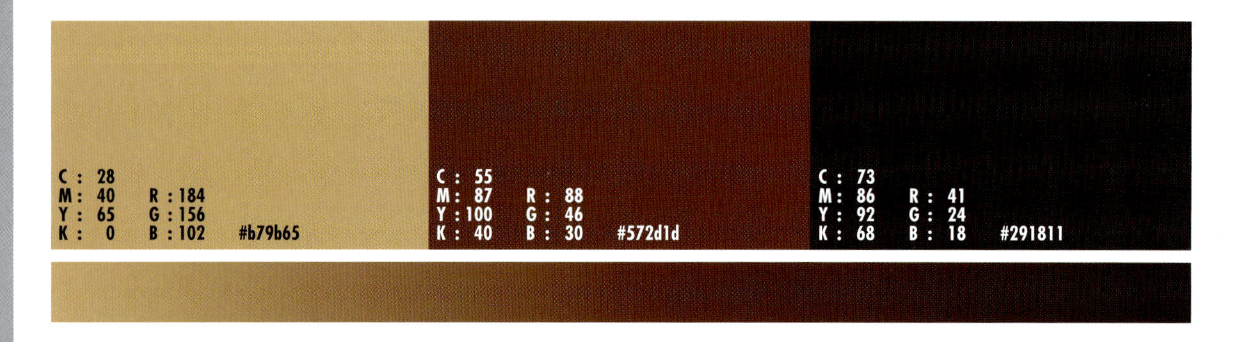

C: 32	R: 182	C: 56	R: 113	C: 50	R: 138
M: 28	G: 175	M: 67	G: 88	M: 56	G: 118
Y: 51	B: 134	Y: 74	B: 71	Y: 63	B: 97
K: 0	#b6af86	K: 15	#705747	K: 1	#8a7561

C: 28	R: 184	C: 52	R: 118	C: 62	R: 68
M: 40	G: 156	M: 70	G: 84	M: 84	G: 40
Y: 65	B: 102	Y: 100	B: 43	Y: 97	B: 26
K: 0	#b79b65	K: 17	#76532b	K: 52	#432819

C: 35	R: 174	C: 62	R: 94	C: 62	R: 68
M: 37	G: 161	M: 76	G: 68	M: 84	G: 40
Y: 36	B: 153	Y: 67	B: 69	Y: 97	B: 26
K: 0	#ada098	K: 24	#5d4345	K: 52	#432819

C: 0	R: 240	C: 18	R: 188	C: 44	R: 132
M: 22	G: 208	M: 63	G: 118	M: 90	G: 58
Y: 64	B: 112	Y: 100	B: 34	Y: 100	B: 41
K: 0	#f0cf6f	K: 0	#bb7521	K: 10	#833928

C: 17	R: 204	C: 44	R: 132	C: 62	R: 68
M: 37	G: 168	M: 90	G: 58	M: 84	G: 40
Y: 84	B: 69	Y: 100	B: 41	Y: 97	B: 26
K: 0	#cba744	K: 10	#833928	K: 52	#432819

C: 12	R: 225	C: 62	R: 68	C: 56	R: 113
M: 14	G: 218	M: 84	G: 40	M: 67	G: 88
Y: 15	B: 212	Y: 97	B: 26	Y: 74	B: 71
K: 0	#e1dad4	K: 52	#432819	K: 15	#705747

C: 28	R: 184	C: 50	R: 138	C: 51	R: 110
M: 40	G: 156	M: 56	G: 118	M: 81	G: 64
Y: 65	B: 102	Y: 63	B: 97	Y: 88	B: 48
K: 0	#b79b65	K: 1	#8a7561	K: 23	#6d3f30

C: 20	R: 206	C: 37	R: 177	C: 74	R: 83
M: 23	G: 192	M: 22	G: 178	M: 54	G: 96
Y: 46	B: 147	Y: 82	B: 81	Y: 100	B: 52
K: 0	#cec092	K: 0	#b1b251	K: 18	#535f33

C: 17	R: 204	C: 67	R: 73	C: 18	R: 188
M: 37	G: 168	M: 69	G: 63	M: 63	G: 118
Y: 84	B: 69	Y: 100	B: 34	Y: 100	B: 34
K: 0	#cba744	K: 42	#493e22	K: 0	#bb7521

C: 50	R: 138	C: 62	R: 94	C: 67	R: 73
M: 56	G: 118	M: 76	G: 68	M: 69	G: 63
Y: 63	B: 97	Y: 67	B: 69	Y: 100	B: 34
K: 1	#8a7561	K: 24	#5d4345	K: 42	#493e22

keyword ▶

みかん

sub ▶

こたつ・オレンジ・温州みかん・柑橘・愛媛・和歌山・静岡・有田みかん・

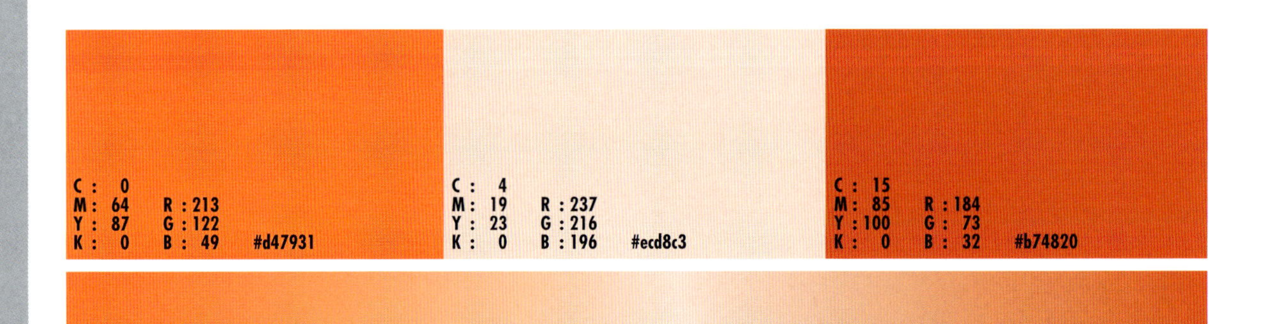

C : 0 M : 64 R : 213 Y : 87 G : 122 K : 0 B : 49 #d47931	C : 4 M : 19 R : 237 Y : 23 G : 216 K : 0 B : 196 #ecd8c3	C : 15 M : 85 R : 184 Y : 100 G : 73 K : 0 B : 32 #b74820

C: 0 M: 36 Y: 42 K: 0 R: 231 G: 184 B: 145 #e6b791
C: 0 M: 47 Y: 68 K: 0 R: 223 G: 159 B: 91 #df9e5a
C: 0 M: 74 Y: 88 K: 0 R: 207 G: 99 B: 45 #cf632c
C: 75 M: 53 Y: 100 K: 18 R: 83 G: 97 B: 52 #526034
C: 1 M: 43 Y: 92 K: 0 R: 224 G: 164 B: 44 #e0a42c
C: 0 M: 64 Y: 93 K: 0 R: 212 G: 121 B: 38 #d47826
C: 0 M: 69 Y: 78 K: 0 R: 210 G: 111 B: 63 #d16e3e
C: 7 M: 84 Y: 100 K: 0 R: 194 G: 76 B: 28 #c14b1c
C: 76 M: 87 Y: 94 K: 71 R: 35 G: 20 B: 11 #23130b
C: 37 M: 57 Y: 98 K: 0 R: 162 G: 121 B: 46 #a1782e
C: 0 M: 44 Y: 58 K: 0 R: 225 G: 165 B: 109 #e0a46d
C: 0 M: 51 Y: 85 K: 0 R: 220 G: 148 B: 58 #dc9439
C: 37 M: 57 Y: 98 K: 0 R: 162 G: 121 B: 46 #a1782e
C: 7 M: 84 Y: 100 K: 0 R: 194 G: 76 B: 28 #c14b1c
C: 75 M: 53 Y: 100 K: 18 R: 83 G: 97 B: 52 #526034
C: 0 M: 21 Y: 27 K: 0 R: 241 G: 214 B: 186 #f0d6ba
C: 0 M: 76 Y: 95 K: 0 R: 206 G: 95 B: 32 #ce5f1f
C: 41 M: 89 Y: 100 K: 6 R: 140 G: 60 B: 41 #8c3c29
C: 0 M: 36 Y: 68 K: 0 R: 230 G: 180 B: 97 #e6b461
C: 9 M: 65 Y: 100 K: 0 R: 199 G: 116 B: 28 #c7741c
C: 31 M: 72 Y: 100 K: 0 R: 165 G: 96 B: 40 #a55f28
C: 0 M: 58 Y: 75 K: 0 R: 216 G: 134 B: 72 #d78647
C: 56 M: 6 Y: 100 K: 0 R: 143 G: 181 B: 59 #8eb43b
C: 81 M: 50 Y: 88 K: 13 R: 73 G: 103 B: 68 #496643
C: 0 M: 20 Y: 65 K: 0 R: 241 G: 210 B: 111 #f1d26f
C: 0 M: 53 Y: 89 K: 0 R: 219 G: 144 B: 49 #da8f30
C: 79 M: 35 Y: 100 K: 0 R: 88 G: 131 B: 64 #578240
C: 7 M: 84 Y: 100 K: 0 R: 194 G: 76 B: 28 #c14b1c
C: 79 M: 35 Y: 100 K: 0 R: 88 G: 131 B: 64 #578240
C: 75 M: 53 Y: 100 K: 18 R: 83 G: 97 B: 52 #526034

keyword ▶

おでん

sub ▶

はんぺん・大根・たまご・ちくわ・ちくわぶ・糸こんにゃく・がんもどき・つみれ・

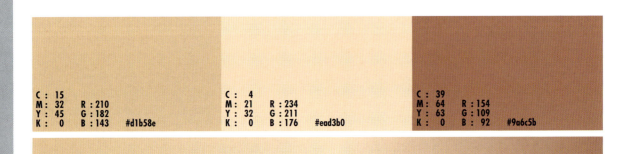

C : 15	C : 4	C : 39
M : 32 R : 210	M : 21 R : 234	M : 64 R : 154
Y : 45 G : 182	Y : 32 G : 211	Y : 63 G : 109
K : 0 B : 143 #d1b58e	K : 0 B : 176 #ead3b0	K : 0 B : 92 #9a6c5b

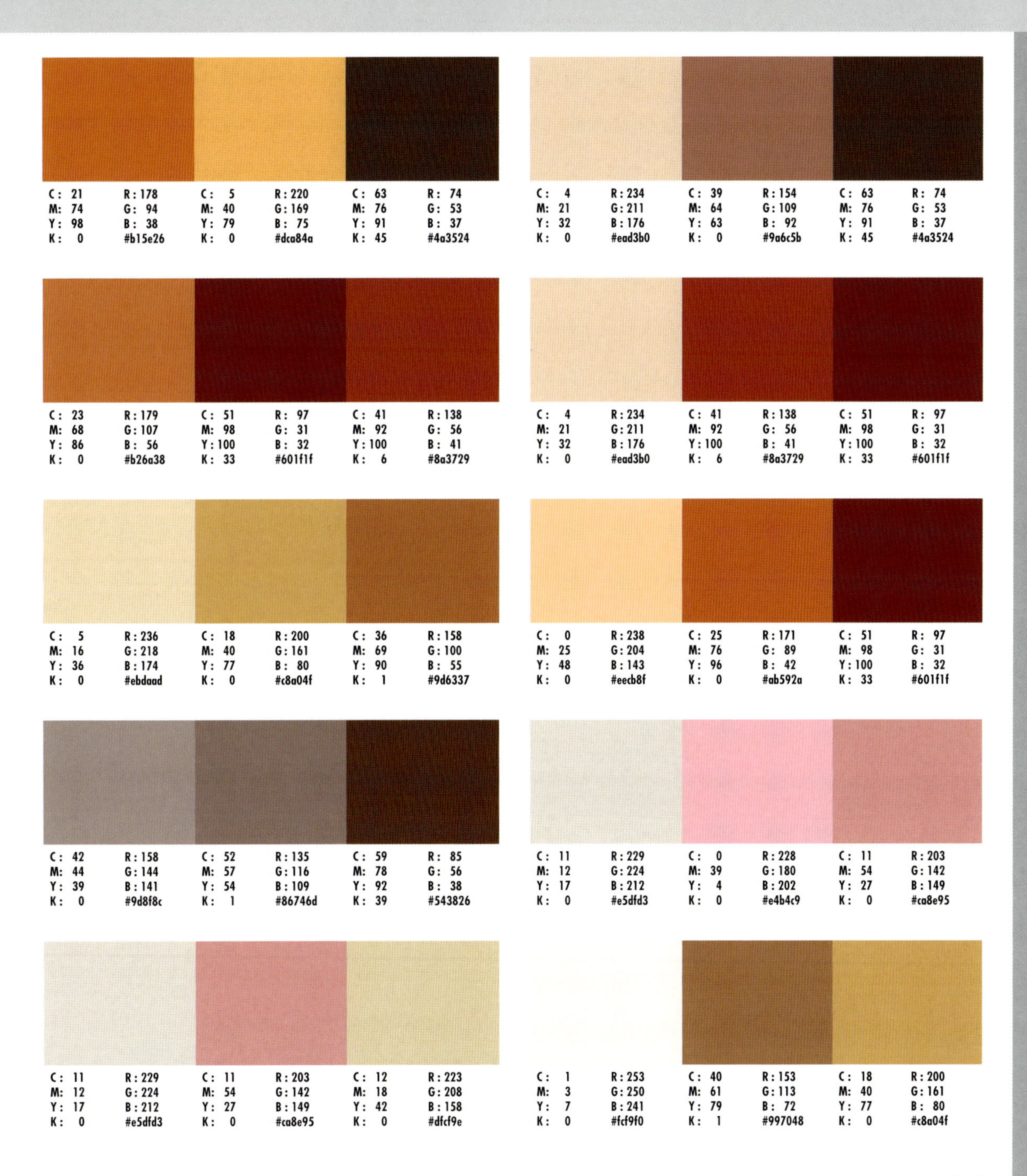
C: 21 M: 74 Y: 98 K: 0
R: 178 G: 94 B: 38 #b15e26
C: 5 M: 40 Y: 79 K: 0
R: 220 G: 169 B: 75 #dca84a
C: 63 M: 76 Y: 91 K: 45
R: 74 G: 53 B: 37 #4a3524
C: 23 M: 68 Y: 86 K: 0
R: 179 G: 107 B: 56 #b26a38
C: 51 M: 98 Y: 100 K: 33
R: 97 G: 31 B: 32 #601f1f
C: 41 M: 92 Y: 100 K: 6
R: 138 G: 56 B: 41 #8a3729
C: 5 M: 16 Y: 36 K: 0
R: 236 G: 218 B: 174 #ebdaad
C: 18 M: 40 Y: 77 K: 0
R: 200 G: 161 B: 80 #c8a04f
C: 36 M: 69 Y: 90 K: 1
R: 158 G: 100 B: 55 #9d6337
C: 42 M: 44 Y: 39 K: 0
R: 158 G: 144 B: 141 #9d8f8c
C: 52 M: 57 Y: 54 K: 1
R: 135 G: 116 B: 109 #86746d
C: 59 M: 78 Y: 92 K: 39
R: 85 G: 56 B: 38 #543826
C: 11 M: 12 Y: 17 K: 0
R: 229 G: 224 B: 212 #e5dfd3
C: 11 M: 54 Y: 27 K: 0
R: 203 G: 142 B: 149 #ca8e95
C: 12 M: 18 Y: 42 K: 0
R: 223 G: 208 B: 158 #dfcf9e
C: 4 M: 21 Y: 32 K: 0
R: 234 G: 211 B: 176 #ead3b0
C: 39 M: 64 Y: 63 K: 0
R: 154 G: 109 B: 92 #9a6c5b
C: 63 M: 76 Y: 91 K: 45
R: 74 G: 53 B: 37 #4a3524
C: 4 M: 21 Y: 32 K: 0
R: 234 G: 211 B: 176 #ead3b0
C: 41 M: 92 Y: 100 K: 6
R: 138 G: 56 B: 41 #8a3729
C: 51 M: 98 Y: 100 K: 33
R: 97 G: 31 B: 32 #601f1f
C: 0 M: 25 Y: 48 K: 0
R: 238 G: 204 B: 143 #eecb8f
C: 25 M: 76 Y: 96 K: 0
R: 171 G: 89 B: 42 #ab592a
C: 51 M: 98 Y: 100 K: 33
R: 97 G: 31 B: 32 #601f1f
C: 11 M: 12 Y: 17 K: 0
R: 229 G: 224 B: 212 #e5dfd3
C: 0 M: 39 Y: 4 K: 0
R: 228 G: 180 B: 202 #e4b4c9
C: 11 M: 54 Y: 27 K: 0
R: 203 G: 142 B: 149 #ca8e95
C: 1 M: 3 Y: 7 K: 0
R: 253 G: 250 B: 241 #fcf9f0
C: 40 M: 61 Y: 79 K: 1
R: 153 G: 113 B: 72 #997048
C: 18 M: 40 Y: 77 K: 0
R: 200 G: 161 B: 80 #c8a04f

keyword ▶

クリスマス

sub ▶

12月25日・ツリー・キリスト・降誕祭・デコレーション・イルミネーション・

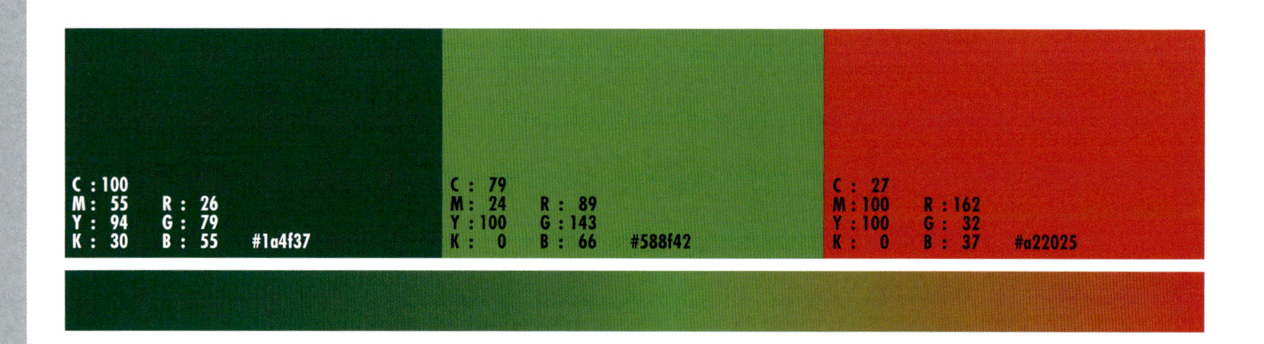

C: 0 M: 37 Y: 94 K: 0
R: 229 G: 175 B: 36 #e5af24
C: 27 M: 100 Y: 100 K: 0
R: 162 G: 32 B: 37 #a22025
C: 100 M: 55 Y: 94 K: 30
R: 26 G: 79 B: 55 #1a4f37
C: 7 M: 97 Y: 83 K: 0
R: 189 G: 35 B: 47 #bc232e
C: 89 M: 40 Y: 76 K: 2
R: 60 G: 120 B: 92 #3b775b
C: 89 M: 87 Y: 88 K: 78
R: 16 G: 7 B: 8 #0f0707
C: 12 M: 54 Y: 54 K: 0
R: 201 G: 139 B: 109 #c88b6d
C: 42 M: 85 Y: 84 K: 7
R: 137 G: 67 B: 56 #894238
C: 5 M: 65 Y: 100 K: 0
R: 205 G: 116 B: 25 #cd7419
C: 8 M: 10 Y: 29 K: 0
R: 236 G: 228 B: 192 #ebe4c0
C: 13 M: 34 Y: 63 K: 0
R: 212 G: 176 B: 108 #d4b06c
C: 0 M: 78 Y: 84 K: 0
R: 205 G: 90 B: 51 #cd5a32
C: 10 M: 11 Y: 95 K: 0
R: 231 G: 215 B: 36 #e7d724
C: 67 M: 16 Y: 64 K: 0
R: 116 G: 163 B: 119 #74a276
C: 79 M: 24 Y: 100 K: 0
R: 89 G: 143 B: 66 #588f42
C: 8 M: 10 Y: 29 K: 0
R: 236 G: 228 B: 192 #ebe4c0
C: 0 M: 20 Y: 62 K: 0
R: 242 G: 211 B: 118 #f1d375
C: 5 M: 65 Y: 100 K: 0
R: 205 G: 116 B: 25 #cd7419
C: 67 M: 16 Y: 64 K: 0
R: 116 G: 163 B: 119 #74a276
C: 90 M: 70 Y: 100 K: 62
R: 28 G: 42 B: 25 #1b2a19
C: 100 M: 52 Y: 96 K: 21
R: 28 G: 89 B: 59 #1c583a
C: 60 M: 40 Y: 0 K: 0
R: 121 G: 139 B: 195 #788ac3
C: 79 M: 88 Y: 92 K: 74
R: 30 G: 15 B: 10 #1d0f09
C: 89 M: 82 Y: 35 K: 1
R: 58 G: 68 B: 115 #3a4472
C: 33 M: 24 Y: 32 K: 0
R: 182 G: 184 B: 171 #b5b7aa
C: 40 M: 35 Y: 39 K: 0
R: 164 G: 160 B: 148 #a4a094
C: 10 M: 46 Y: 91 K: 0
R: 210 G: 153 B: 49 #d19930
C: 10 M: 11 Y: 95 K: 0
R: 231 G: 215 B: 36 #e7d724
C: 90 M: 70 Y: 100 K: 62
R: 28 G: 42 B: 25 #1b2a19
C: 89 M: 82 Y: 35 K: 1
R: 58 G: 68 B: 115 #3a4472

keyword ▶

大晦日

sub ▶

12月31日・除夜の鐘・初詣・紅白歌合戦・年越しそば・大掃除・買物・築地・

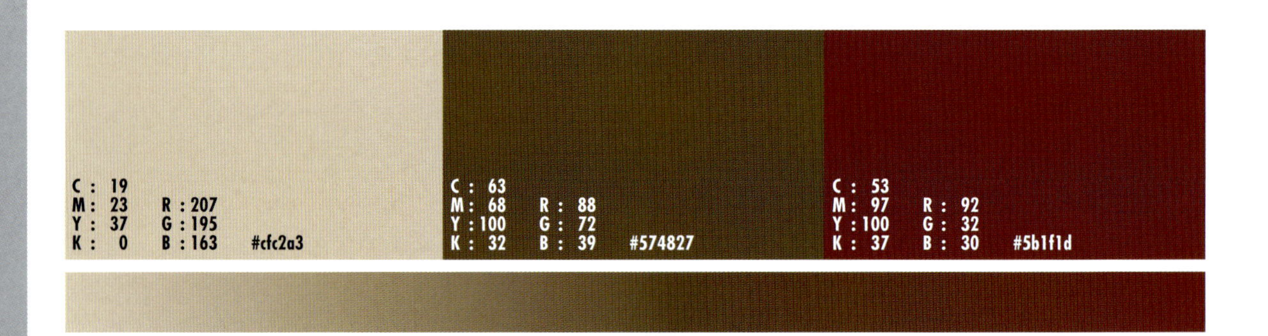

C	M	Y	K	R	G	B	
14	15	25	0	222	214	194	#ded6c1
29	36	50	0	183	163	130	#b7a381
64	49	46	0	114	122	125	#71797d

C	M	Y	K	R	G	B	
3	8	17	0	246	238	218	#f6eed9
61	44	28	0	120	132	155	#78839b
94	83	56	27	40	55	77	#27374d

C	M	Y	K	R	G	B	
25	29	100	0	195	174	37	#c3ae24
48	90	76	14	121	55	60	#78363b
94	83	56	27	40	55	77	#27374d

C	M	Y	K	R	G	B	
48	90	76	14	121	55	60	#78363b
43	85	92	8	136	67	48	#874230
25	29	100	0	195	174	37	#c3ae24

C	M	Y	K	R	G	B	
36	29	16	0	173	174	191	#adaebf
64	49	46	0	114	122	125	#71797d
67	80	75	46	66	48	47	#43302f

C	M	Y	K	R	G	B	
36	29	16	0	173	174	191	#adaebf
14	15	25	0	222	214	194	#ded6c1
49	68	65	4	133	96	86	#846055

C	M	Y	K	R	G	B	
14	15	25	0	222	214	194	#ded6c1
3	8	17	0	246	238	218	#f6eed9
64	49	46	0	114	122	125	#71797d

C	M	Y	K	R	G	B	
64	49	46	0	114	122	125	#71797d
79	58	0	0	78	102	172	#4e65ab
33	85	71	0	156	71	69	#9c4645

C	M	Y	K	R	G	B	
36	100	100	2	147	36	40	#932328
94	83	56	27	40	55	77	#27374d
61	44	28	0	120	132	155	#78839b

C	M	Y	K	R	G	B	
19	23	37	0	207	195	163	#cfc2a3
18	46	40	0	197	153	137	#c49889
84	73	68	41	50	58	60	#31393c

keyword ▶

初日の出

sub ▶

朝日・富士山・ご来光・祈り・拝む・お参り・山・海・神社・寺

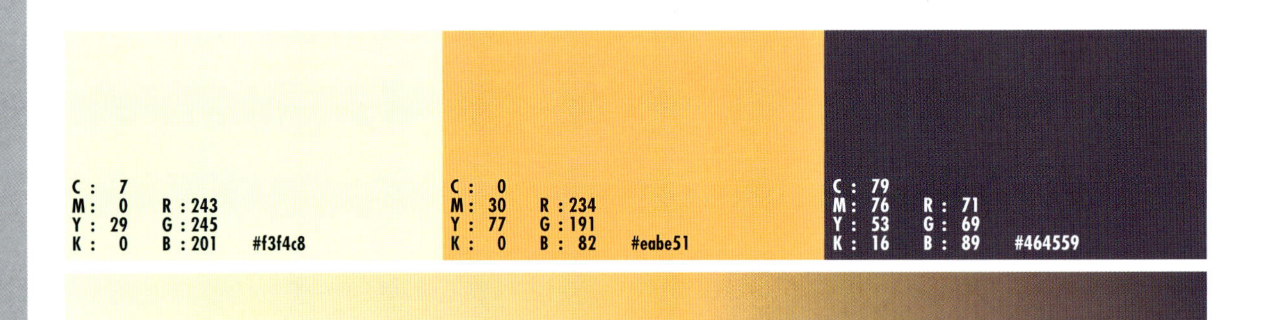

C: 7	R: 243	C: 19	R: 222	C: 0	R: 224
M: 0	G: 245	M: 0	G: 226	M: 45	G: 161
Y: 29	B: 201	Y: 79	B: 90	Y: 87	B: 55
K: 0	#f3f4c8	K: 0	#dde259	K: 0	#e0a036

C: 3	R: 248	C: 0	R: 223	C: 55	R: 123
M: 4	G: 239	M: 47	G: 158	M: 64	G: 99
Y: 53	B: 148	Y: 75	B: 78	Y: 61	B: 92
K: 0	#f7ee94	K: 0	#df9d4d	K: 6	#7a625c

C: 3	R: 242	C: 0	R: 234	C: 30	R: 169
M: 13	G: 221	M: 30	G: 191	M: 63	G: 114
Y: 64	B: 117	Y: 77	B: 82	Y: 73	B: 78
K: 0	#f1dc74	K: 0	#eabe51	K: 0	#a9714d

C: 92	R: 9	C: 79	R: 71	C: 7	R: 243
M: 87	G: 2	M: 76	G: 69	M: 0	G: 245
Y: 88	B: 2	Y: 53	B: 89	Y: 29	B: 201
K: 79	#080101	K: 16	#464559	K: 0	#f3f4c8

C: 11	R: 236	C: 64	R: 113	C: 92	R: 9
M: 0	G: 239	M: 47	G: 121	M: 87	G: 2
Y: 43	B: 171	Y: 80	B: 79	Y: 88	B: 2
K: 0	#ecefab	K: 4	#70794f	K: 79	#080101

C: 7	R: 243	C: 11	R: 231	C: 100	R: 31
M: 0	G: 245	M: 10	G: 217	M: 88	G: 52
Y: 29	B: 201	Y: 90	B: 56	Y: 53	B: 81
K: 0	#f3f4c8	K: 0	#e6d938	K: 22	#1f3450

C: 35	R: 160	C: 68	R: 93	C: 79	R: 71
M: 65	G: 109	M: 69	G: 82	M: 76	G: 69
Y: 30	B: 133	Y: 58	B: 88	Y: 53	B: 89
K: 0	#9f6d85	K: 14	#5d5258	K: 16	#464559

C: 35	R: 160	C: 68	R: 93	C: 100	R: 31
M: 65	G: 109	M: 69	G: 82	M: 88	G: 52
Y: 30	B: 133	Y: 58	B: 88	Y: 53	B: 81
K: 0	#9f6d85	K: 14	#5d5258	K: 22	#1f3450

C: 7	R: 243	C: 55	R: 123	C: 79	R: 71
M: 0	G: 238	M: 64	G: 99	M: 76	G: 69
Y: 71	B: 107	Y: 61	B: 92	Y: 53	B: 89
K: 0	#f3ee6b	K: 6	#7a625c	K: 16	#464559

C: 3	R: 242	C: 45	R: 129	C: 56	R: 95
M: 13	G: 221	M: 84	G: 67	M: 77	G: 63
Y: 64	B: 117	Y: 100	B: 41	Y: 100	B: 36
K: 0	#f1dc74	K: 12	#804329	K: 33	#5e3e23

keyword ▶

お正月

sub ▶

1月1日・元旦・晴れ着・鏡餅・お雑煮・おせち料理・門松・年賀状・羽つき・

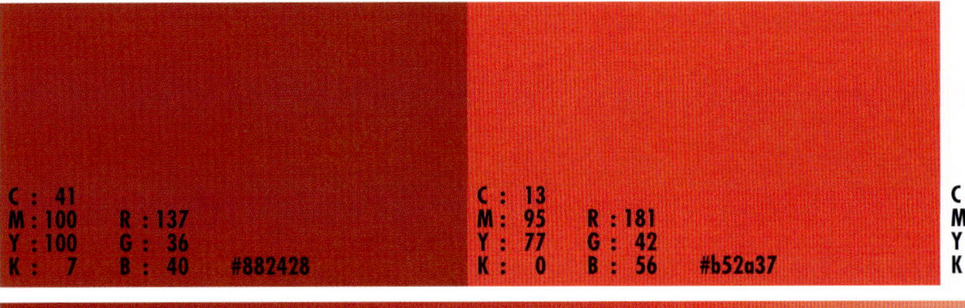

C : 41
M : 100 R : 137
Y : 100 G : 36
K : 7 B : 40 #882428

C : 13
M : 95 R : 181
Y : 77 G : 42
K : 0 B : 56 #b52a37

C : 5
M : 5 R : 244
Y : 5 G : 242
K : 0 B : 241 #f3f2f1

C: 41 M: 100 Y: 100 K: 7 R: 137 G: 36 B: 40 #882428
C: 13 M: 95 Y: 77 K: 0 R: 181 G: 42 B: 56 #b52a37
C: 87 M: 33 Y: 100 K: 0 R: 67 G: 128 B: 67 #428043
C: 88 M: 58 Y: 100 K: 35 R: 48 G: 75 B: 45 #304a2d
C: 37 M: 100 Y: 100 K: 2 R: 146 G: 36 B: 40 #922428
C: 17 M: 23 Y: 11 K: 0 R: 210 G: 198 B: 208 #d2c6d0
C: 2 M: 25 Y: 95 K: 0 R: 235 G: 197 B: 35 #ebc522
C: 3 M: 58 Y: 88 K: 0 R: 212 G: 134 B: 51 #d48533
C: 1 M: 92 Y: 69 K: 0 R: 199 G: 53 B: 64 #c6343f
C: 2 M: 25 Y: 95 K: 0 R: 235 G: 197 B: 35 #ebc522
C: 11 M: 53 Y: 49 K: 0 R: 203 G: 142 B: 118 #ca8e76
C: 1 M: 92 Y: 69 K: 0 R: 199 G: 53 B: 64 #c6343f
C: 11 M: 53 Y: 49 K: 0 R: 203 G: 142 B: 118 #ca8e76
C: 20 M: 63 Y: 36 K: 0 R: 184 G: 118 B: 127 #b8767f
C: 47 M: 100 Y: 100 K: 20 R: 115 G: 33 B: 37 #732125
C: 88 M: 58 Y: 100 K: 35 R: 48 G: 75 B: 45 #304a2d
C: 35 M: 39 Y: 77 K: 0 R: 172 G: 153 B: 84 #ab9854
C: 2 M: 25 Y: 95 K: 0 R: 235 G: 197 B: 35 #ebc522
C: 5 M: 5 Y: 5 K: 0 R: 244 G: 242 B: 241 #f3f2f1
C: 17 M: 23 Y: 11 K: 0 R: 210 G: 198 B: 208 #d2c6d0
C: 2 M: 25 Y: 95 K: 0 R: 235 G: 197 B: 35 #ebc522
C: 59 M: 75 Y: 100 K: 36 R: 88 G: 62 B: 35 #573e22
C: 2 M: 25 Y: 95 K: 0 R: 235 G: 197 B: 35 #ebc522
C: 26 M: 39 Y: 94 K: 0 R: 189 G: 158 B: 50 #bc9d31
C: 44 M: 71 Y: 58 K: 1 R: 143 G: 95 B: 94 #8f5f5e
C: 82 M: 54 Y: 88 K: 20 R: 68 G: 93 B: 63 #435c3f
C: 88 M: 70 Y: 87 K: 57 R: 73 G: 46 B: 36 #202e24
C: 7 M: 26 Y: 47 K: 0 R: 227 G: 197 B: 144 #e2c58f
C: 5 M: 5 Y: 5 K: 0 R: 244 G: 242 B: 241 #f3f2f1
C: 14 M: 51 Y: 70 K: 0 R: 200 G: 144 B: 87 #c89056

keyword ▶

おせち料理

sub ▶ 伊達巻・栗きんとん・黒豆・昆布巻き・田作り・かずのこ・えび・

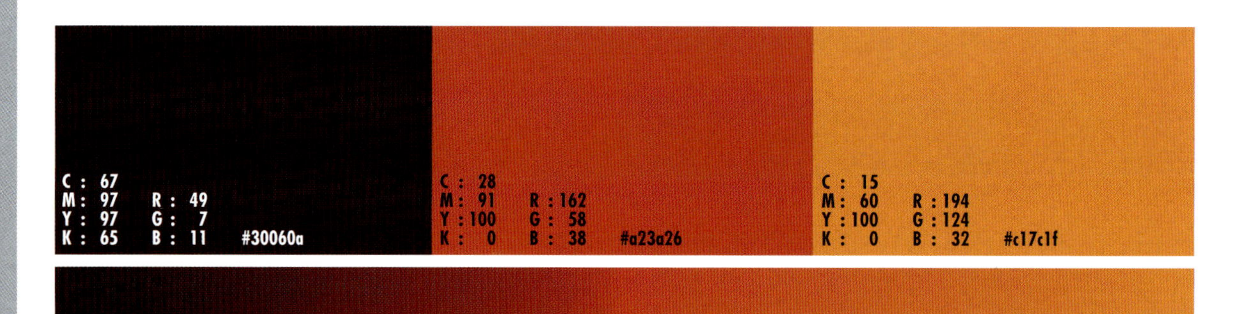

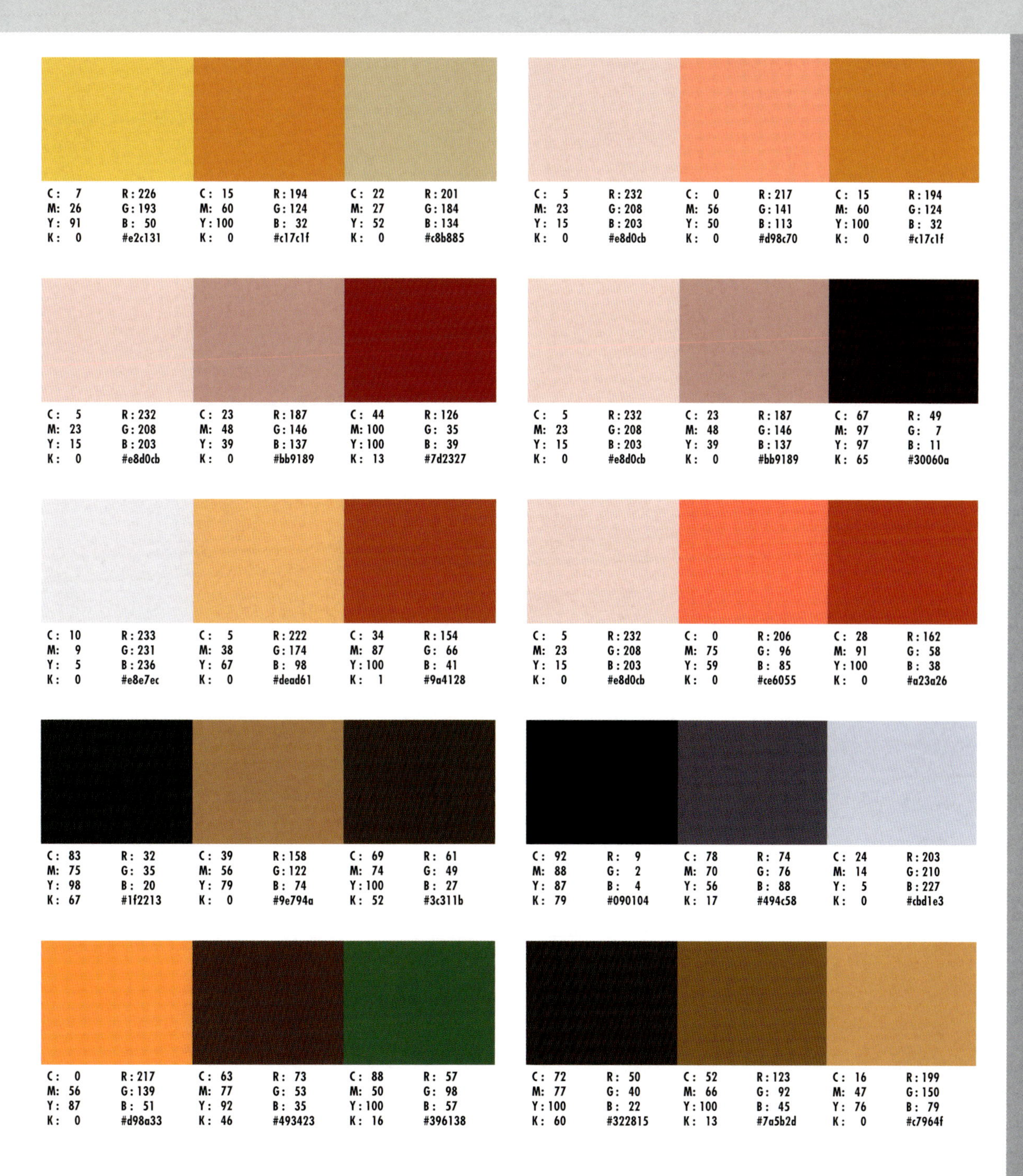
C: 7 M: 26 Y: 91 K: 0 R: 226 G: 193 B: 50 #e2c131
C: 15 M: 60 Y: 100 K: 0 R: 194 G: 124 B: 32 #c17c1f
C: 22 M: 27 Y: 52 K: 0 R: 201 G: 184 B: 134 #c8b885
C: 5 M: 23 Y: 15 K: 0 R: 232 G: 208 B: 203 #e8d0cb
C: 0 M: 56 Y: 50 K: 0 R: 217 G: 141 B: 113 #d98c70
C: 15 M: 60 Y: 100 K: 0 R: 194 G: 124 B: 32 #c17c1f
C: 5 M: 23 Y: 15 K: 0 R: 232 G: 208 B: 203 #e8d0cb
C: 23 M: 48 Y: 39 K: 0 R: 187 G: 146 B: 137 #bb9189
C: 44 M: 100 Y: 100 K: 13 R: 126 G: 35 B: 39 #7d2327
C: 5 M: 23 Y: 15 K: 0 R: 232 G: 208 B: 203 #e8d0cb
C: 23 M: 48 Y: 39 K: 0 R: 187 G: 146 B: 137 #bb9189
C: 67 M: 97 Y: 97 K: 65 R: 49 G: 7 B: 11 #30060a
C: 10 M: 9 Y: 5 K: 0 R: 233 G: 231 B: 236 #e8e7ec
C: 5 M: 38 Y: 67 K: 0 R: 222 G: 174 B: 98 #dead61
C: 34 M: 87 Y: 100 K: 1 R: 154 G: 66 B: 41 #9a4128
C: 5 M: 23 Y: 15 K: 0 R: 232 G: 208 B: 203 #e8d0cb
C: 0 M: 75 Y: 59 K: 0 R: 206 G: 96 B: 85 #ce6055
C: 28 M: 91 Y: 100 K: 0 R: 162 G: 58 B: 38 #a23a26
C: 83 M: 75 Y: 98 K: 67 R: 32 G: 35 B: 20 #1f2213
C: 39 M: 56 Y: 79 K: 0 R: 158 G: 122 B: 74 #9e794a
C: 69 M: 74 Y: 100 K: 52 R: 61 G: 49 B: 27 #3c311b
C: 92 M: 88 Y: 87 K: 79 R: 9 G: 2 B: 4 #090104
C: 78 M: 70 Y: 56 K: 17 R: 74 G: 76 B: 88 #494c58
C: 24 M: 14 Y: 5 K: 0 R: 203 G: 210 B: 227 #cbd1e3
C: 0 M: 56 Y: 87 K: 0 R: 217 G: 139 B: 51 #d98a33
C: 63 M: 77 Y: 92 K: 46 R: 73 G: 53 B: 35 #493423
C: 88 M: 50 Y: 100 K: 16 R: 57 G: 98 B: 57 #396138
C: 72 M: 77 Y: 100 K: 60 R: 50 G: 40 B: 22 #322815
C: 52 M: 66 Y: 100 K: 13 R: 123 G: 92 B: 45 #7a5b2d
C: 16 M: 47 Y: 76 K: 0 R: 199 G: 150 B: 79 #c7964f

keyword ▶

初詣

sub ▶

神社・寺・お賽銭・破魔矢・お札・おみくじ・お参り・元旦詣・三が日

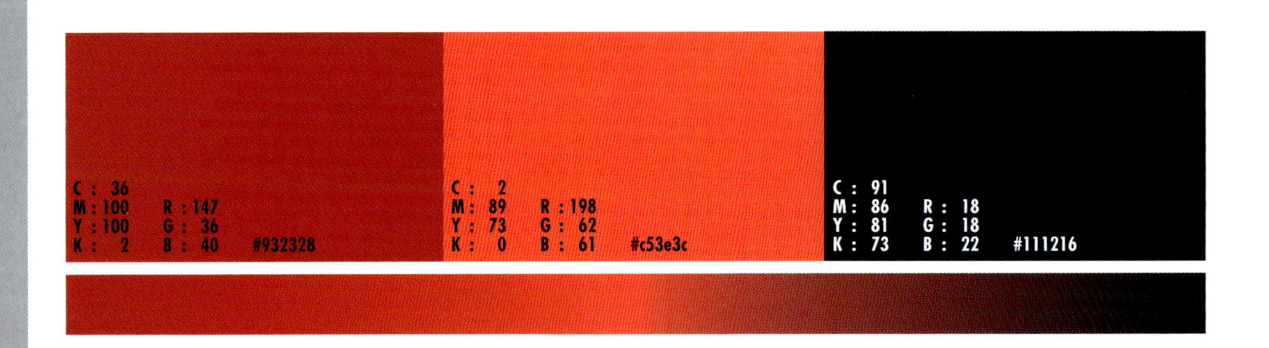

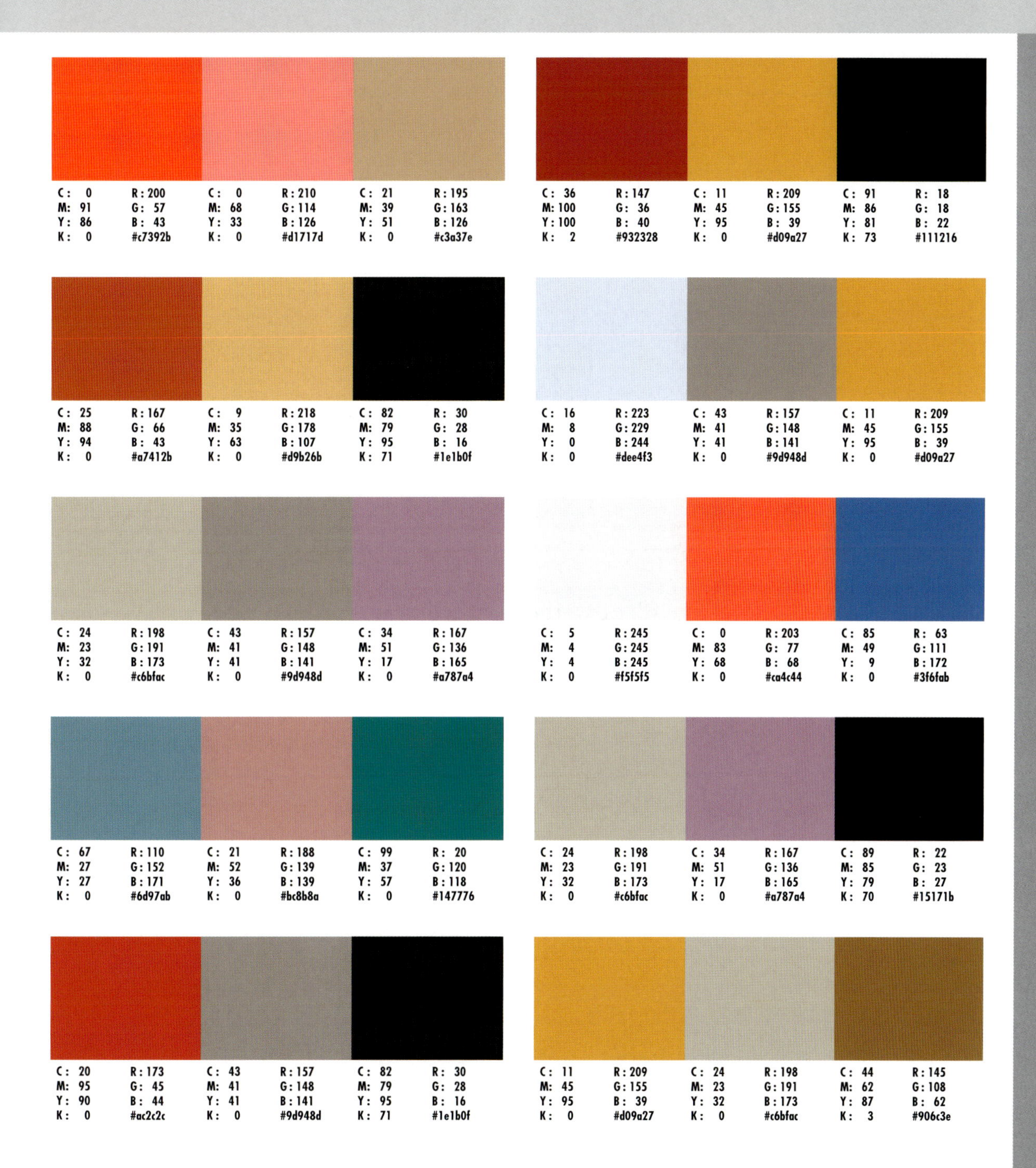
C: 0 M: 91 Y: 86 K: 0
R: 200 G: 57 B: 43 #c7392b
C: 0 M: 68 Y: 33 K: 0
R: 210 G: 114 B: 126 #d1717d
C: 21 M: 39 Y: 51 K: 0
R: 195 G: 163 B: 126 #c3a37e
C: 36 M: 100 Y: 100 K: 2
R: 147 G: 36 B: 40 #932328
C: 11 M: 45 Y: 95 K: 0
R: 209 G: 155 B: 39 #d09a27
C: 91 M: 86 Y: 81 K: 73
R: 18 G: 18 B: 22 #111216
C: 25 M: 88 Y: 94 K: 0
R: 167 G: 66 B: 43 #a7412b
C: 9 M: 35 Y: 63 K: 0
R: 218 G: 178 B: 107 #d9b26b
C: 82 M: 79 Y: 95 K: 71
R: 30 G: 28 B: 16 #1e1b0f
C: 16 M: 8 Y: 0 K: 0
R: 223 G: 229 B: 244 #dee4f3
C: 43 M: 41 Y: 41 K: 0
R: 157 G: 148 B: 141 #9d948d
C: 11 M: 45 Y: 95 K: 0
R: 209 G: 155 B: 39 #d09a27
C: 24 M: 23 Y: 32 K: 0
R: 198 G: 191 B: 173 #c6bfac
C: 43 M: 41 Y: 41 K: 0
R: 157 G: 148 B: 141 #9d948d
C: 34 M: 51 Y: 17 K: 0
R: 167 G: 136 B: 165 #a787a4
C: 5 M: 4 Y: 4 K: 0
R: 245 G: 245 B: 245 #f5f5f5
C: 0 M: 83 Y: 68 K: 0
R: 203 G: 77 B: 68 #ca4c44
C: 85 M: 49 Y: 9 K: 0
R: 63 G: 111 B: 172 #3f6fab
C: 67 M: 27 Y: 27 K: 0
R: 110 G: 152 B: 171 #6d97ab
C: 21 M: 52 Y: 36 K: 0
R: 188 G: 139 B: 139 #bc8b8a
C: 99 M: 37 Y: 57 K: 0
R: 20 G: 120 B: 118 #147776
C: 24 M: 23 Y: 32 K: 0
R: 198 G: 191 B: 173 #c6bfac
C: 34 M: 51 Y: 17 K: 0
R: 167 G: 136 B: 165 #a787a4
C: 89 M: 85 Y: 79 K: 70
R: 22 G: 23 B: 27 #15171b
C: 20 M: 95 Y: 90 K: 0
R: 173 G: 45 B: 44 #ac2c2c
C: 43 M: 41 Y: 41 K: 0
R: 157 G: 148 B: 141 #9d948d
C: 82 M: 79 Y: 95 K: 71
R: 30 G: 28 B: 16 #1e1b0f
C: 11 M: 45 Y: 95 K: 0
R: 209 G: 155 B: 39 #d09a27
C: 24 M: 23 Y: 32 K: 0
R: 198 G: 191 B: 173 #c6bfac
C: 44 M: 62 Y: 87 K: 3
R: 145 G: 108 B: 62 #906c3e

keyword ▶

七草がゆ

sub ▶ 1月7日・セリ・ナズナ・ゴギョウ・ハコベラ・ホトケノザ・スズナ・スズシロ・

C : 5
M : 0 R : 247
Y : 3 G : 250
K : 0 B : 250 #f7faf9

C : 27
M : 23 R : 193
Y : 26 G : 189
K : 0 B : 182 #c0bdb6

C : 54
M : 22 R : 143
Y : 96 G : 164
K : 0 B : 62 #8fa33e

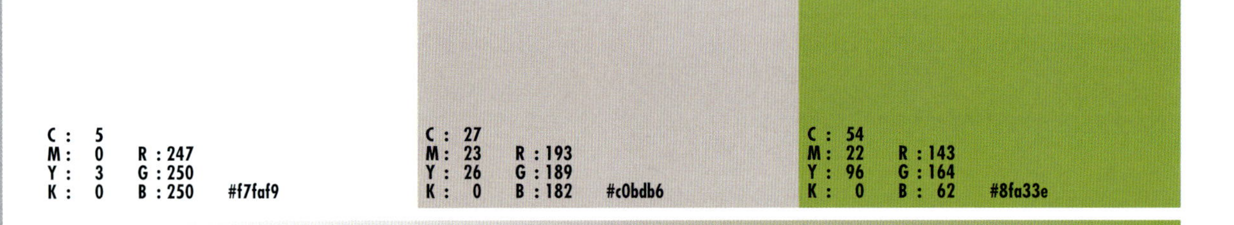

C	M	Y	K	R	G	B	Hex
27	23	26	0	193	189	182	#c0bdb6
24	18	18	0	201	201	201	#c9c9c9
54	22	96	0	143	164	62	#8fa33e

C	M	Y	K	R	G	B	Hex
24	15	45	0	205	205	155	#cccc9a
41	18	76	0	171	182	95	#abb55e
80	63	100	44	54	65	37	#364025

C	M	Y	K	R	G	B	Hex
15	10	13	0	223	224	219	#dfe0db
23	19	26	0	203	201	188	#cbc9bb
55	44	62	0	133	134	106	#85856a

C	M	Y	K	R	G	B	Hex
27	12	60	0	199	203	128	#c7cb7f
35	18	47	0	182	189	147	#b6bd93
51	28	70	0	146	159	102	#919f66

C	M	Y	K	R	G	B	Hex
15	10	13	0	223	224	219	#dfe0db
35	18	47	0	182	189	147	#b6bd93
72	45	100	5	98	118	59	#61763a

C	M	Y	K	R	G	B	Hex
0	30	60	0	235	193	117	#eac174
6	15	25	0	235	221	195	#ebddc2
72	45	100	5	98	118	59	#61763a

C	M	Y	K	R	G	B	Hex
30	0	56	0	200	219	141	#c8db8d
58	0	84	0	139	187	89	#8bba59
83	15	94	0	77	149	76	#4d954c

C	M	Y	K	R	G	B	Hex
42	17	97	0	169	181	56	#a9b437
24	15	45	0	205	205	155	#cccc9a
15	10	13	0	223	224	219	#dfe0db

C	M	Y	K	R	G	B	Hex
55	44	62	0	133	134	106	#85856a
80	63	100	44	54	65	37	#364025
0	30	60	0	235	193	117	#eac174

C	M	Y	K	R	G	B	Hex
88	63	100	49	40	59	36	#283b23
72	45	100	5	98	118	59	#61763a
6	15	25	0	235	221	195	#ebddc2

keyword ▶

成人式

sub ▶

成人の日・大人・第2月曜日・振り袖・スーツ・着物・帯・元服・二十歳・新成人

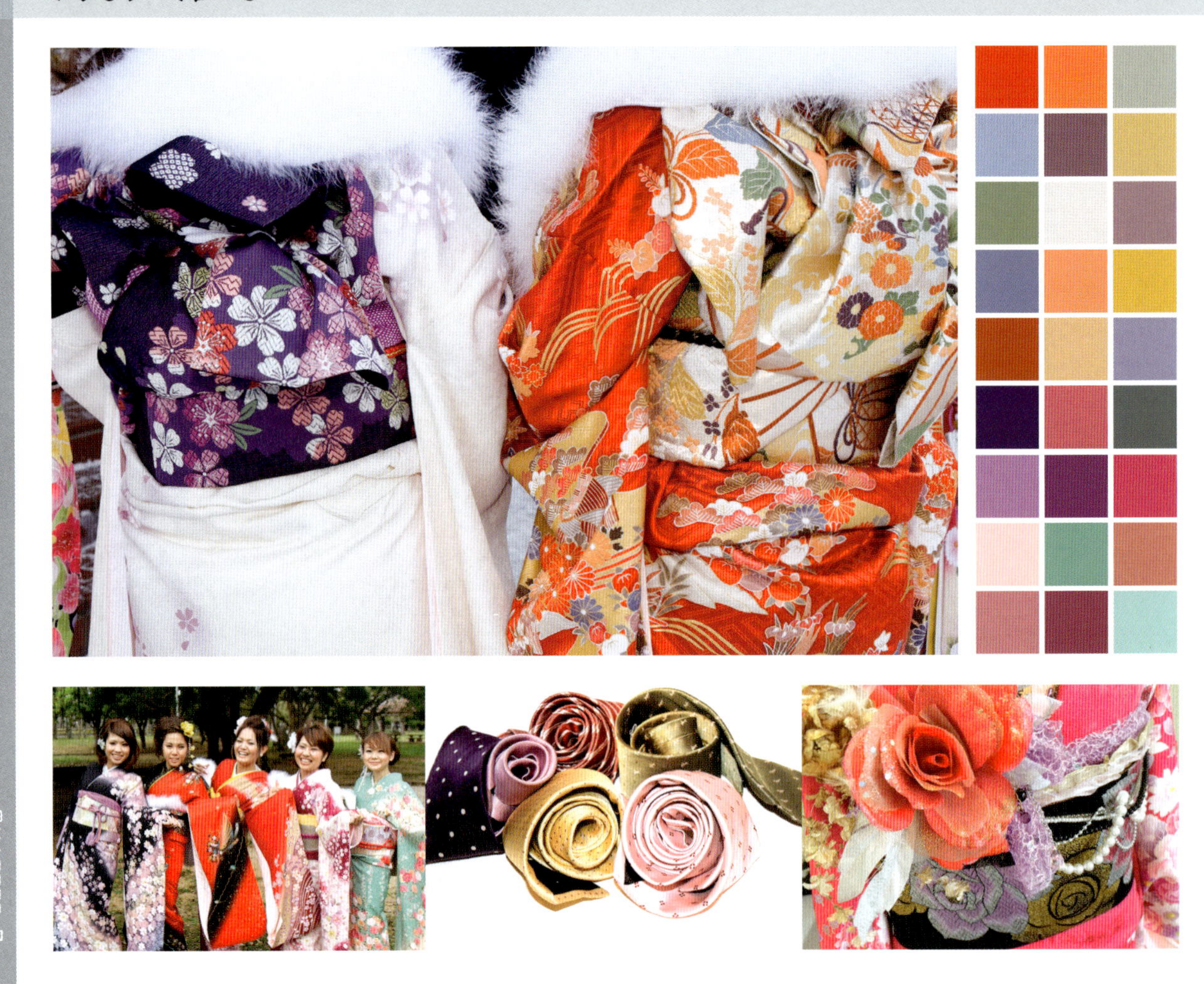

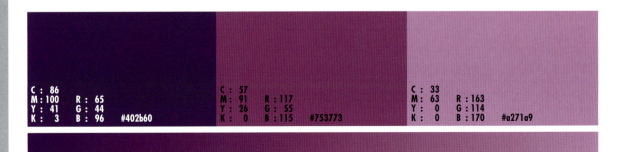

C	M	Y	K	R	G	B	Hex
12	94	100	0	184	47	31	#b82f1e
0	68	75	0	211	114	67	#d27243
36	24	33	0	178	182	168	#b1b5a7

C	M	Y	K	R	G	B	Hex
54	35	60	0	138	148	115	#899372
10	11	11	0	231	227	224	#e7e3e0
40	56	30	0	156	124	142	#9b7c8e

C	M	Y	K	R	G	B	Hex
60	50	13	0	120	124	169	#787ba8
2	57	57	0	214	137	102	#d58966
13	35	89	0	212	174	58	#d3ad39

C	M	Y	K	R	G	B	Hex
86	100	41	3	65	44	96	#402b60
16	90	30	0	178	55	109	#b2366c
63	13	48	0	125	172	148	#7dac94

C	M	Y	K	R	G	B	Hex
33	63	0	0	163	114	170	#a271a9
57	91	26	0	117	55	115	#753773
16	90	30	0	178	55	109	#b2366c

C	M	Y	K	R	G	B	Hex
47	29	7	0	152	165	202	#97a5c9
53	71	43	0	128	92	112	#805c70
16	31	63	0	209	181	111	#d0b46e

C	M	Y	K	R	G	B	Hex
54	35	60	0	138	148	115	#899372
53	71	43	0	128	92	112	#805c70
12	34	52	0	214	179	129	#d5b380

C	M	Y	K	R	G	B	Hex
32	86	100	1	158	69	40	#9e4528
12	34	52	0	214	179	129	#d5b380
48	45	9	0	145	139	180	#908bb4

C	M	Y	K	R	G	B	Hex
20	64	30	0	183	116	134	#b77486
46	86	46	0	136	66	97	#884261
44	0	24	0	170	209	203	#aad1cb

C	M	Y	K	R	G	B	Hex
44	0	24	0	170	209	203	#aad1cb
63	13	48	0	125	172	148	#7dac94
60	50	13	0	120	124	169	#787ba8

keyword ▶

節分

sub ▶

2月3日・豆まき・鬼・大豆・福は内・鬼は外・恵方巻き・お面

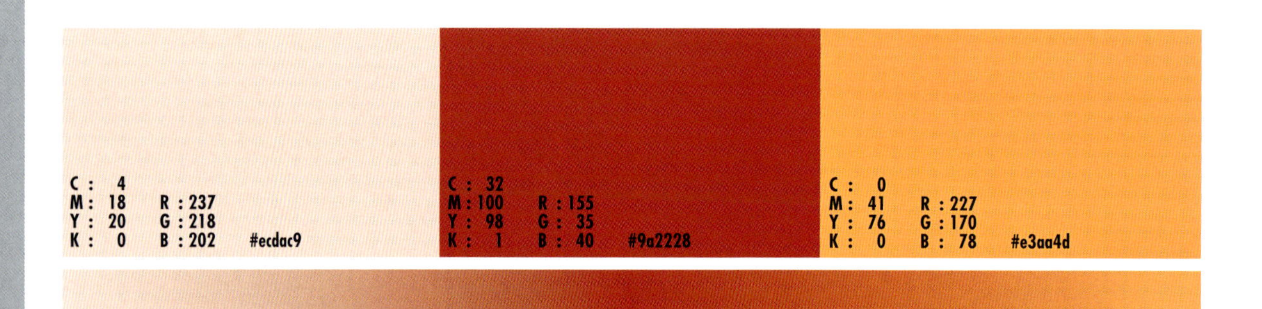

C: 4
M: 18
Y: 20
K: 0
R: 237
G: 218
B: 202
#ecdac9
C: 43
M: 68
Y: 88
K: 4
R: 143
G: 97
B: 58
#8f6139
C: 14
M: 98
Y: 91
K: 0
R: 180
G: 32
B: 41
#b42029
C: 0
M: 41
Y: 76
K: 0
R: 227
G: 170
B: 78
#e3aa4d
C: 43
M: 68
Y: 88
K: 4
R: 143
G: 97
B: 58
#8f6139
C: 14
M: 98
Y: 91
K: 0
R: 180
G: 32
B: 41
#b42029
C: 17
M: 14
Y: 16
K: 0
R: 216
G: 215
B: 210
#d8d7d2
C: 28
M: 22
Y: 24
K: 0
R: 193
G: 191
B: 186
#c0bfba
C: 91
M: 86
Y: 87
K: 78
R: 13
G: 9
B: 9
#0c0908
C: 24
M: 26
Y: 46
K: 0
R: 199
G: 186
B: 145
#c6ba90
C: 4
M: 18
Y: 20
K: 0
R: 237
G: 218
B: 202
#ecdac9
C: 70
M: 64
Y: 100
K: 35
R: 77
G: 74
B: 40
#4c4928
C: 24
M: 26
Y: 46
K: 0
R: 199
G: 186
B: 145
#c6ba90
C: 37
M: 42
Y: 71
K: 0
R: 168
G: 148
B: 93
#a8945c
C: 70
M: 64
Y: 100
K: 35
R: 77
G: 74
B: 40
#4c4928
C: 63
M: 31
Y: 33
K: 0
R: 119
G: 149
B: 160
#76959f
C: 18
M: 93
Y: 100
K: 0
R: 176
G: 51
B: 34
#b03321
C: 70
M: 56
Y: 100
K: 19
R: 89
G: 94
B: 50
#595e31
C: 13
M: 26
Y: 84
K: 0
R: 217
G: 190
B: 70
#d8bd45
C: 19
M: 82
Y: 65
K: 0
R: 178
G: 78
B: 75
#b14d4b
C: 49
M: 33
Y: 93
K: 0
R: 149
G: 153
B: 64
#95983f
C: 13
M: 26
Y: 84
K: 0
R: 217
G: 190
B: 70
#d8bd45
C: 19
M: 82
Y: 65
K: 0
R: 178
G: 78
B: 75
#b14d4b
C: 37
M: 42
Y: 71
K: 0
R: 168
G: 148
B: 93
#a8945c
C: 34
M: 42
Y: 42
K: 0
R: 173
G: 151
B: 138
#ac9789
C: 0
M: 78
Y: 76
K: 0
R: 205
G: 89
B: 61
#cd593d
C: 70
M: 56
Y: 100
K: 19
R: 89
G: 94
B: 50
#595e31
C: 82
M: 70
Y: 67
K: 35
R: 56
G: 64
B: 66
#373f41
C: 72
M: 37
Y: 29
K: 0
R: 97
G: 135
B: 159
#61869f
C: 17
M: 14
Y: 16
K: 0
R: 216
G: 215
B: 210
#d8d7d2

keyword ▶

雪山

sub ▶

スキー・スノーボード・ウィンタースポーツ・リフト・白銀・雪・雪かき・雪だるま・

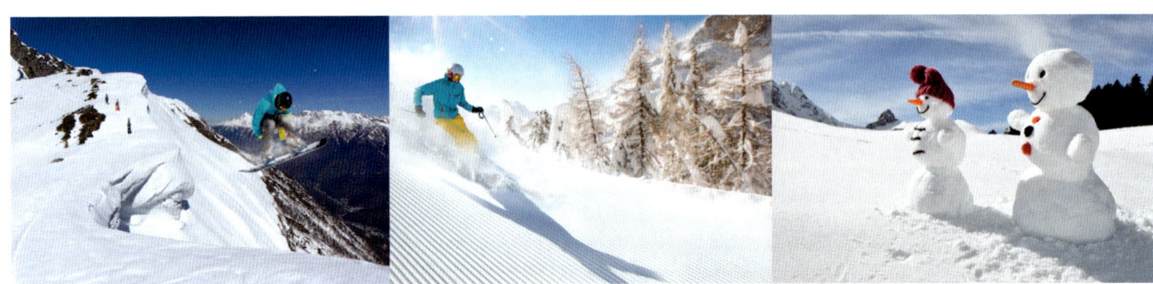

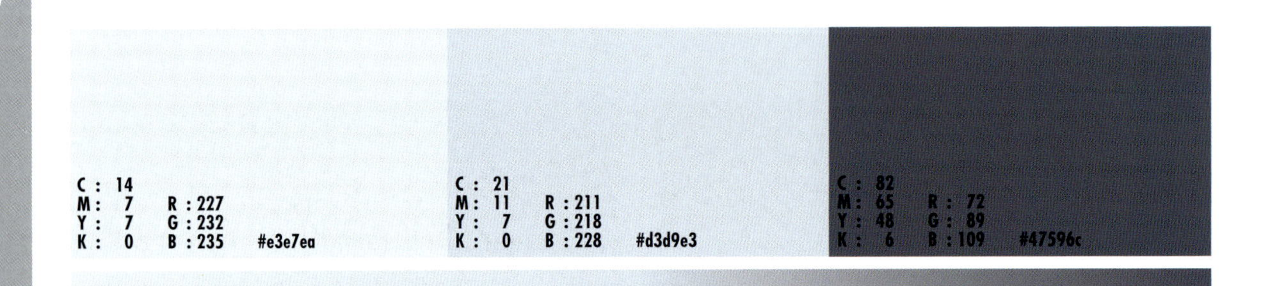

C	M	Y	K	R	G	B	HEX
21	11	7	0	211	218	228	#d3d9e3
35	18	13	0	180	192	208	#b3c0cf
52	31	23	0	141	158	175	#8d9dae

C	M	Y	K	R	G	B	HEX
21	11	7	0	211	218	228	#d3d9e3
14	7	7	0	227	232	235	#e3e7ea
35	18	13	0	180	192	208	#b3c0cf

C	M	Y	K	R	G	B	HEX
28	14	20	0	195	204	202	#c3ccc9
58	31	23	0	129	153	174	#8199ae
82	65	48	6	72	89	109	#47596c

C	M	Y	K	R	G	B	HEX
43	20	14	0	163	183	203	#a3b6ca
56	35	19	0	131	150	178	#8395b2
35	18	13	0	180	192	208	#b3c0cf

C	M	Y	K	R	G	B	HEX
57	29	12	0	130	158	193	#819dc1
14	7	7	0	227	232	235	#e3e7ea
30	23	19	0	188	189	193	#bcbdc1

C	M	Y	K	R	G	B	HEX
14	7	7	0	227	232	235	#e3e7ea
30	23	19	0	188	189	193	#bcbdc1
49	20	7	0	150	178	211	#96b1d3

C	M	Y	K	R	G	B	HEX
11	6	6	0	232	235	238	#e7eaed
19	19	15	0	210	204	206	#d2cccd
54	59	50	0	130	111	113	#816f70

C	M	Y	K	R	G	B	HEX
26	21	16	0	196	195	201	#c4c3c9
62	54	45	0	116	115	123	#74737b
32	36	30	0	178	164	162	#b1a3a2

C	M	Y	K	R	G	B	HEX
13	18	16	0	222	211	207	#ddd2ce
32	36	30	0	178	164	162	#b1a3a2
54	59	50	0	130	111	113	#816f70

C	M	Y	K	R	G	B	HEX
14	7	7	0	227	232	235	#e3e7ea
54	59	50	0	130	111	113	#816f70
59	66	68	13	110	90	80	#6d5a4f

keyword ▶

山茶花

sub ▶

ツバキ・たき火・童謡・桃色・白・赤・ピンク・演歌・生け垣・寒椿

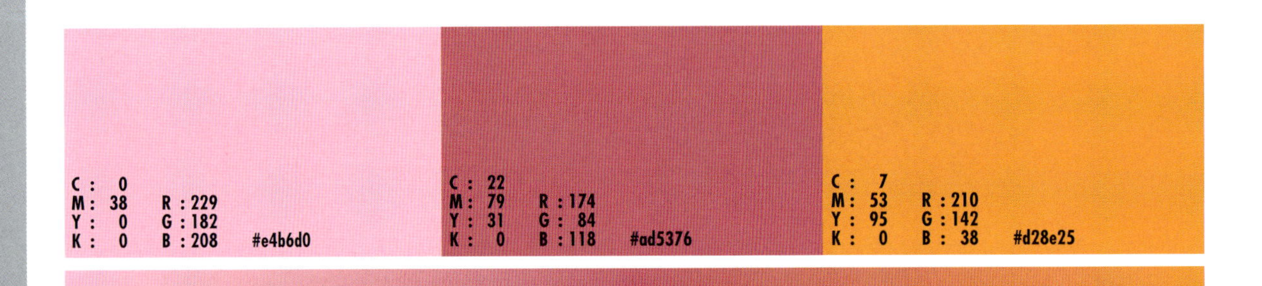

C : 0	M : 38	Y : 0	K : 0	R : 229	G : 182	B : 208	#e4b6d0
C : 22	M : 79	Y : 31	K : 0	R : 174	G : 84	B : 118	#ad5376
C : 7	M : 53	Y : 95	K : 0	R : 210	G : 142	B : 38	#d28e25

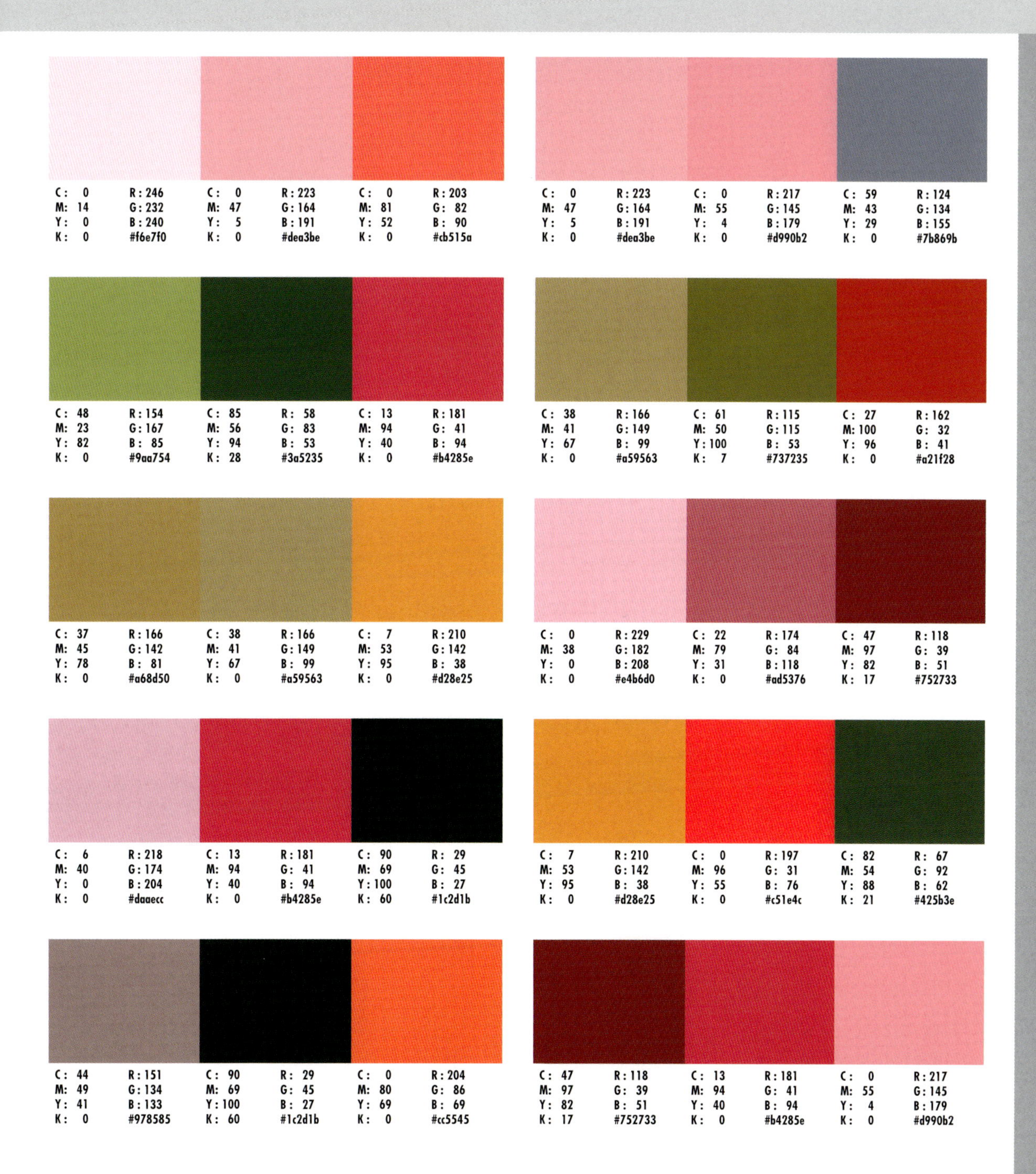
C: 0 M: 14 Y: 0 K: 0 R: 246 G: 232 B: 240 #f6e7f0
C: 0 M: 47 Y: 5 K: 0 R: 223 G: 164 B: 191 #dea3be
C: 0 M: 81 Y: 52 K: 0 R: 203 G: 82 B: 90 #cb515a
C: 0 M: 47 Y: 5 K: 0 R: 223 G: 164 B: 191 #dea3be
C: 0 M: 55 Y: 4 K: 0 R: 217 G: 145 B: 179 #d990b2
C: 59 M: 43 Y: 29 K: 0 R: 124 G: 134 B: 155 #7b869b
C: 48 M: 23 Y: 82 K: 0 R: 154 G: 167 B: 85 #9aa754
C: 85 M: 56 Y: 94 K: 28 R: 58 G: 83 B: 53 #3a5235
C: 13 M: 94 Y: 40 K: 0 R: 181 G: 41 B: 94 #b4285e
C: 38 M: 41 Y: 67 K: 0 R: 166 G: 149 B: 99 #a59563
C: 61 M: 50 Y: 100 K: 7 R: 115 G: 115 B: 53 #737235
C: 27 M: 100 Y: 96 K: 0 R: 162 G: 32 B: 41 #a21f28
C: 37 M: 45 Y: 78 K: 0 R: 166 G: 142 B: 81 #a68d50
C: 38 M: 41 Y: 67 K: 0 R: 166 G: 149 B: 99 #a59563
C: 7 M: 53 Y: 95 K: 0 R: 210 G: 142 B: 38 #d28e25
C: 0 M: 38 Y: 0 K: 0 R: 229 G: 182 B: 208 #e4b6d0
C: 22 M: 79 Y: 31 K: 0 R: 174 G: 84 B: 118 #ad5376
C: 47 M: 97 Y: 82 K: 17 R: 118 G: 39 B: 51 #752733
C: 6 M: 40 Y: 0 K: 0 R: 218 G: 174 B: 204 #daaecc
C: 13 M: 94 Y: 40 K: 0 R: 181 G: 41 B: 94 #b4285e
C: 90 M: 69 Y: 100 K: 60 R: 29 G: 45 B: 27 #1c2d1b
C: 7 M: 53 Y: 95 K: 0 R: 210 G: 142 B: 38 #d28e25
C: 0 M: 96 Y: 55 K: 0 R: 197 G: 31 B: 76 #c51e4c
C: 82 M: 54 Y: 88 K: 21 R: 67 G: 92 B: 62 #425b3e
C: 44 M: 49 Y: 41 K: 0 R: 151 G: 134 B: 133 #978585
C: 90 M: 69 Y: 100 K: 60 R: 29 G: 45 B: 27 #1c2d1b
C: 0 M: 80 Y: 69 K: 0 R: 204 G: 86 B: 69 #cc5545
C: 47 M: 97 Y: 82 K: 17 R: 118 G: 39 B: 51 #752733
C: 13 M: 94 Y: 40 K: 0 R: 181 G: 41 B: 94 #b4285e
C: 0 M: 55 Y: 4 K: 0 R: 217 G: 145 B: 179 #d990b2

keyword ▶

バレンタインデー

sub ▶ 2月14日・チョコレート・プレゼント・愛の誓いの日・

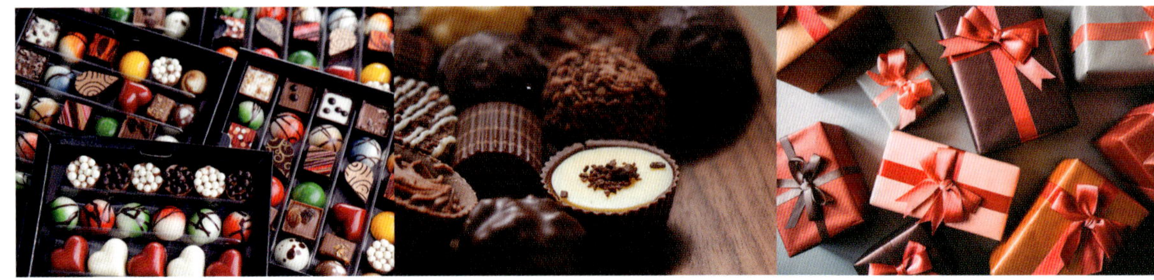

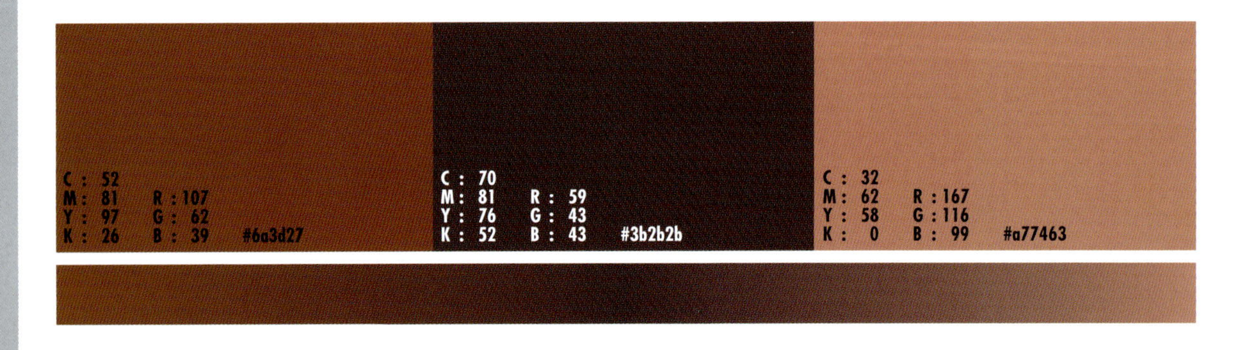

C	M	Y	K	R	G	B	Hex
52	81	97	26	107	62	39	#6a3d27
12	11	28	0	228	222	191	#e4debf
70	81	76	52	59	43	43	#3b2b2b

C	M	Y	K	R	G	B	Hex
10	82	58	0	190	79	83	#bd4e52
1	56	24	0	216	141	151	#d78c97
12	11	28	0	228	222	191	#e4debf

C	M	Y	K	R	G	B	Hex
63	86	73	43	75	44	49	#4b2c31
43	100	100	10	131	36	40	#822327
32	62	58	0	167	116	99	#a77463

C	M	Y	K	R	G	B	Hex
48	77	74	10	127	79	68	#7e4e43
32	62	58	0	167	116	99	#a77463
8	11	26	0	235	227	196	#ebe2c4

C	M	Y	K	R	G	B	Hex
32	8	9	0	191	212	224	#bed3e0
83	54	22	0	71	106	152	#466a97
63	86	73	43	75	44	49	#4b2c31

C	M	Y	K	R	G	B	Hex
28	11	31	0	198	208	184	#c6cfb7
77	13	92	0	94	156	77	#5e9c4d
70	81	76	52	59	43	43	#3b2b2b

C	M	Y	K	R	G	B	Hex
0	26	10	0	238	207	209	#edced1
8	95	82	0	188	42	49	#bc2931
57	83	70	25	100	59	63	#643b3f

C	M	Y	K	R	G	B	Hex
48	77	74	10	127	79	68	#7e4e43
57	83	70	25	241	157	194	#F19DC2
63	86	73	43	100	59	63	#643b3f

C	M	Y	K	R	G	B	Hex
8	11	26	0	235	227	196	#ebe2c4
32	62	58	0	167	116	99	#a77463
57	83	70	25	100	59	63	#643b3f

C	M	Y	K	R	G	B	Hex
4	46	51	0	219	160	121	#da9f78
24	84	69	0	170	74	71	#aa4a46
57	83	70	25	100	59	63	#643b3f

keyword ▶

鶴

sub ▶ 冬鳥・タンチョウツル・北海道・釧路湿原・留鳥・ナベヅル・マナヅル・田んぼ・湖沼・川・

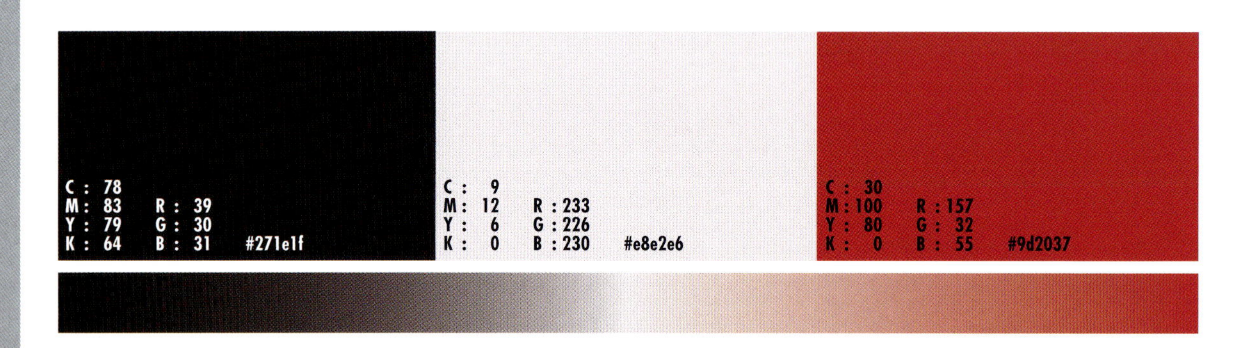

C : 78
M : 83
Y : 79
K : 64
R : 39
G : 30
B : 31
#271e1f

C : 9
M : 12
Y : 6
K : 0
R : 233
G : 226
B : 230
#e8e2e6

C : 30
M : 100
Y : 80
K : 0
R : 157
G : 32
B : 55
#9d2037

C: 9	R: 233	C: 61	R: 106	C: 70	R: 62
M: 12	G: 226	M: 68	G: 86	M: 78	G: 48
Y: 6	B: 230	Y: 62	B: 85	Y: 75	B: 47
K: 0	#e8e2e6	K: 13	#695655	K: 48	#3e302f

C: 8	R: 234	C: 38	R: 168	C: 47	R: 117
M: 12	G: 227	M: 36	G: 161	M: 96	G: 42
Y: 4	B: 234	Y: 19	B: 178	Y: 88	B: 46
K: 0	#eae3ea	K: 0	#a8a1b2	K: 19	#74292e

C: 32	R: 182	C: 70	R: 94	C: 51	R: 95
M: 28	G: 178	M: 65	G: 91	M: 100	G: 27
Y: 31	B: 169	Y: 53	B: 100	Y: 97	B: 32
K: 0	#b6b2a9	K: 8	#5d5b64	K: 35	#5f1a20

C: 25	R: 197	C: 38	R: 168	C: 47	R: 117
M: 21	G: 196	M: 36	G: 161	M: 96	G: 42
Y: 16	B: 202	Y: 19	B: 178	Y: 88	B: 46
K: 0	#c5c4ca	K: 0	#a8a1b2	K: 19	#74292e

C: 8	R: 234	C: 48	R: 131	C: 47	R: 117
M: 12	G: 227	M: 70	G: 91	M: 96	G: 42
Y: 4	B: 234	Y: 76	B: 70	Y: 88	B: 46
K: 0	#eae3ea	K: 8	#835b45	K: 19	#74292e

C: 8	R: 234	C: 70	R: 94	C: 70	R: 62
M: 12	G: 227	M: 65	G: 91	M: 78	G: 48
Y: 4	B: 234	Y: 53	B: 100	Y: 75	B: 47
K: 0	#eae3ea	K: 8	#5d5b64	K: 48	#3e302f

C: 72	R: 85	C: 30	R: 182	C: 52	R: 108
M: 74	G: 74	M: 34	G: 170	M: 84	G: 60
Y: 54	B: 90	Y: 14	B: 189	Y: 81	B: 53
K: 14	#544a59	K: 0	#b6aabd	K: 23	#6c3b35

C: 47	R: 149	C: 58	R: 122	C: 9	R: 233
M: 35	G: 156	M: 52	G: 121	M: 12	G: 226
Y: 4	B: 199	Y: 16	B: 163	Y: 6	B: 230
K: 0	#959bc6	K: 0	#7a79a2	K: 0	#e8e2e6

C: 38	R: 168	C: 62	R: 117	C: 30	R: 157
M: 36	G: 161	M: 52	G: 119	M: 100	G: 32
Y: 19	B: 178	Y: 41	B: 130	Y: 80	B: 55
K: 0	#a8a1b2	K: 0	#747682	K: 0	#9d2037

C: 16	R: 217	C: 70	R: 94	C: 47	R: 117
M: 15	G: 215	M: 65	G: 91	M: 96	G: 42
Y: 6	B: 226	Y: 53	B: 100	Y: 88	B: 46
K: 0	#d8d6e1	K: 8	#5d5b64	K: 19	#74292e

keyword ▶

夜景

sub ▶

日本・都会・ビル・建物・東京・横浜・神戸・ルミナリエ・福岡・高速道路・ブリッジ・

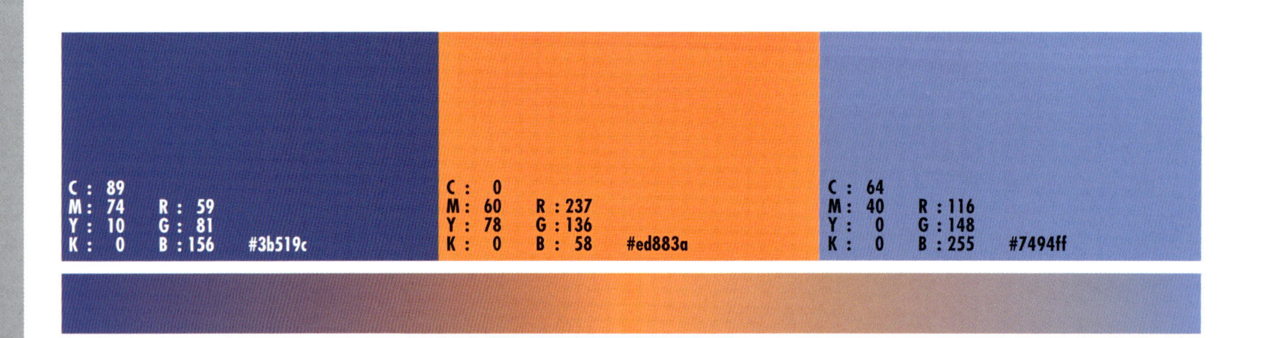

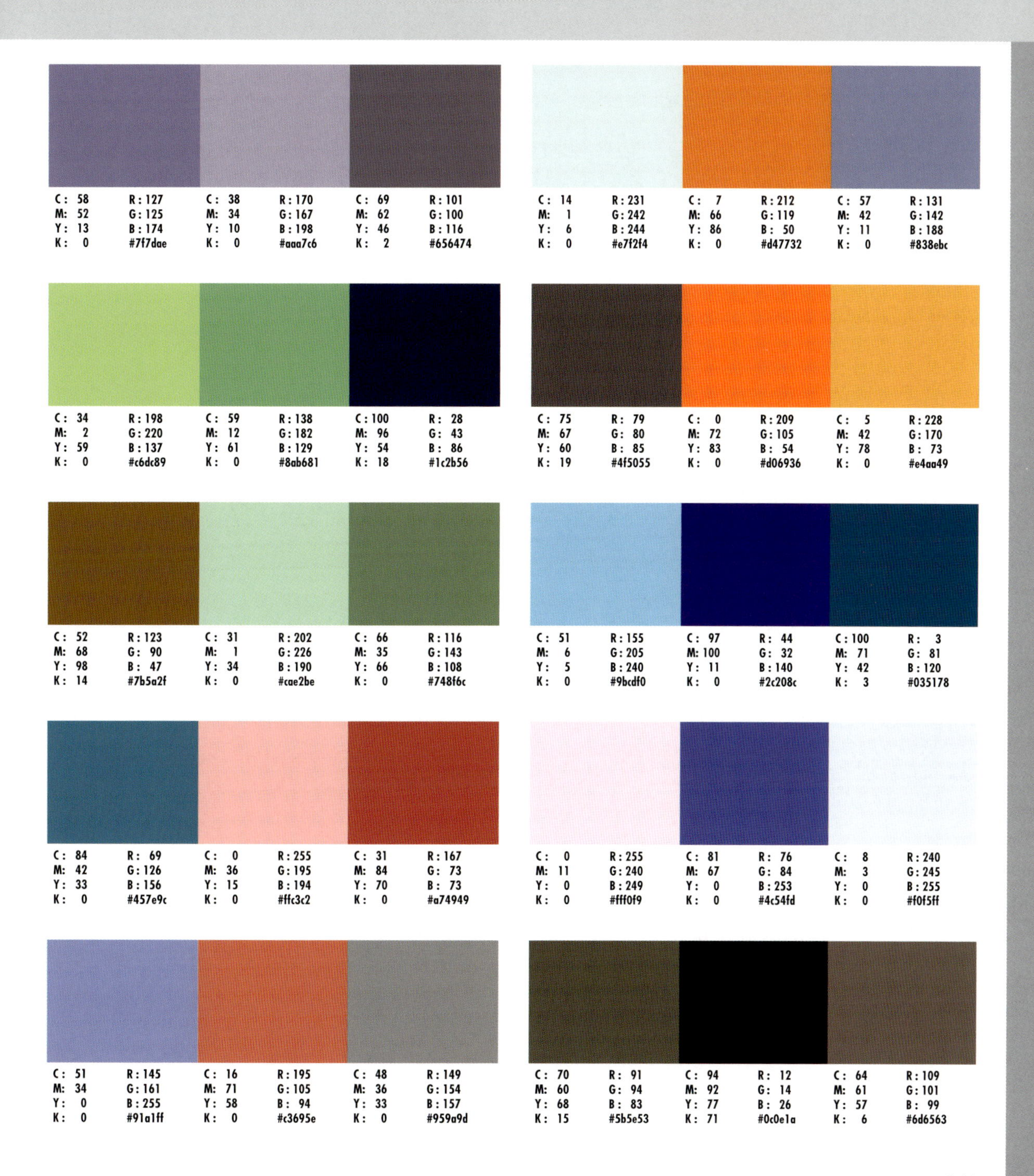
C: 58 M: 52 Y: 13 K: 0
R: 127 G: 125 B: 174 #7f7dae
C: 38 M: 34 Y: 10 K: 0
R: 170 G: 167 B: 198 #aaa7c6
C: 69 M: 62 Y: 46 K: 2
R: 101 G: 100 B: 116 #656474
C: 14 M: 1 Y: 6 K: 0
R: 231 G: 242 B: 244 #e7f2f4
C: 7 M: 66 Y: 86 K: 0
R: 212 G: 119 B: 50 #d47732
C: 57 M: 42 Y: 11 K: 0
R: 131 G: 142 B: 188 #838ebc
C: 34 M: 2 Y: 59 K: 0
R: 198 G: 220 B: 137 #c6dc89
C: 59 M: 12 Y: 61 K: 0
R: 138 G: 182 B: 129 #8ab681
C: 100 M: 96 Y: 54 K: 18
R: 28 G: 43 B: 86 #1c2b56
C: 75 M: 67 Y: 60 K: 19
R: 79 G: 80 B: 85 #4f5055
C: 0 M: 72 Y: 83 K: 0
R: 209 G: 105 B: 54 #d06936
C: 5 M: 42 Y: 78 K: 0
R: 228 G: 170 B: 73 #e4aa49
C: 52 M: 68 Y: 98 K: 14
R: 123 G: 90 B: 47 #7b5a2f
C: 31 M: 1 Y: 34 K: 0
R: 202 G: 226 B: 190 #cae2be
C: 66 M: 35 Y: 66 K: 0
R: 116 G: 143 B: 108 #748f6c
C: 51 M: 6 Y: 5 K: 0
R: 155 G: 205 B: 240 #9bcdf0
C: 97 M: 100 Y: 11 K: 0
R: 44 G: 32 B: 140 #2c208c
C: 100 M: 71 Y: 42 K: 3
R: 3 G: 81 B: 120 #035178
C: 84 M: 42 Y: 33 K: 0
R: 69 G: 126 B: 156 #457e9c
C: 0 M: 36 Y: 15 K: 0
R: 255 G: 195 B: 194 #ffc3c2
C: 31 M: 84 Y: 70 K: 0
R: 167 G: 73 B: 73 #a74949
C: 0 M: 11 Y: 0 K: 0
R: 255 G: 240 B: 249 #fff0f9
C: 81 M: 67 Y: 0 K: 0
R: 76 G: 84 B: 253 #4c54fd
C: 8 M: 3 Y: 0 K: 0
R: 240 G: 245 B: 255 #f0f5ff
C: 51 M: 34 Y: 0 K: 0
R: 145 G: 161 B: 255 #91a1ff
C: 16 M: 71 Y: 58 K: 0
R: 195 G: 105 B: 94 #c3695e
C: 48 M: 36 Y: 33 K: 0
R: 149 G: 154 B: 157 #959a9d
C: 70 M: 60 Y: 68 K: 15
R: 91 G: 94 B: 83 #5b5e53
C: 94 M: 92 Y: 77 K: 71
R: 12 G: 14 B: 26 #0c0e1a
C: 64 M: 61 Y: 57 K: 6
R: 109 G: 101 B: 99 #6d6563

keyword ▶

ネオン

sub ▶

ラスベガス・都会・繁華街・ビル・看板・サイン・上海

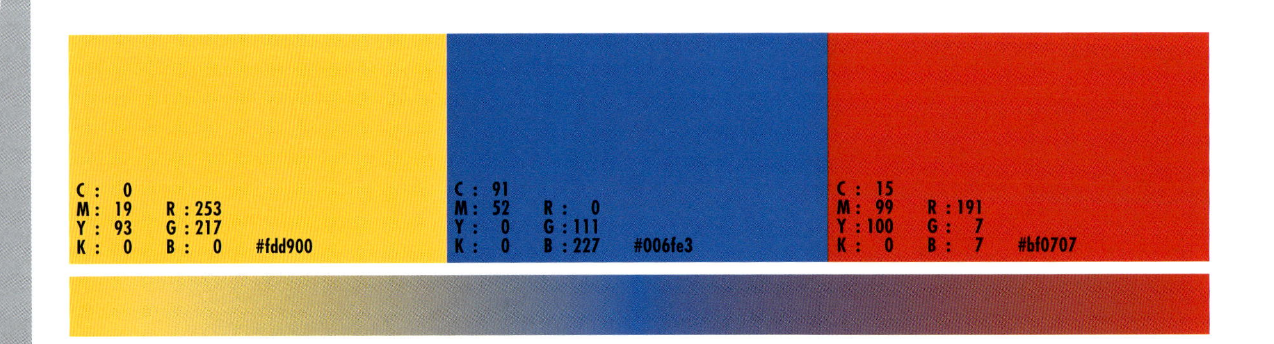

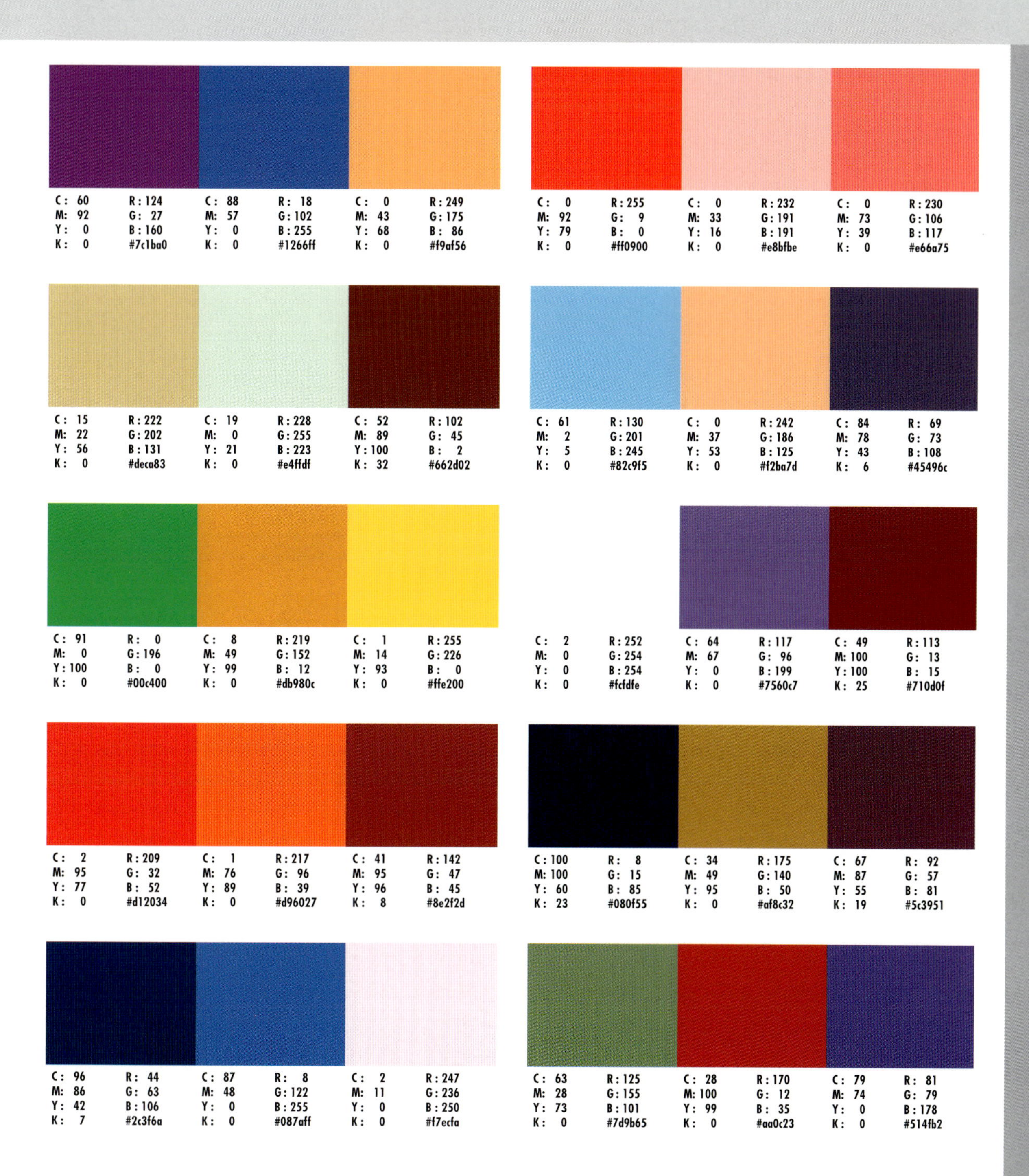
C: 60 M: 92 Y: 0 K: 0 R: 124 G: 27 B: 160 #7c1ba0
C: 88 M: 57 Y: 0 K: 0 R: 18 G: 102 B: 255 #1266ff
C: 0 M: 43 Y: 68 K: 0 R: 249 G: 175 B: 86 #f9af56
C: 0 M: 92 Y: 79 K: 0 R: 255 G: 9 B: 0 #ff0900
C: 0 M: 33 Y: 16 K: 0 R: 232 G: 191 B: 191 #e8bfbe
C: 0 M: 73 Y: 39 K: 0 R: 230 G: 106 B: 117 #e66a75
C: 15 M: 22 Y: 56 K: 0 R: 222 G: 202 B: 131 #deca83
C: 19 M: 0 Y: 21 K: 0 R: 228 G: 255 B: 223 #e4ffdf
C: 52 M: 89 Y: 100 K: 32 R: 102 G: 45 B: 2 #662d02
C: 61 M: 2 Y: 5 K: 0 R: 130 G: 201 B: 245 #82c9f5
C: 0 M: 37 Y: 53 K: 0 R: 242 G: 186 B: 125 #f2ba7d
C: 84 M: 78 Y: 43 K: 6 R: 69 G: 73 B: 108 #45496c
C: 91 M: 0 Y: 100 K: 0 R: 0 G: 196 B: 0 #00c400
C: 8 M: 49 Y: 99 K: 0 R: 219 G: 152 B: 12 #db980c
C: 1 M: 14 Y: 93 K: 0 R: 255 G: 226 B: 0 #ffe200
C: 2 M: 0 Y: 0 K: 0 R: 252 G: 254 B: 254 #fcfdfe
C: 64 M: 67 Y: 0 K: 0 R: 117 G: 96 B: 199 #7560c7
C: 49 M: 100 Y: 100 K: 25 R: 113 G: 13 B: 15 #710d0f
C: 2 M: 95 Y: 77 K: 0 R: 209 G: 32 B: 52 #d12034
C: 1 M: 76 Y: 89 K: 0 R: 217 G: 96 B: 39 #d96027
C: 41 M: 95 Y: 96 K: 8 R: 142 G: 47 B: 45 #8e2f2d
C: 100 M: 100 Y: 60 K: 23 R: 8 G: 15 B: 85 #080f55
C: 34 M: 49 Y: 95 K: 0 R: 175 G: 140 B: 50 #af8c32
C: 67 M: 87 Y: 55 K: 19 R: 92 G: 57 B: 81 #5c3951
C: 96 M: 86 Y: 42 K: 7 R: 44 G: 63 B: 106 #2c3f6a
C: 87 M: 48 Y: 0 K: 0 R: 8 G: 122 B: 255 #087aff
C: 2 M: 11 Y: 0 K: 0 R: 247 G: 236 B: 250 #f7ecfa
C: 63 M: 28 Y: 73 K: 0 R: 125 G: 155 B: 101 #7d9b65
C: 28 M: 100 Y: 99 K: 0 R: 170 G: 12 B: 35 #aa0c23
C: 79 M: 74 Y: 0 K: 0 R: 81 G: 79 B: 178 #514fb2

keyword ▶

日本

sub ▶

庭園・寺・神社・京都・畳・茶・和室・伝統・和・着物

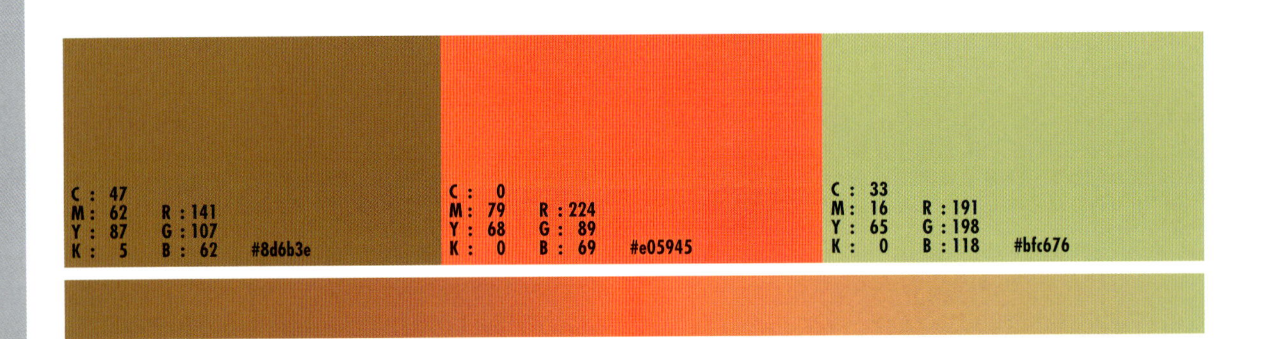

C : 47	R : 141	#8d6b3e
M : 62	G : 107	
Y : 87	B : 62	
K : 5		

C : 0	R : 224	#e05945
M : 79	G : 89	
Y : 68	B : 69	
K : 0		

C : 33	R : 191	#bfc676
M : 16	G : 198	
Y : 65	B : 118	
K : 0		

C: 84 M: 81 Y: 78 K: 66
R: 33 G: 31 B: 32 #211f20
C: 12 M: 18 Y: 22 K: 0
R: 226 G: 214 B: 198 #e2d6c6
C: 52 M: 61 Y: 61 K: 3
R: 133 G: 109 B: 97 #856d61
C: 81 M: 35 Y: 23 K: 0
R: 78 G: 140 B: 179 #4e8cb3
C: 30 M: 7 Y: 36 K: 0
R: 199 G: 216 B: 180 #c7d8b4
C: 0 M: 71 Y: 57 K: 0
R: 252 G: 110 B: 86 #fc6e56
C: 3 M: 0 Y: 8 K: 0
R: 251 G: 253 B: 242 #fbfdf2
C: 1 M: 93 Y: 98 K: 0
R: 212 G: 41 B: 21 #d42915
C: 75 M: 66 Y: 69 K: 28
R: 74 G: 75 B: 70 #4a4b46
C: 20 M: 49 Y: 65 K: 0
R: 198 G: 148 B: 97 #c69461
C: 43 M: 47 Y: 68 K: 0
R: 157 G: 138 B: 96 #9d8a60
C: 97 M: 68 Y: 22 K: 0
R: 36 G: 88 B: 148 #245894
C: 38 M: 24 Y: 30 K: 0
R: 174 G: 181 B: 174 #aeb5ae
C: 18 M: 25 Y: 20 K: 0
R: 211 G: 196 B: 193 #d3c4c1
C: 84 M: 64 Y: 82 K: 40
R: 51 G: 67 B: 54 #334336
C: 50 M: 75 Y: 100 K: 18
R: 121 G: 77 B: 38 #794d26
C: 17 M: 11 Y: 6 K: 0
R: 220 G: 223 B: 232 #dcdfe8
C: 59 M: 29 Y: 88 K: 0
R: 134 G: 155 B: 76 #869b4c
C: 0 M: 13 Y: 35 K: 0
R: 255 G: 233 B: 180 #ffe9b4
C: 4 M: 47 Y: 73 K: 0
R: 226 G: 161 B: 81 #e2a151
C: 53 M: 66 Y: 89 K: 13
R: 123 G: 93 B: 57 #7b5d39
C: 90 M: 86 Y: 88 K: 78
R: 15 G: 12 B: 5 #0f0c05
C: 66 M: 51 Y: 100 K: 10
R: 108 G: 111 B: 30 #6c6f1e
C: 16 M: 57 Y: 100 K: 0
R: 202 G: 132 B: 10 #ca840a
C: 30 M: 9 Y: 67 K: 0
R: 203 G: 213 B: 117 #cbd575
C: 62 M: 86 Y: 100 K: 54
R: 68 G: 37 B: 16 #442510
C: 26 M: 30 Y: 29 K: 0
R: 194 G: 181 B: 172 #c2b5ac
C: 0 M: 19 Y: 19 K: 0
R: 247 G: 221 B: 204 #f7ddcc
C: 47 M: 47 Y: 68 K: 0
R: 150 G: 135 B: 96 #968760
C: 0 M: 12 Y: 37 K: 0
R: 255 G: 235 B: 176 #ffebb0

keyword ▶

スイーツ

sub ▶

菓子・ケーキ・チョコレート・マカロン・イチゴ・クリーム

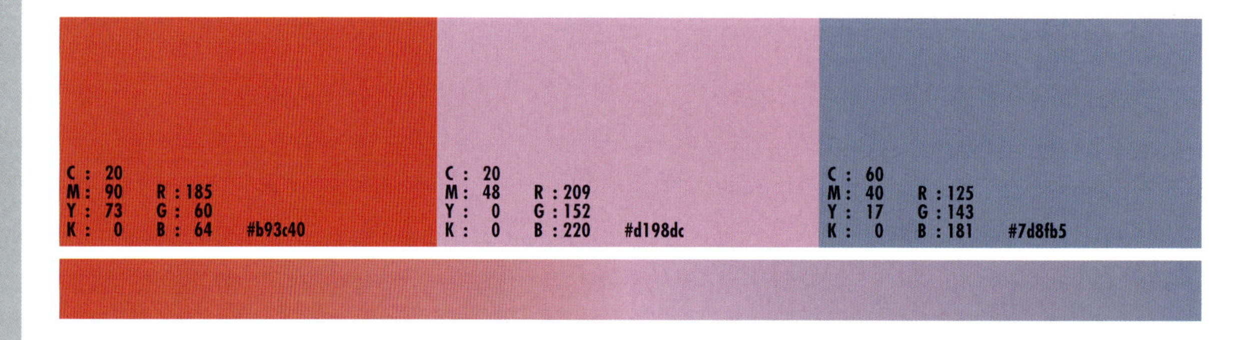

C	M	Y	K	R	G	B	Hex
20	90	73	0	185	60	64	#b93c40
20	48	0	0	209	152	220	#d198dc
60	40	17	0	125	143	181	#7d8fb5

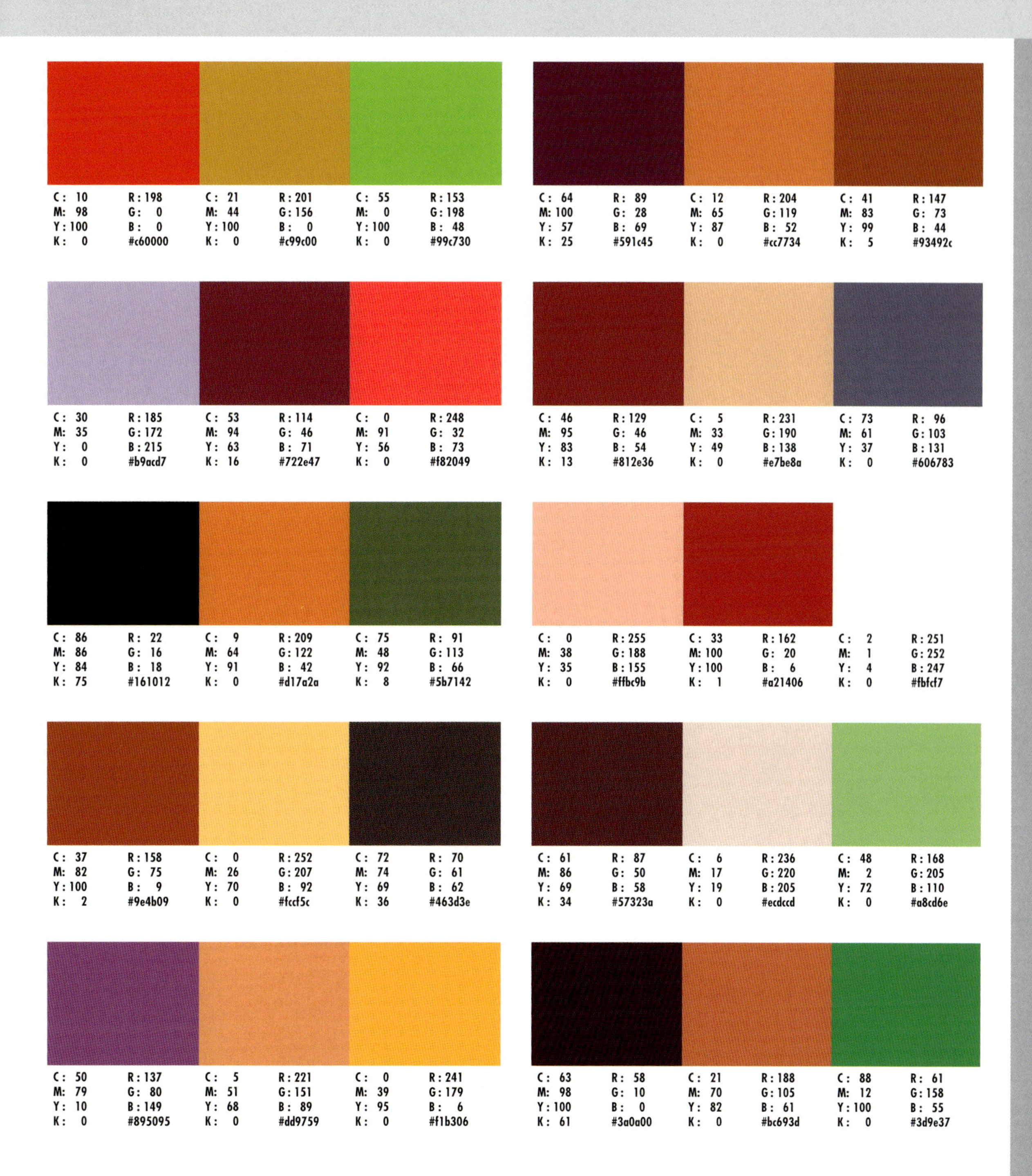
C: 10 M: 98 Y: 100 K: 0 R: 198 G: 0 B: 0 #c60000
C: 21 M: 44 Y: 100 K: 0 R: 201 G: 156 B: 0 #c99c00
C: 55 M: 0 Y: 100 K: 0 R: 153 G: 198 B: 48 #99c730
C: 64 M: 100 Y: 57 K: 25 R: 89 G: 28 B: 69 #591c45
C: 12 M: 65 Y: 87 K: 0 R: 204 G: 119 B: 52 #cc7734
C: 41 M: 83 Y: 99 K: 5 R: 147 G: 73 B: 44 #93492c
C: 30 M: 35 Y: 0 K: 0 R: 185 G: 172 B: 215 #b9acd7
C: 53 M: 94 Y: 63 K: 16 R: 114 G: 46 B: 71 #722e47
C: 0 M: 91 Y: 56 K: 0 R: 248 G: 32 B: 73 #f82049
C: 46 M: 95 Y: 83 K: 13 R: 129 G: 46 B: 54 #812e36
C: 5 M: 33 Y: 49 K: 0 R: 231 G: 190 B: 138 #e7be8a
C: 73 M: 61 Y: 37 K: 0 R: 96 G: 103 B: 131 #606783
C: 86 M: 86 Y: 84 K: 75 R: 22 G: 16 B: 18 #161012
C: 9 M: 64 Y: 91 K: 0 R: 209 G: 122 B: 42 #d17a2a
C: 75 M: 48 Y: 92 K: 8 R: 91 G: 113 B: 66 #5b7142
C: 0 M: 38 Y: 35 K: 0 R: 255 G: 188 B: 155 #ffbc9b
C: 33 M: 100 Y: 100 K: 1 R: 162 G: 20 B: 6 #a21406
C: 2 M: 1 Y: 4 K: 0 R: 251 G: 252 B: 247 #fbfcf7
C: 37 M: 82 Y: 100 K: 2 R: 158 G: 75 B: 9 #9e4b09
C: 0 M: 26 Y: 70 K: 0 R: 252 G: 207 B: 92 #fccf5c
C: 72 M: 74 Y: 69 K: 36 R: 70 G: 61 B: 62 #463d3e
C: 61 M: 86 Y: 69 K: 34 R: 87 G: 50 B: 58 #57323a
C: 6 M: 17 Y: 19 K: 0 R: 236 G: 220 B: 205 #ecdccd
C: 48 M: 2 Y: 72 K: 0 R: 168 G: 205 B: 110 #a8cd6e
C: 50 M: 79 Y: 10 K: 0 R: 137 G: 80 B: 149 #895095
C: 5 M: 51 Y: 68 K: 0 R: 221 G: 151 B: 89 #dd9759
C: 0 M: 39 Y: 95 K: 0 R: 241 G: 179 B: 6 #f1b306
C: 63 M: 98 Y: 100 K: 61 R: 58 G: 10 B: 0 #3a0a00
C: 21 M: 70 Y: 82 K: 0 R: 188 G: 105 B: 61 #bc693d
C: 88 M: 12 Y: 100 K: 0 R: 61 G: 158 B: 55 #3d9e37

keyword ▶

イタリア

sub ▶

外国・ヨーロッパ・ユーロ・ローマ・ベネチア・ミラノ・サッカー・セリエA・

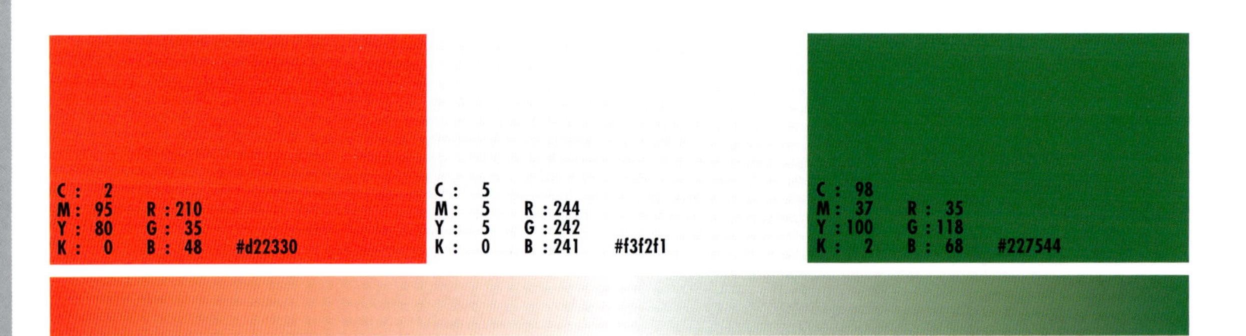

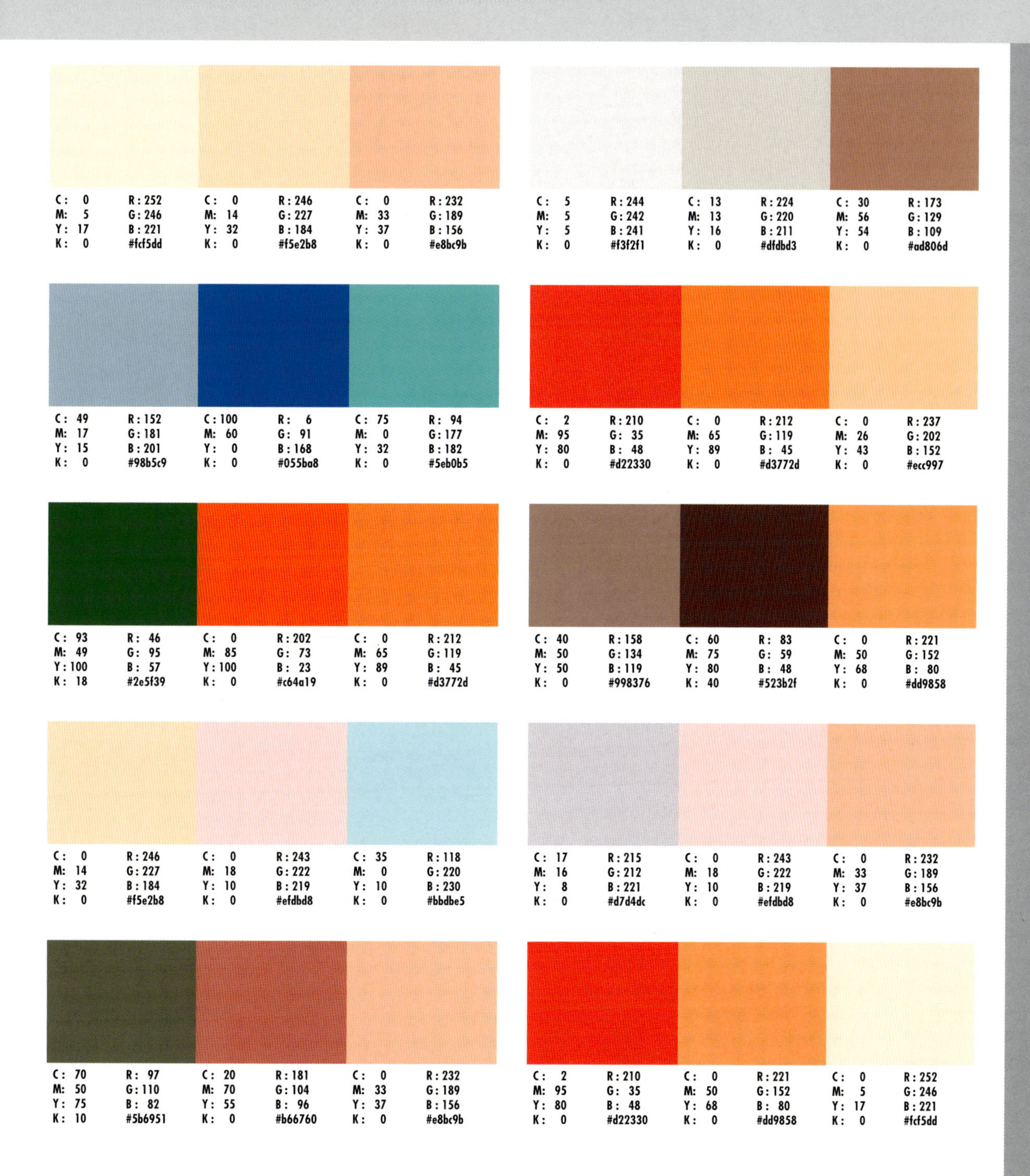
C: 0 M: 5 Y: 17 K: 0 R: 252 G: 246 B: 221 #fcf5dd
C: 0 M: 14 Y: 32 K: 0 R: 246 G: 227 B: 184 #f5e2b8
C: 0 M: 33 Y: 37 K: 0 R: 232 G: 189 B: 156 #e8bc9b
C: 5 M: 5 Y: 5 K: 0 R: 244 G: 242 B: 241 #f3f2f1
C: 13 M: 13 Y: 16 K: 0 R: 224 G: 220 B: 211 #dfdbd3
C: 30 M: 56 Y: 54 K: 0 R: 173 G: 129 B: 109 #ad806d
C: 49 M: 17 Y: 15 K: 0 R: 152 G: 181 B: 201 #98b5c9
C: 100 M: 60 Y: 0 K: 0 R: 6 G: 91 B: 168 #055ba8
C: 75 M: 0 Y: 32 K: 0 R: 94 G: 177 B: 182 #5eb0b5
C: 2 M: 95 Y: 80 K: 0 R: 210 G: 35 B: 48 #d22330
C: 0 M: 65 Y: 89 K: 0 R: 212 G: 119 B: 45 #d3772d
C: 0 M: 26 Y: 43 K: 0 R: 237 G: 202 B: 152 #ecc997
C: 93 M: 49 Y: 100 K: 18 R: 46 G: 95 B: 57 #2e5f39
C: 0 M: 85 Y: 100 K: 0 R: 202 G: 73 B: 23 #c64a19
C: 0 M: 65 Y: 89 K: 0 R: 212 G: 119 B: 45 #d3772d
C: 40 M: 50 Y: 50 K: 0 R: 158 G: 134 B: 119 #998376
C: 60 M: 75 Y: 80 K: 40 R: 83 G: 59 B: 48 #523b2f
C: 0 M: 50 Y: 68 K: 0 R: 221 G: 152 B: 80 #dd9858
C: 0 M: 14 Y: 32 K: 0 R: 246 G: 227 B: 184 #f5e2b8
C: 0 M: 18 Y: 10 K: 0 R: 243 G: 222 B: 219 #efdbd8
C: 35 M: 0 Y: 10 K: 0 R: 118 G: 220 B: 230 #bbdbe5
C: 17 M: 16 Y: 8 K: 0 R: 215 G: 212 B: 221 #d7d4dc
C: 0 M: 18 Y: 10 K: 0 R: 243 G: 222 B: 219 #efdbd8
C: 0 M: 33 Y: 37 K: 0 R: 232 G: 189 B: 156 #e8bc9b
C: 70 M: 50 Y: 75 K: 10 R: 97 G: 110 B: 82 #5b6951
C: 20 M: 70 Y: 55 K: 0 R: 181 G: 104 B: 96 #b66760
C: 0 M: 33 Y: 37 K: 0 R: 232 G: 189 B: 156 #e8bc9b
C: 2 M: 95 Y: 80 K: 0 R: 210 G: 35 B: 48 #d22330
C: 0 M: 50 Y: 68 K: 0 R: 221 G: 152 B: 80 #dd9858
C: 0 M: 5 Y: 17 K: 0 R: 252 G: 246 B: 221 #fcf5dd

keyword ▶

ビルディング

sub ▶

日本・都会・建物・東京・都心・高層・銀行

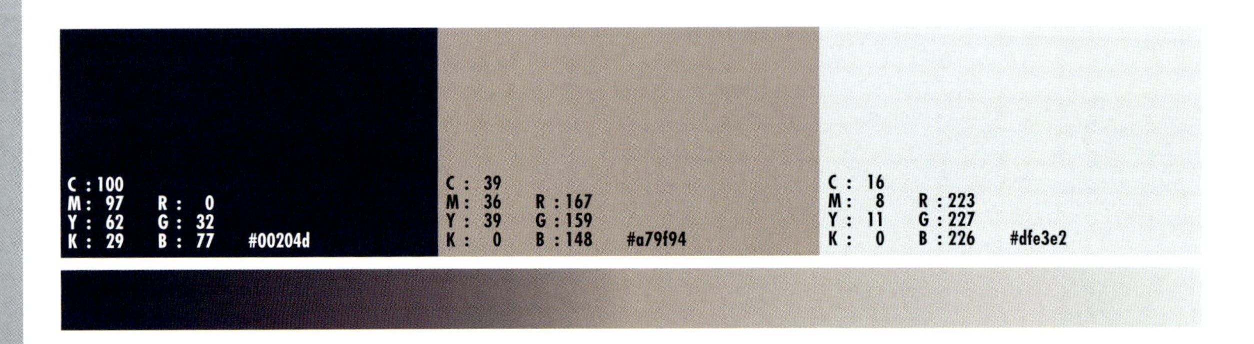

C : 100
M : 97 R : 0
Y : 62 G : 32
K : 29 B : 77 #00204d

C : 39
M : 36 R : 167
Y : 39 G : 159
K : 0 B : 148 #a79f94

C : 16
M : 8 R : 223
Y : 11 G : 227
K : 0 B : 226 #dfe3e2

C	M	Y	K	R	G	B	Hex
74	34	22	0	97	145	181	#6191b5
100	89	59	35	25	45	69	#192d45
43	44	71	0	160	144	92	#a0905c
75	69	68	31	70	70	68	#464644
100	80	48	10	13	67	103	#0d4367
81	54	68	12	74	100	89	#4a6459
43	25	35	0	164	176	166	#a4b0a6
55	19	0	0	138	183	251	#8ab7fb
60	62	55	4	117	103	103	#756767
35	33	24	0	175	168	175	#afa8af
60	43	31	0	124	137	156	#7c899c
87	78	49	14	59	69	96	#3b4560
7	7	3	0	239	238	243	#efeef3
96	93	76	70	8	11	28	#080b1c
80	72	41	3	78	84	116	#4e5474
44	52	49	0	152	129	121	#988179
15	15	15	0	221	216	212	#ddd8d4
70	72	69	32	77	67	65	#4d4341
54	56	65	3	131	116	95	#83745f
33	31	38	0	181	172	154	#b5ac9a
72	73	75	43	66	57	52	#423934
28	22	21	0	191	191	191	#bfbfbf
57	44	31	0	129	136	154	#81889a
5	7	0	0	243	240	247	#f3f0f7
69	70	40	1	101	90	120	#655a78
72	60	45	1	97	104	120	#616878
29	20	17	0	192	195	200	#c0c3c8
69	46	27	0	106	129	160	#6a81a0
83	71	67	36	55	63	66	#373f42
57	47	36	0	129	131	143	#81838f

keyword ▶

アンティーク

sub ▶

アイテム・大人・グッズ・男性・クラシカル・古い・セピア・

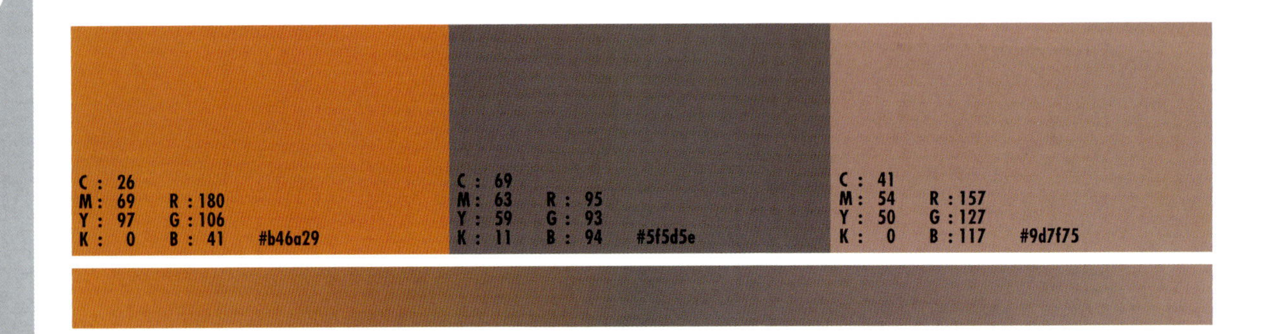

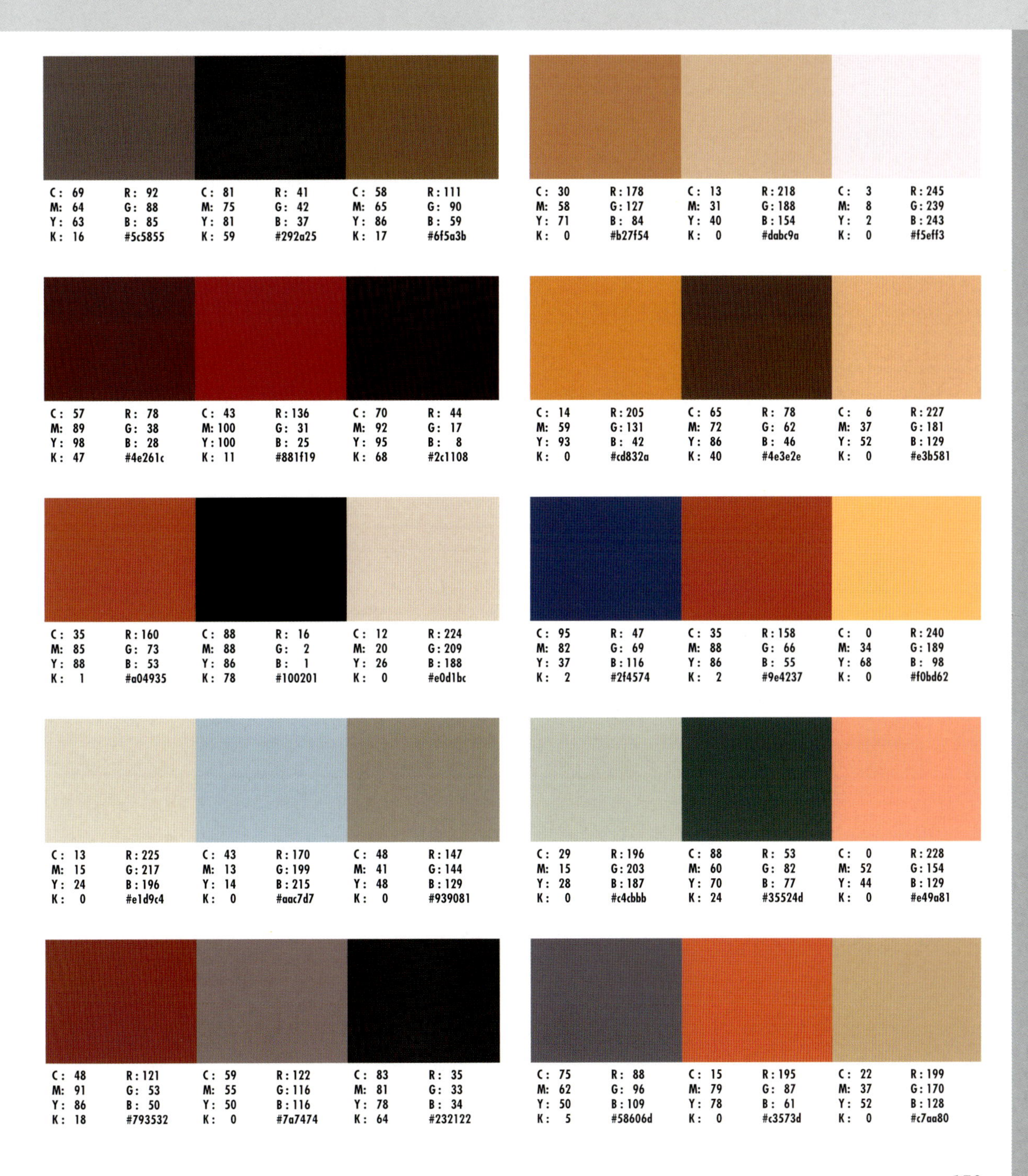

C	M	Y	K	R	G	B	#
69	64	63	16	92	88	85	#5c5855
81	75	81	59	41	42	37	#292a25
58	65	86	17	111	90	59	#6f5a3b
30	58	71	0	178	127	84	#b27f54
13	31	40	0	218	188	154	#dabc9a
3	8	2	0	245	239	243	#f5eff3
57	89	98	47	78	38	28	#4e261c
43	100	100	11	136	31	25	#881f19
70	92	95	68	44	17	8	#2c1108
14	59	93	0	205	131	42	#cd832a
65	72	86	40	78	62	46	#4e3e2e
6	37	52	0	227	181	129	#e3b581
35	85	88	1	160	73	53	#a04935
88	88	86	78	16	2	1	#100201
12	20	26	0	224	209	188	#e0d1bc
95	82	37	2	47	69	116	#2f4574
35	88	86	2	158	66	55	#9e4237
0	34	68	0	240	189	98	#f0bd62
13	15	24	0	225	217	196	#e1d9c4
43	13	14	0	170	199	215	#aac7d7
48	41	48	0	147	144	129	#939081
29	15	28	0	196	203	187	#c4cbbb
88	60	70	24	53	82	77	#35524d
0	52	44	0	228	154	129	#e49a81
48	91	86	18	121	53	50	#793532
59	55	50	0	122	116	116	#7a7474
83	81	78	64	35	33	34	#232122
75	62	50	5	88	96	109	#58606d
15	79	78	0	195	87	61	#c3573d
22	37	52	0	199	170	128	#c7aa80

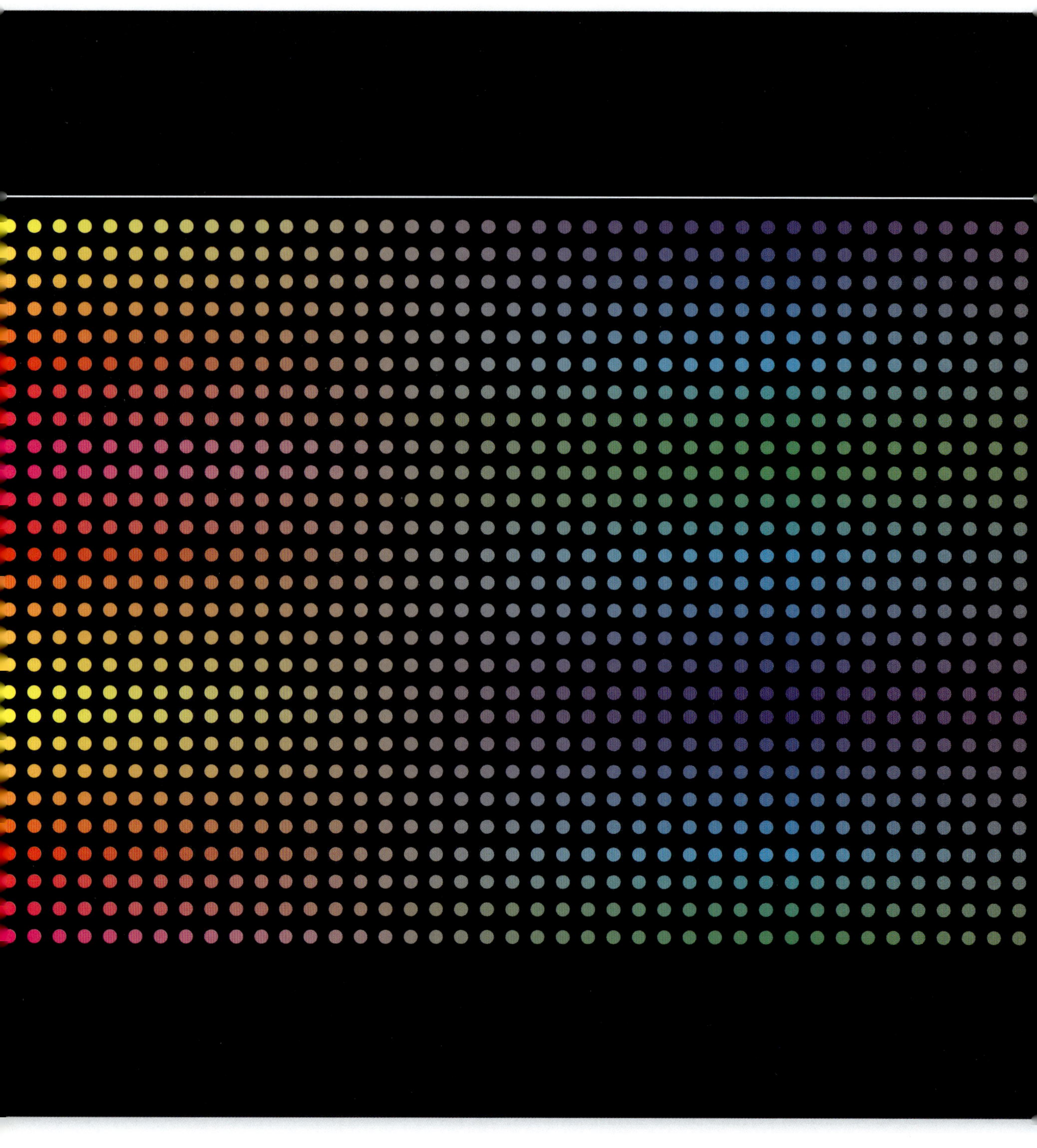

Chapter 4

特色掛け合わせチャート

この Chapter では、商用印刷で用いられる金銀特色、蛍光特色とプロセスカラーの掛け合わせのチャートを掲載しています。

DIC 621（金）、DIC 619（銀）の 2 色の特色とプロセスカラーの掛け合わせのチャートを掲載しています。
金、銀の特色は、網点での印刷に不向きな特別なインキですので、ここでは、掛け合わせるプロセスカラーのみ濃度を変えています。

DIC 584B（ピンク）、DIC 590（イエロー）、DIC 587（オレンジ）、DIC 591（黄緑）の基本となる 4 色の特色とプロセスシアン、プロセスマゼンタ、プロセスイエロー、プロセスブラックの掛け合わせのチャートを掲載しています。

チャートの見方

金銀特色とプロセスカラーの掛け合わせ

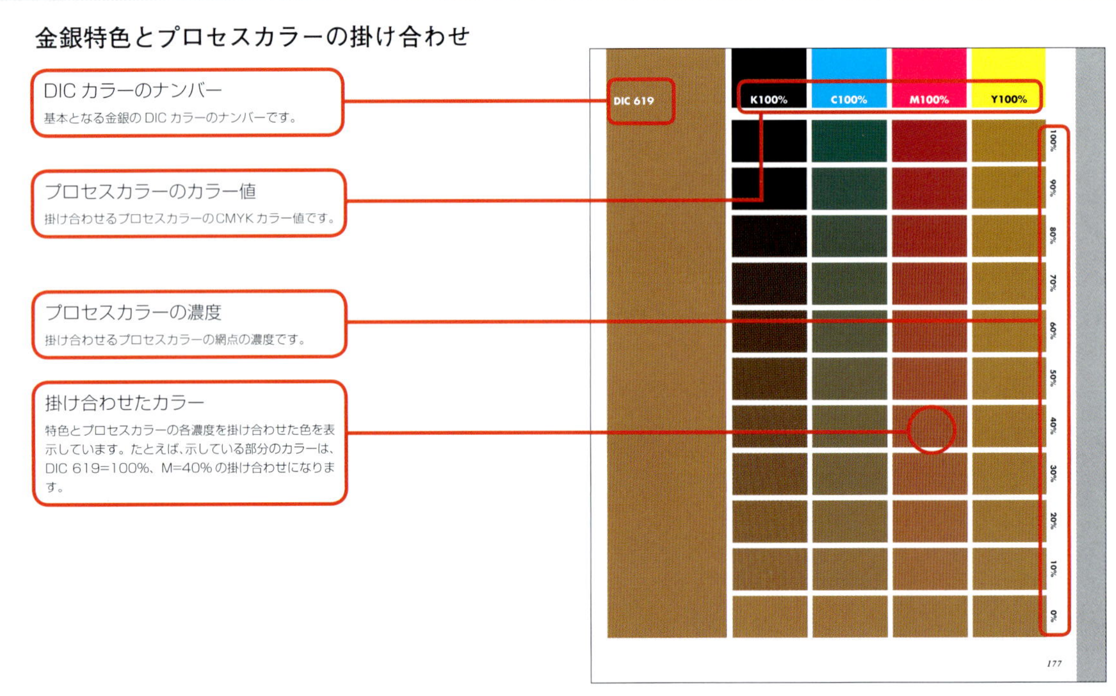

蛍光特色とプロセスカラーの掛け合わせ

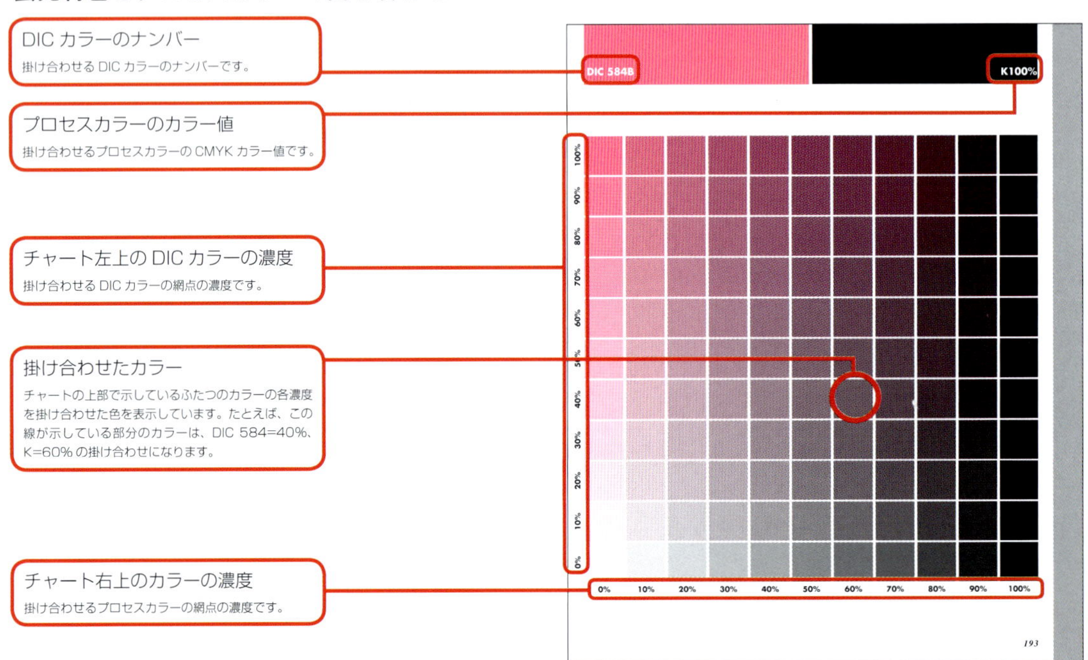

DIC カラーのナンバー
掛け合わせる DIC カラーのナンバーです。
プロセスカラーのカラー値
掛け合わせるプロセスカラーの CMYK カラー値です。
チャート左上の DIC カラーの濃度
掛け合わせる DIC カラーの網点の濃度です。
掛け合わせたカラー
チャートの上部で示しているふたつのカラーの各濃度を掛け合わせた色を表示しています。たとえば、この線が示している部分のカラーは、DIC 584=40%、K=60% の掛け合わせになります。
チャート右上のカラーの濃度
掛け合わせるプロセスカラーの網点の濃度です。
DIC 584B
K100%
100%
90%
80%
70%
60%
50%
40%
30%
20%
10%
0%
0%
10%
20%
30%
40%
50%
60%
70%
80%
90%
100%
193

DIC 619

	K100%	C100%	M100%	Y100%
100%				
90%				
80%				
70%				
60%				
50%				
40%				
30%				
20%				
10%				
0%				

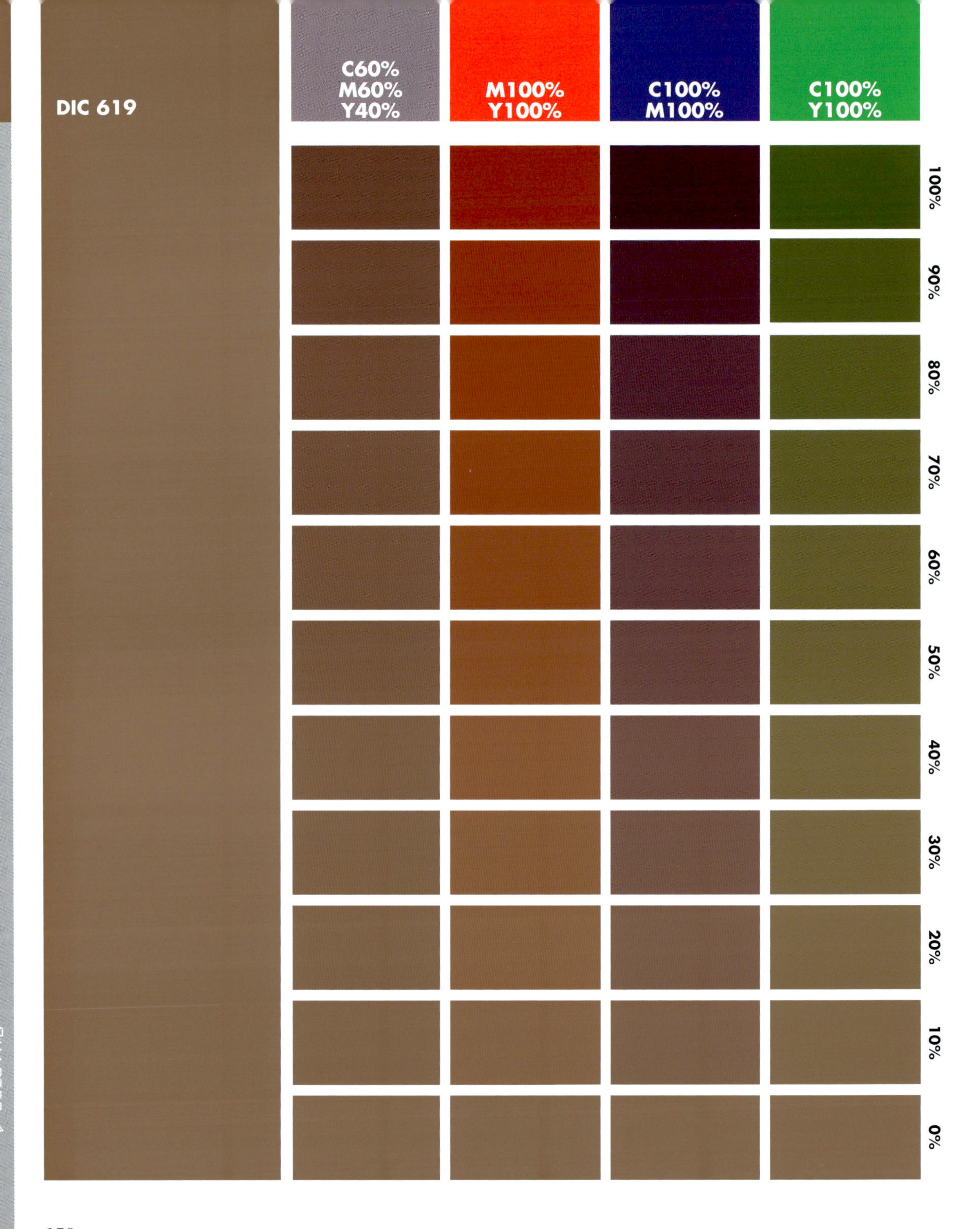
DIC 619
C60%
M60%
Y40%
M100%
Y100%
C100%
M100%
C100%
Y100%
100%
90%
80%
70%
60%
50%
40%
30%
20%
10%
0%

DIC 619

	C75% M100% Y25%	C50% M100% Y50%	C25% M100% Y75%	C20% M80% Y20%
100%				
90%				
80%				
70%				
60%				
50%				
40%				
30%				
20%				
10%				
0%				

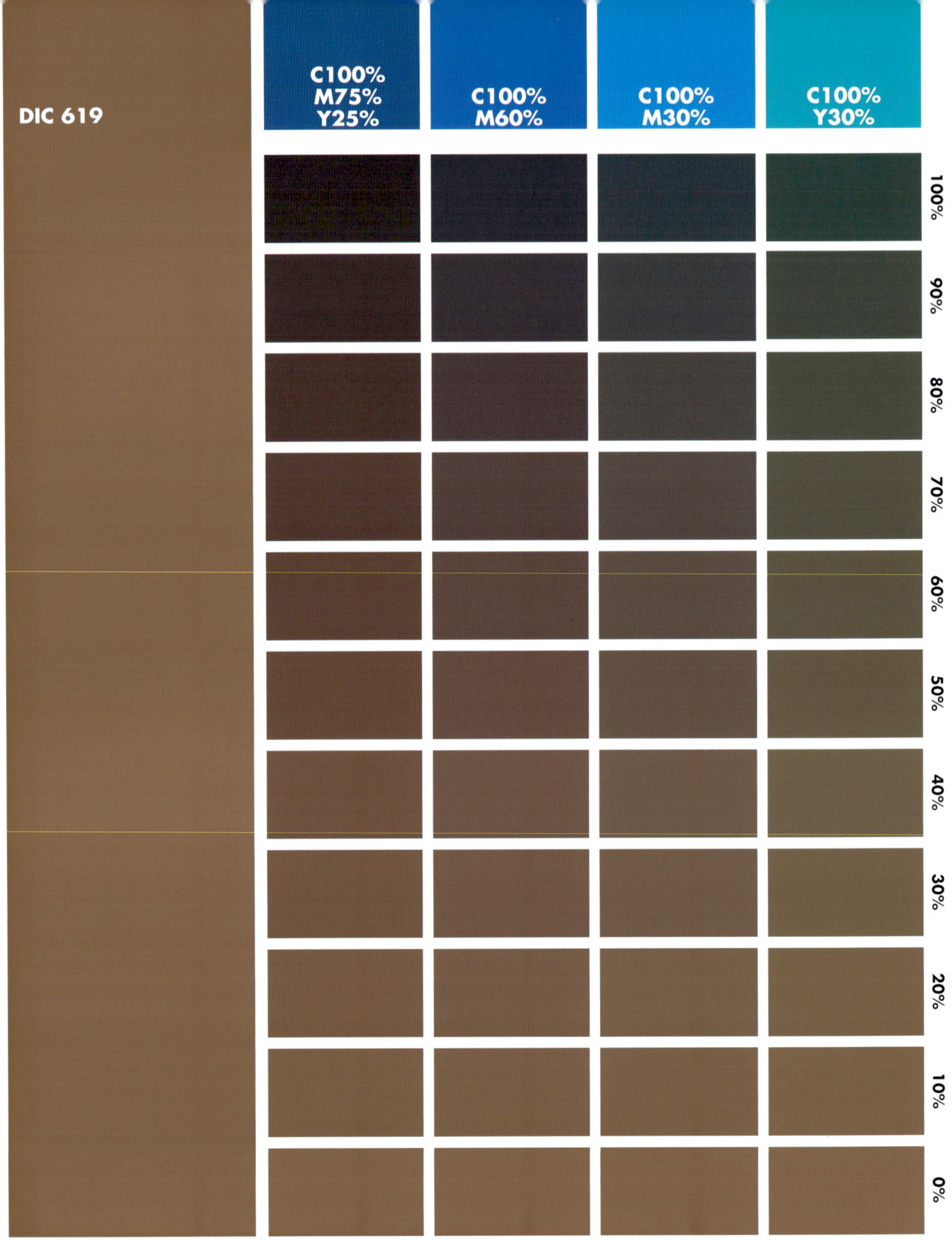

DIC 619

	C100% M75% Y25%	C100% M60%	C100% M30%	C100% Y30%
100%				
90%				
80%				
70%				
60%				
50%				
40%				
30%				
20%				
10%				
0%				

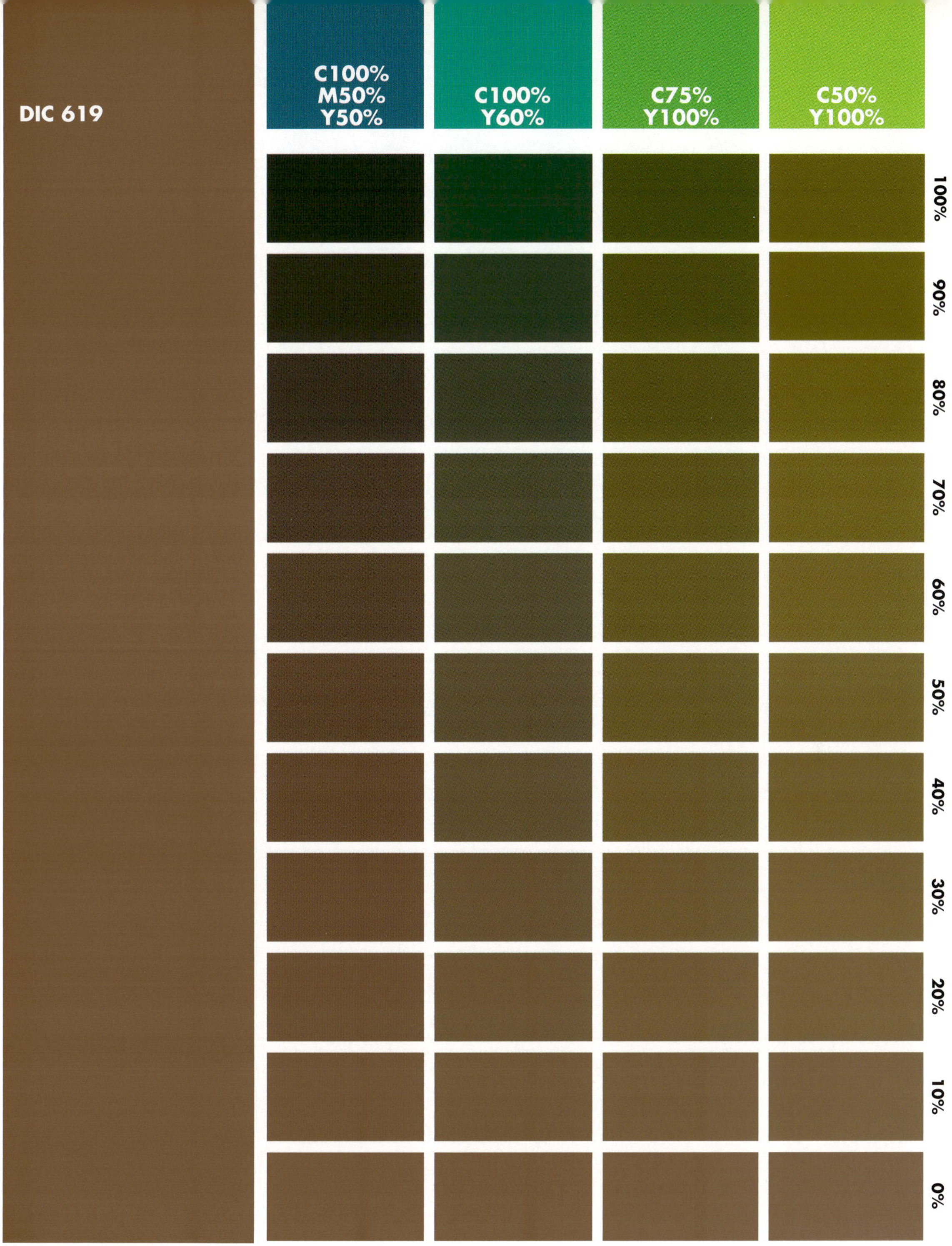

DIC 619

	C100% M50% Y50%	C100% Y60%	C75% Y100%	C50% Y100%
100%				
90%				
80%				
70%				
60%				
50%				
40%				
30%				
20%				
10%				
0%				

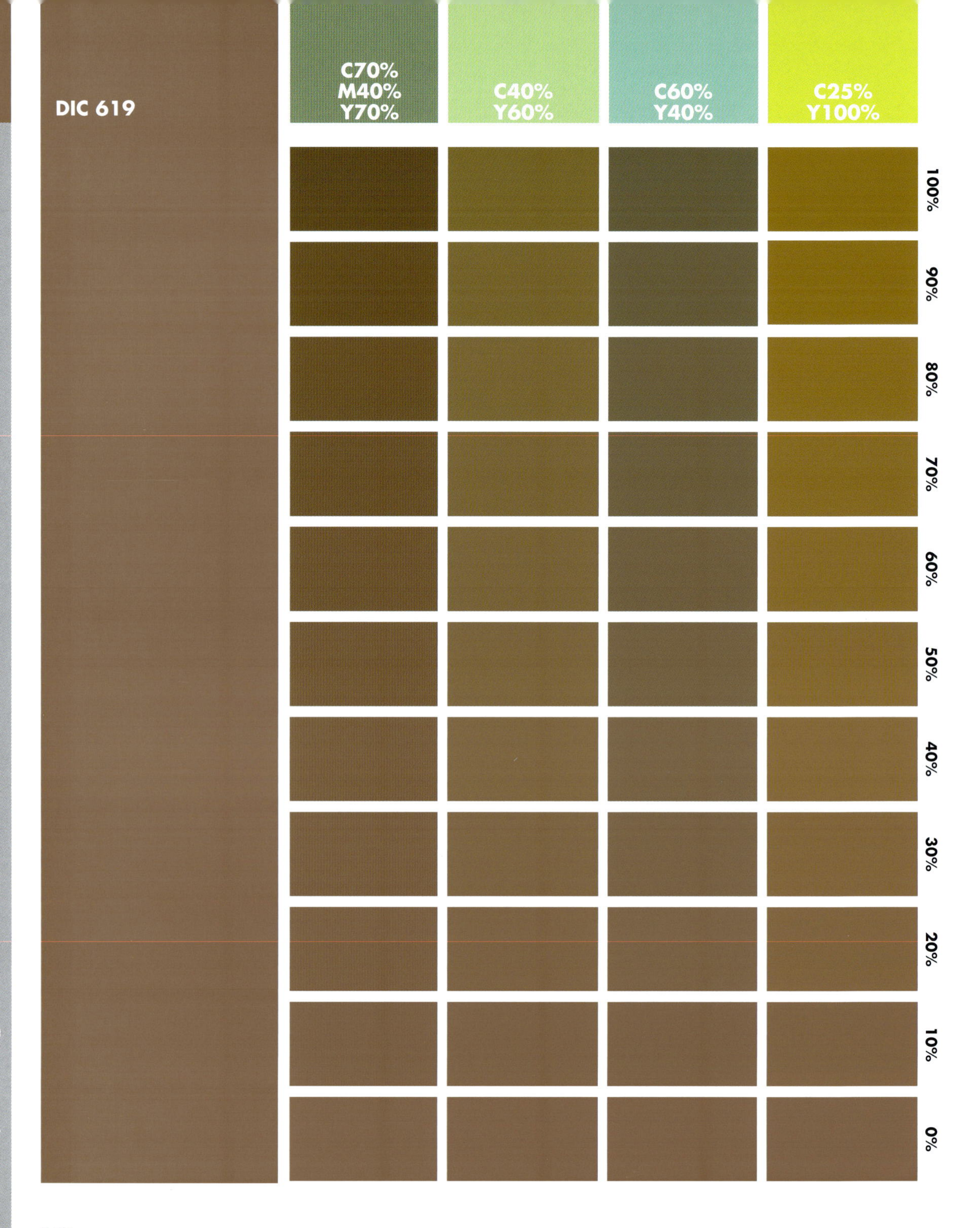
DIC 619
C70%
M40%
Y70%
C40%
Y60%
C60%
Y40%
C25%
Y100%
100%
90%
80%
70%
60%
50%
40%
30%
20%
10%
0%

DIC 619

C40% M70% Y70%	M75% Y100%	M50% Y100%	M25% Y100%	
				100%
				90%
				80%
				70%
				60%
				50%
				40%
				30%
				20%
				10%
				0%

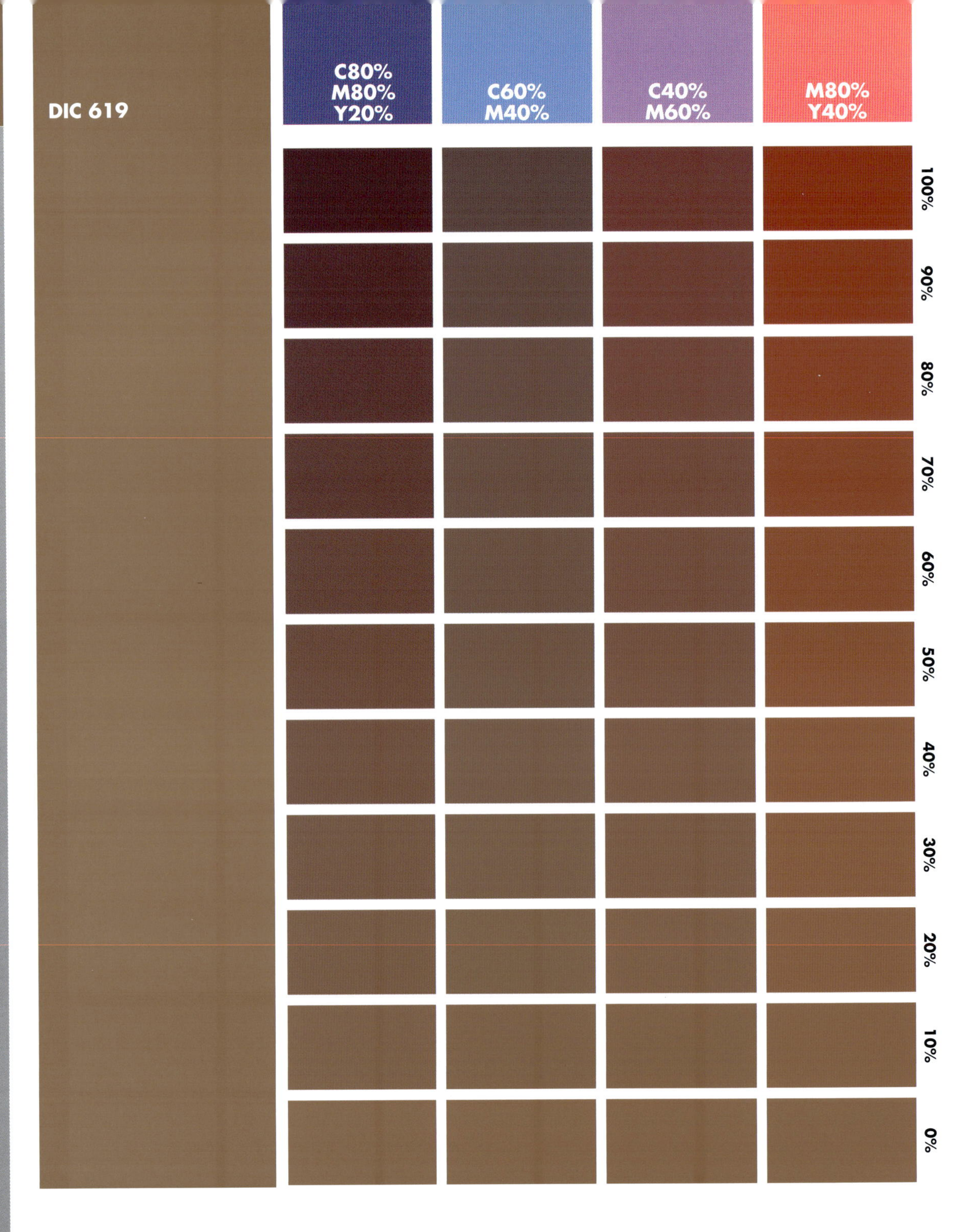
DIC 619
C80%
M80%
Y20%
C60%
M40%
C40%
M60%
M80%
Y40%
100%
90%
80%
70%
60%
50%
40%
30%
20%
10%
0%

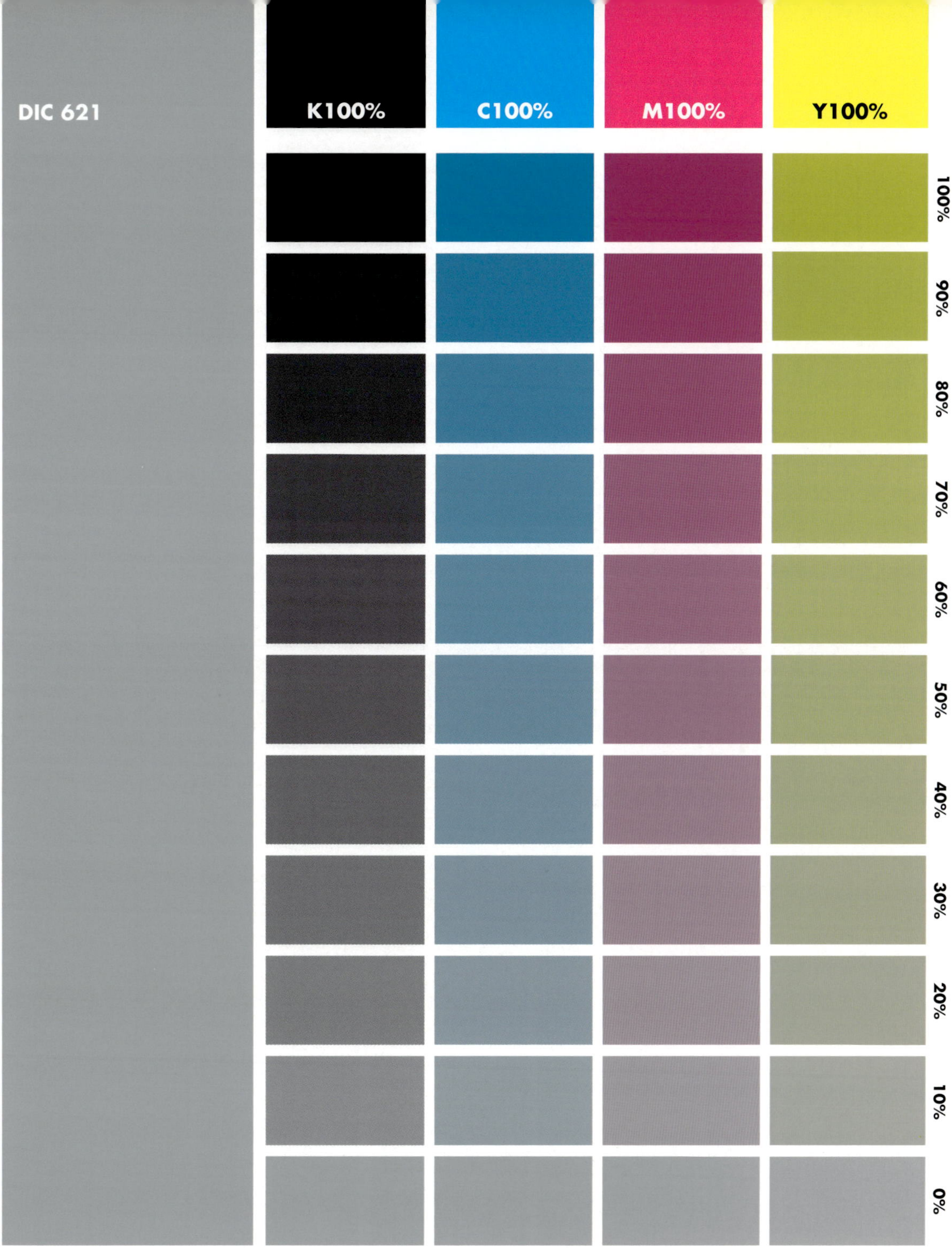

DIC 621

K100%	C100%	M100%	Y100%

100%

90%

80%

70%

60%

50%

40%

30%

20%

10%

0%

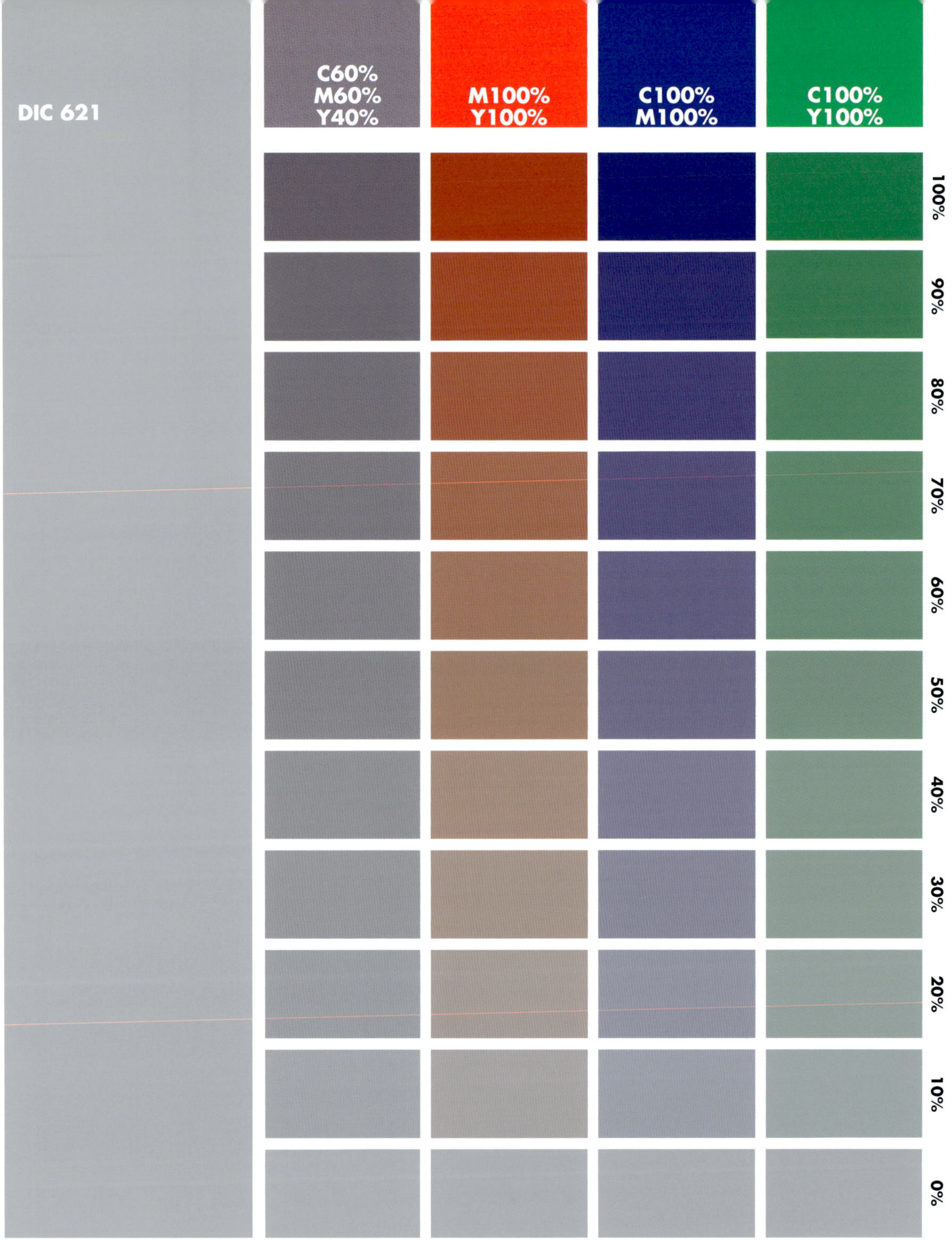

DIC 621	C60% M60% Y40%	M100% Y100%	C100% M100%	C100% Y100%	
					100%
					90%
					80%
					70%
					60%
					50%
					40%
					30%
					20%
					10%
					0%

DIC 621

	C75% M100% Y25%	C50% M100% Y50%	C25% M100% Y75%	C20% M80% Y20%
100%				
90%				
80%				
70%				
60%				
50%				
40%				
30%				
20%				
10%				
0%				

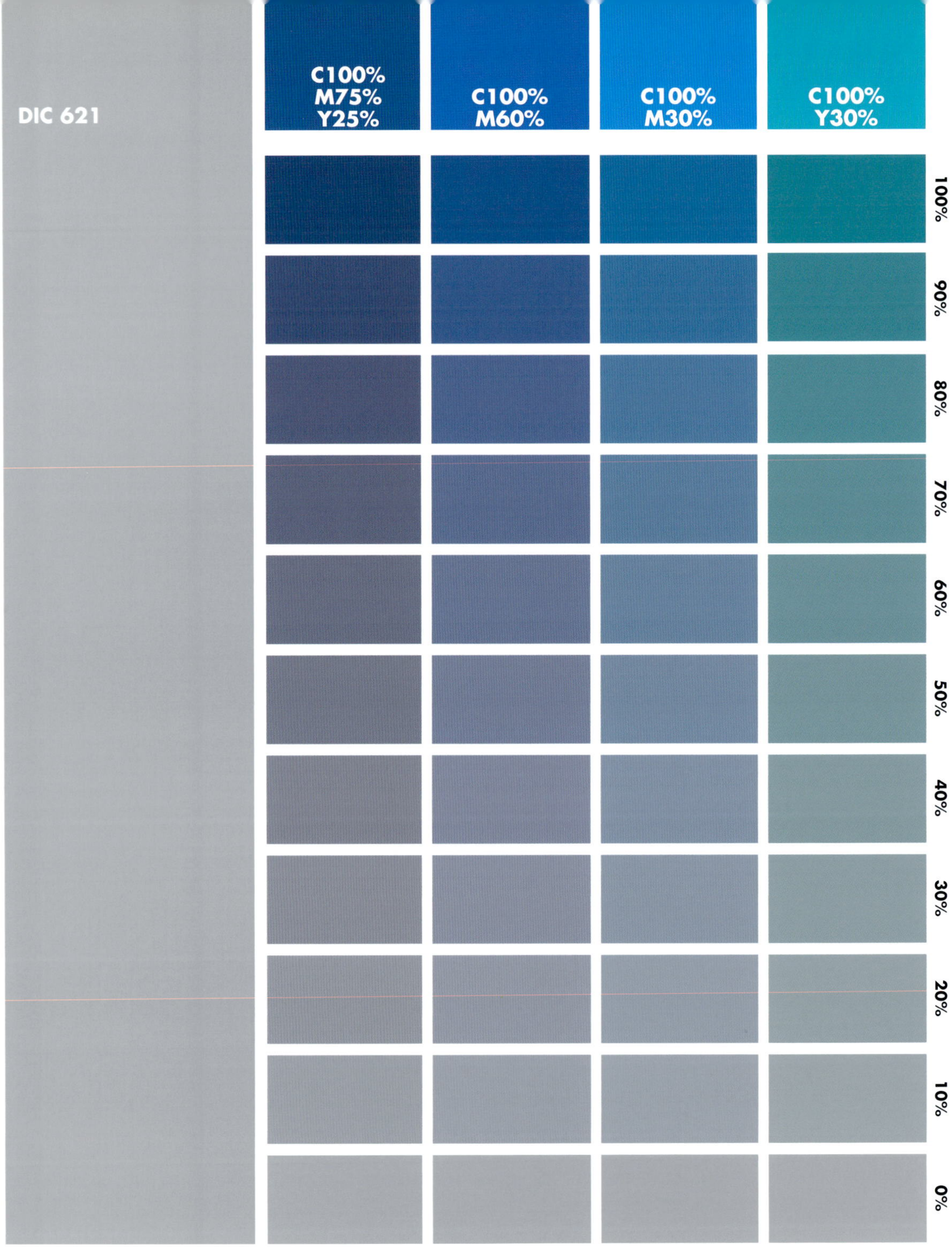

DIC 621	C100% M75% Y25%	C100% M60%	C100% M30%	C100% Y30%	
					100%
					90%
					80%
					70%
					60%
					50%
					40%
					30%
					20%
					10%
					0%

DIC 621

	C100% M50% Y50%	C100% Y60%	C75% Y100%	C50% Y100%
100%				
90%				
80%				
70%				
60%				
50%				
40%				
30%				
20%				
10%				
0%				

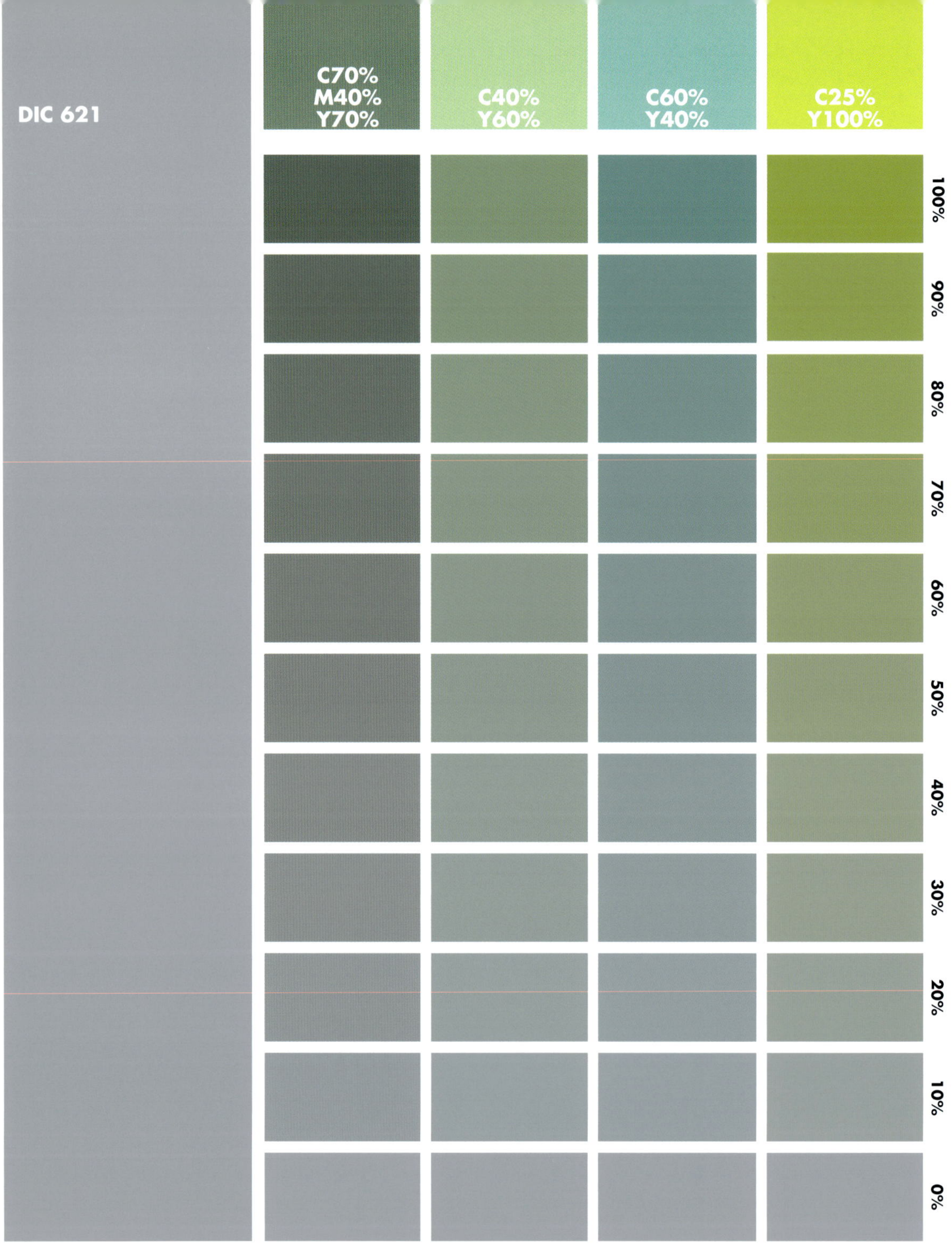

DIC 621

	C70% M40% Y70%	C40% Y60%	C60% Y40%	C25% Y100%
100%				
90%				
80%				
70%				
60%				
50%				
40%				
30%				
20%				
10%				
0%				

DIC 621

C40% M70% Y70%	M75% Y100%	M50% Y100%	M25% Y100%	
				100%
				90%
				80%
				70%
				60%
				50%
				40%
				30%
				20%
				10%
				0%

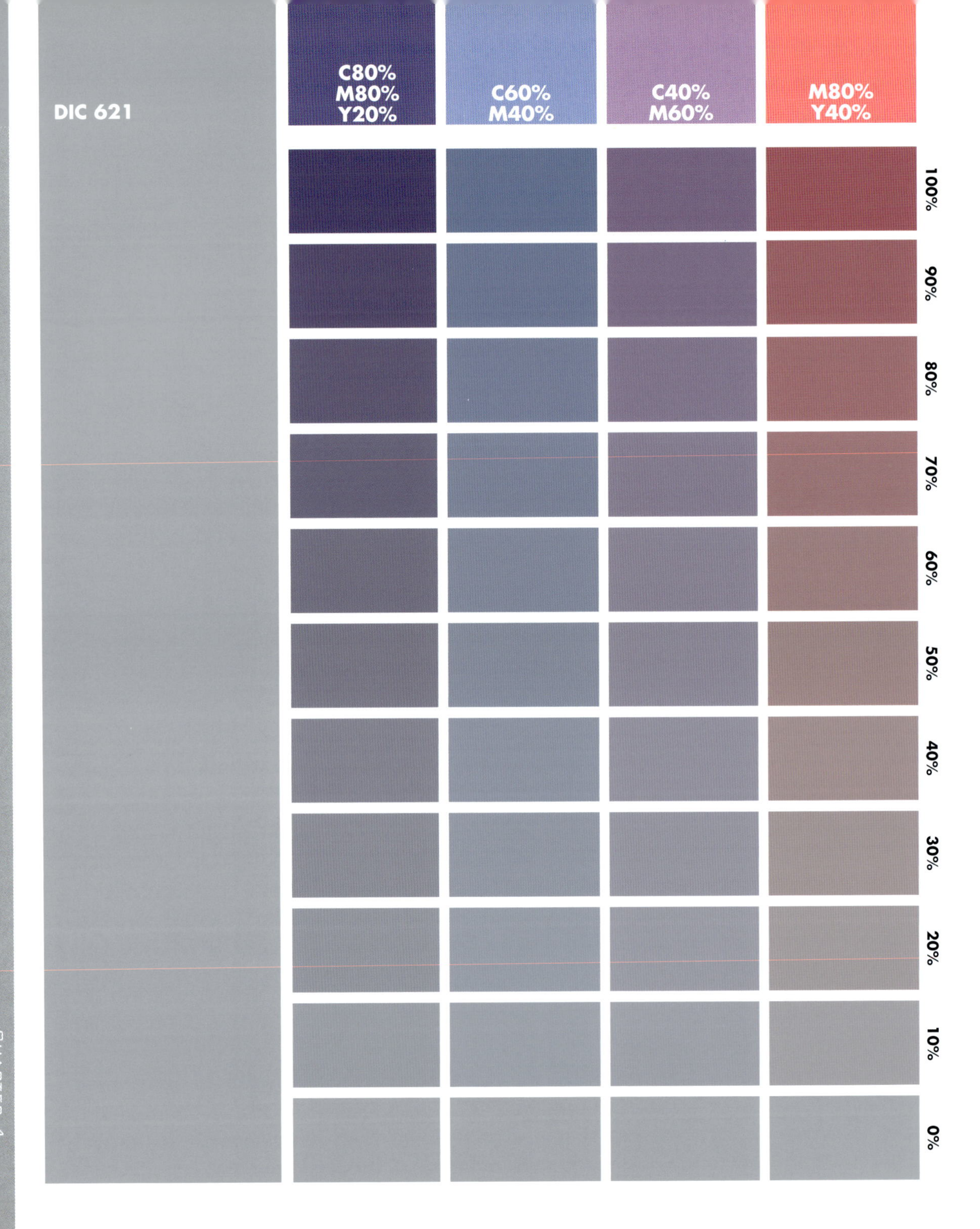
DIC 621
C80%
M80%
Y20%
C60%
M40%
C40%
M60%
M80%
Y40%
100%
90%
80%
70%
60%
50%
40%
30%
20%
10%
0%

DIC 584B

K100%

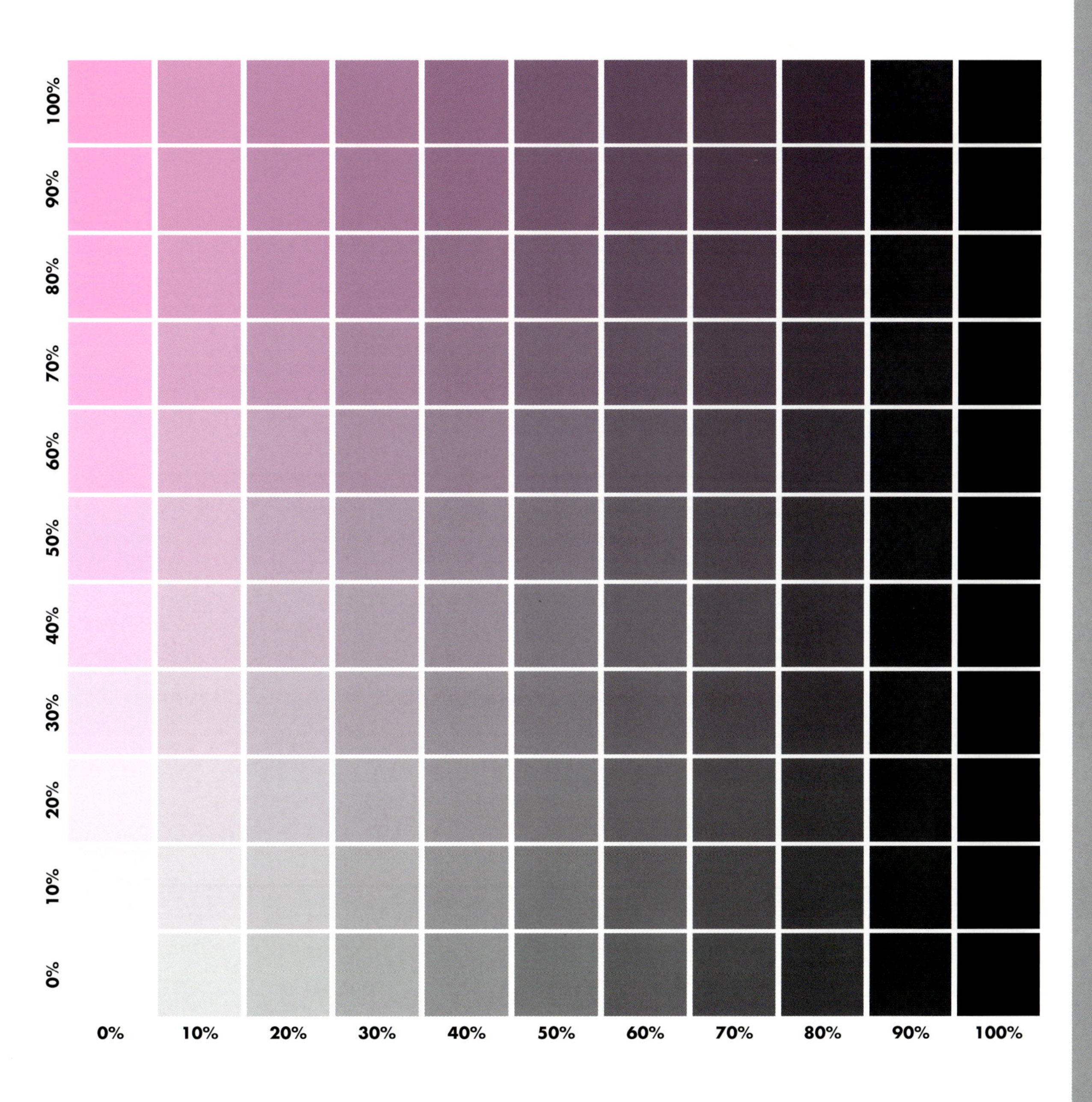

DIC 584B

C100%

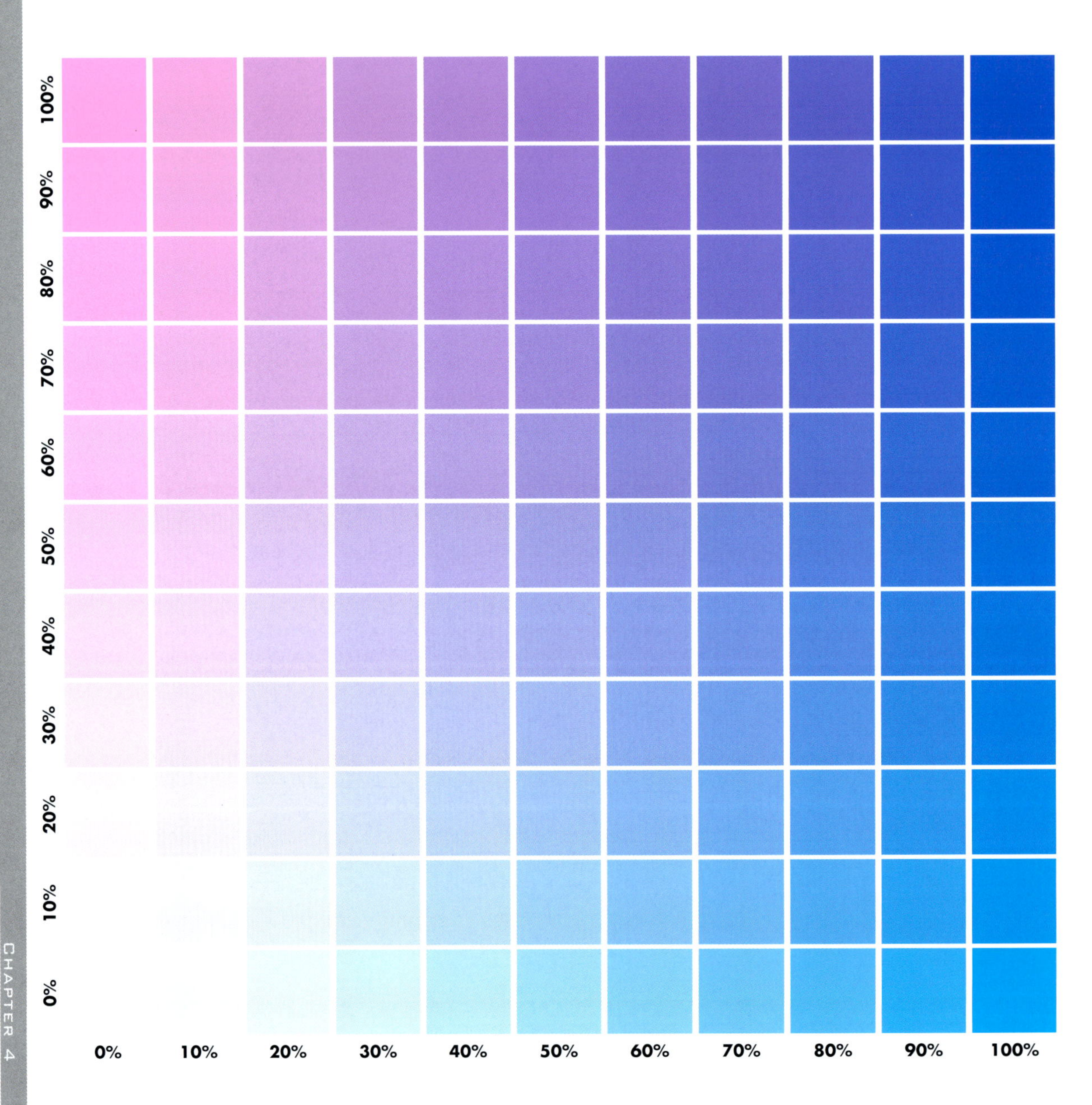

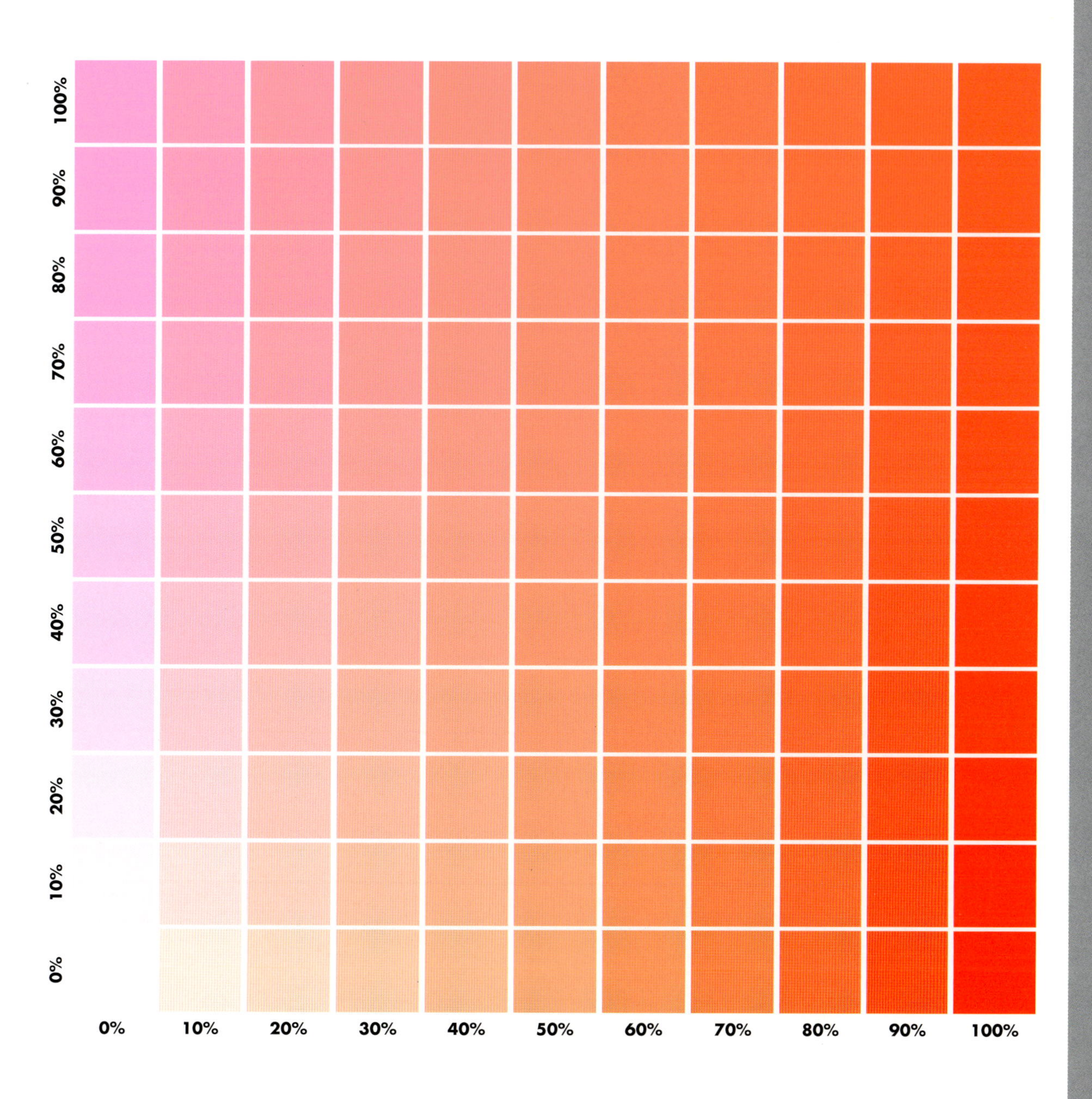
DIC 584B
M100% Y100%
100%
90%
80%
70%
60%
50%
40%
30%
20%
10%
0%
0%
10%
20%
30%
40%
50%
60%
70%
80%
90%
100%

DIC 584B

Y100%

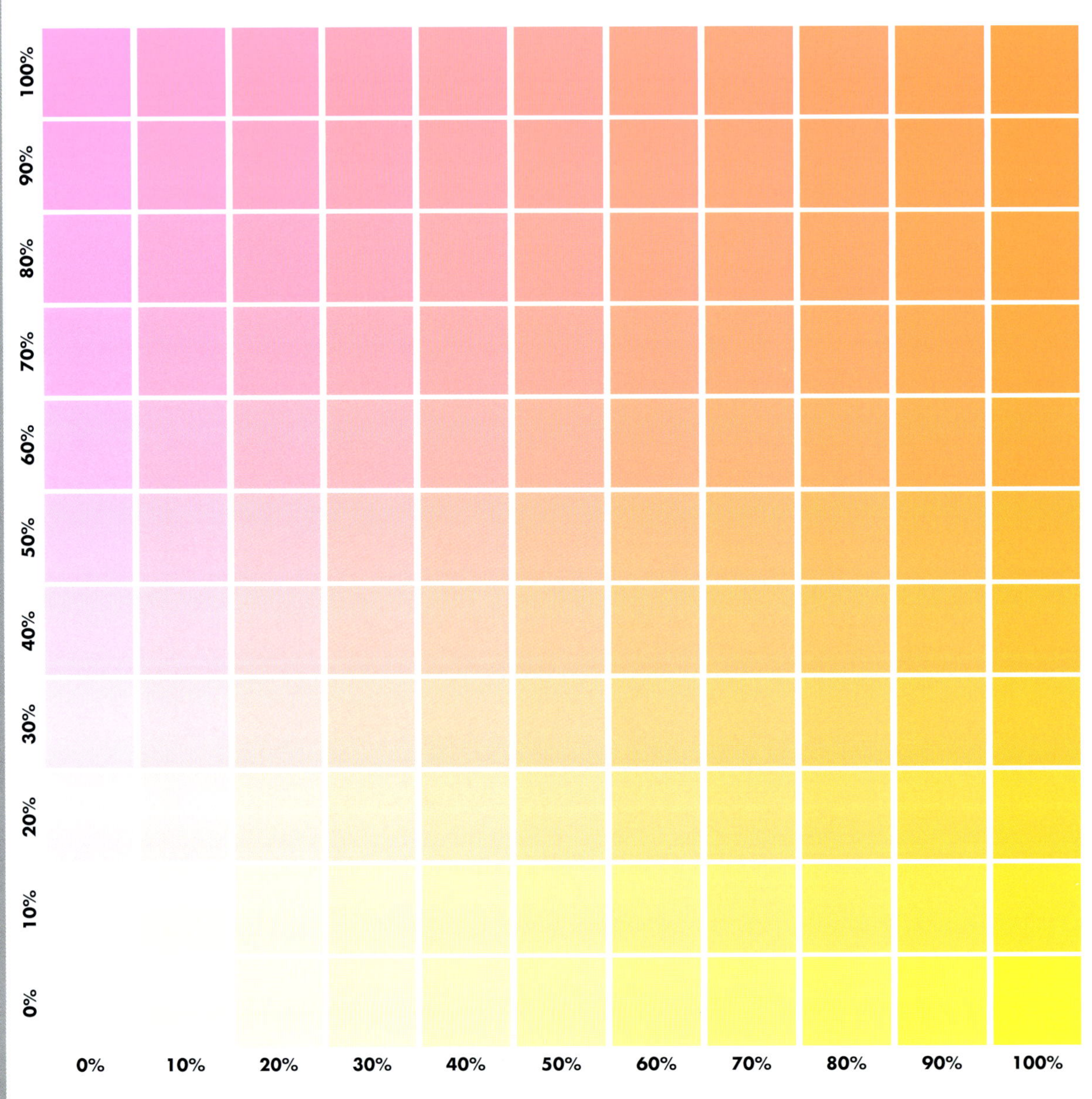

DIC 584B

C100% M100%

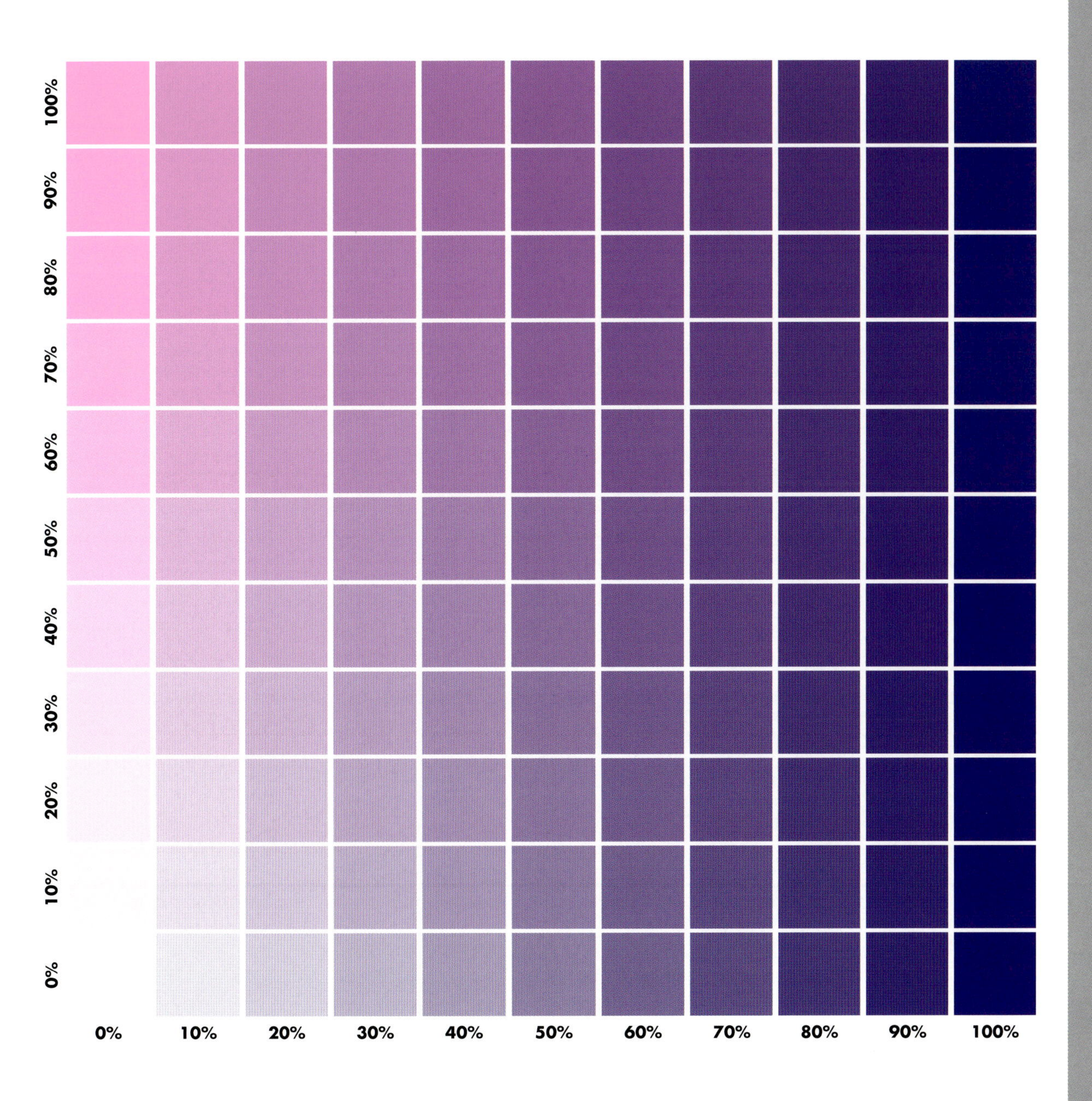

DIC 584B

C100% Y100%

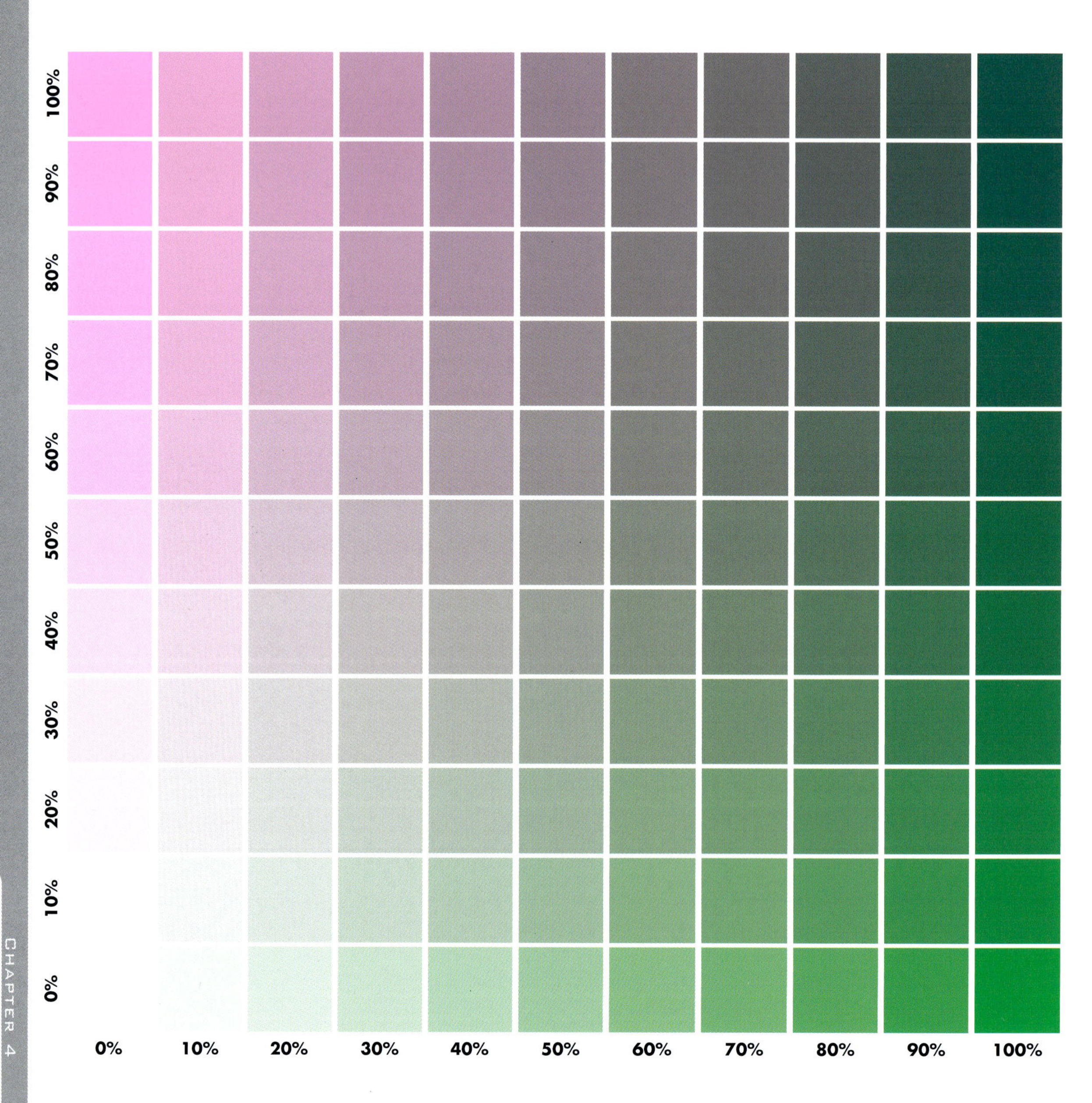

DIC 584B

M50% Y100%

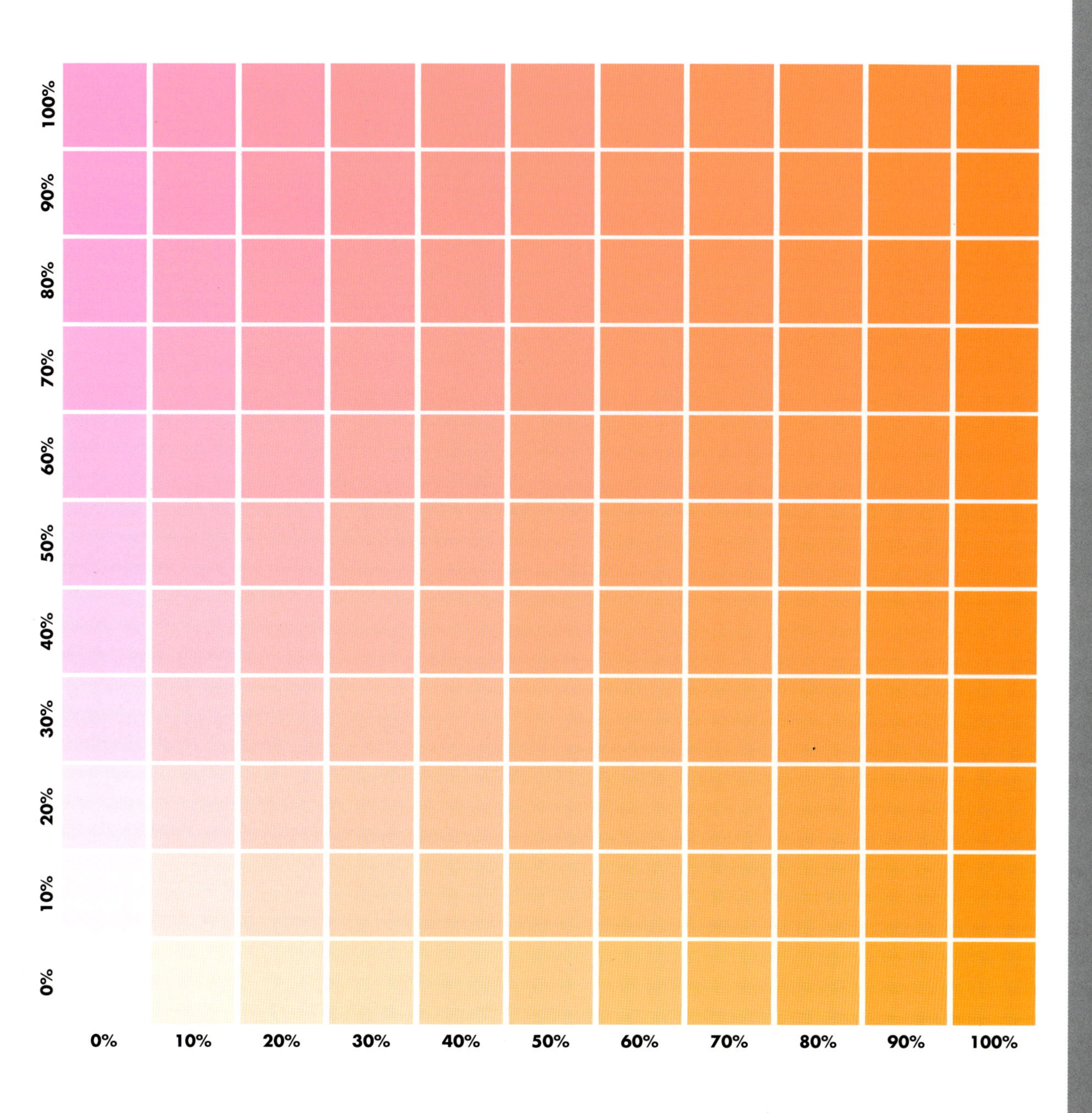

DIC 584B

C100% M50% Y50%

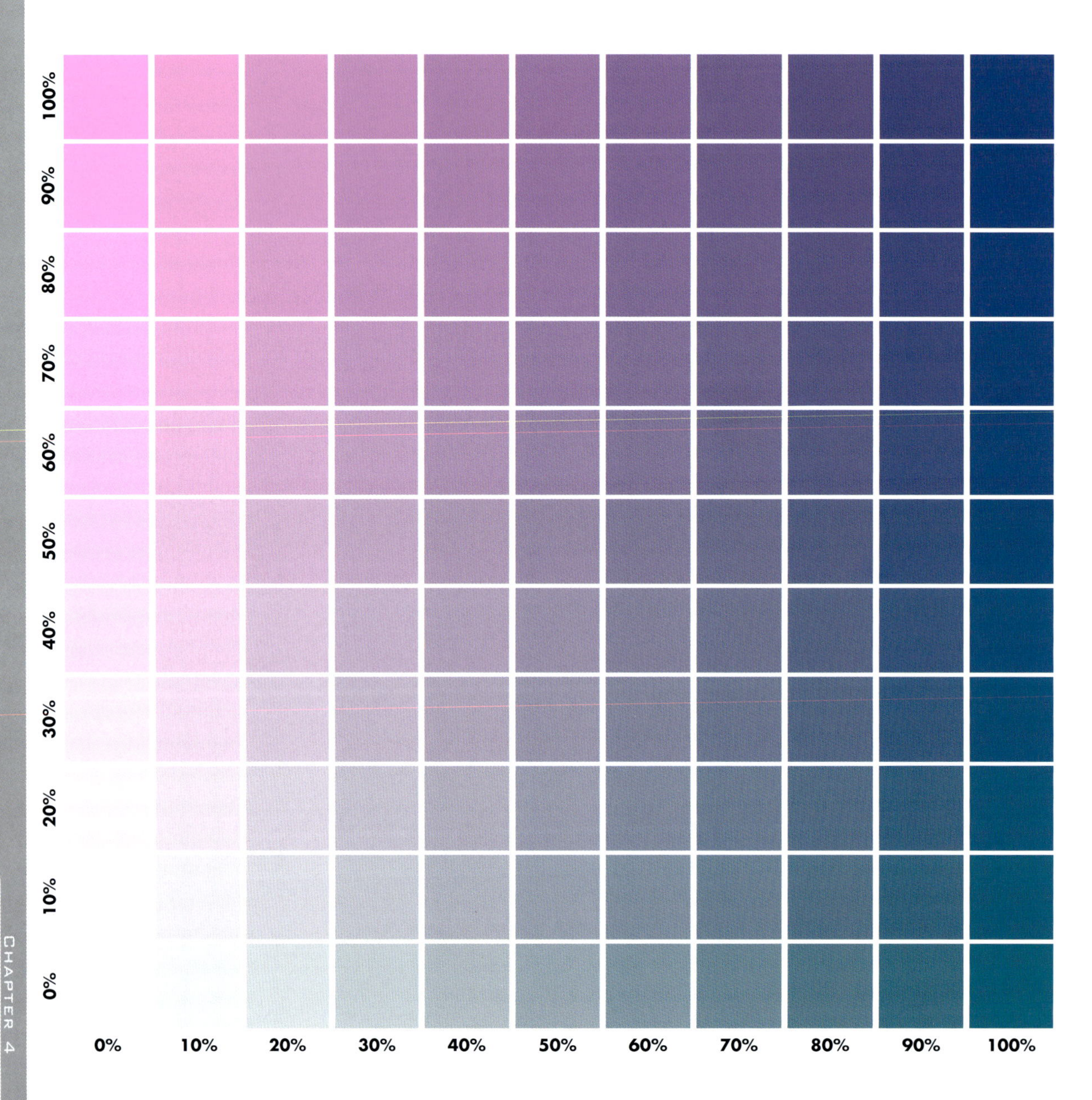

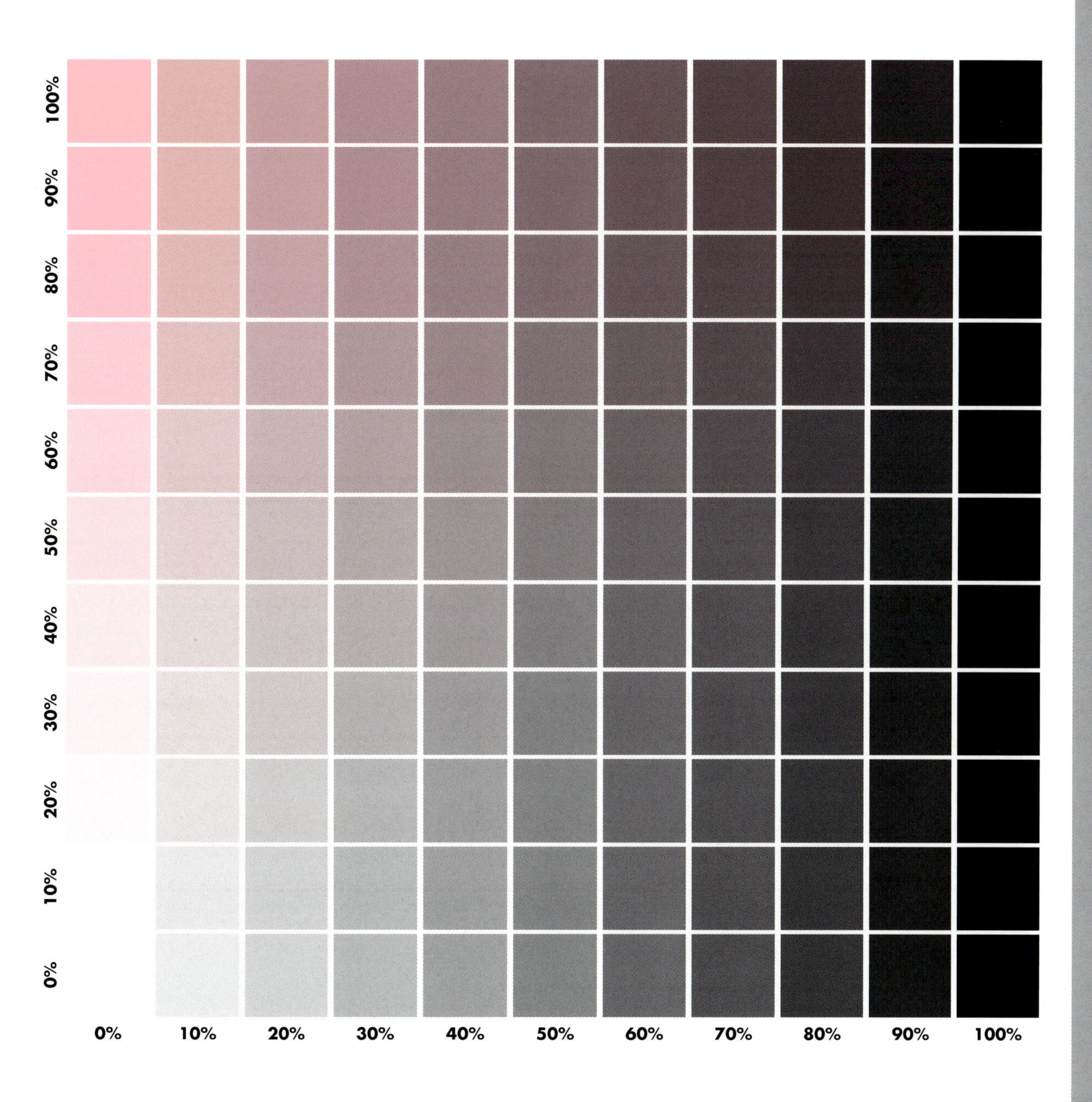
DIC 587
K100%
100%
90%
80%
70%
60%
50%
40%
30%
20%
10%
0%
0%
10%
20%
30%
40%
50%
60%
70%
80%
90%
100%

DIC 587

C100%

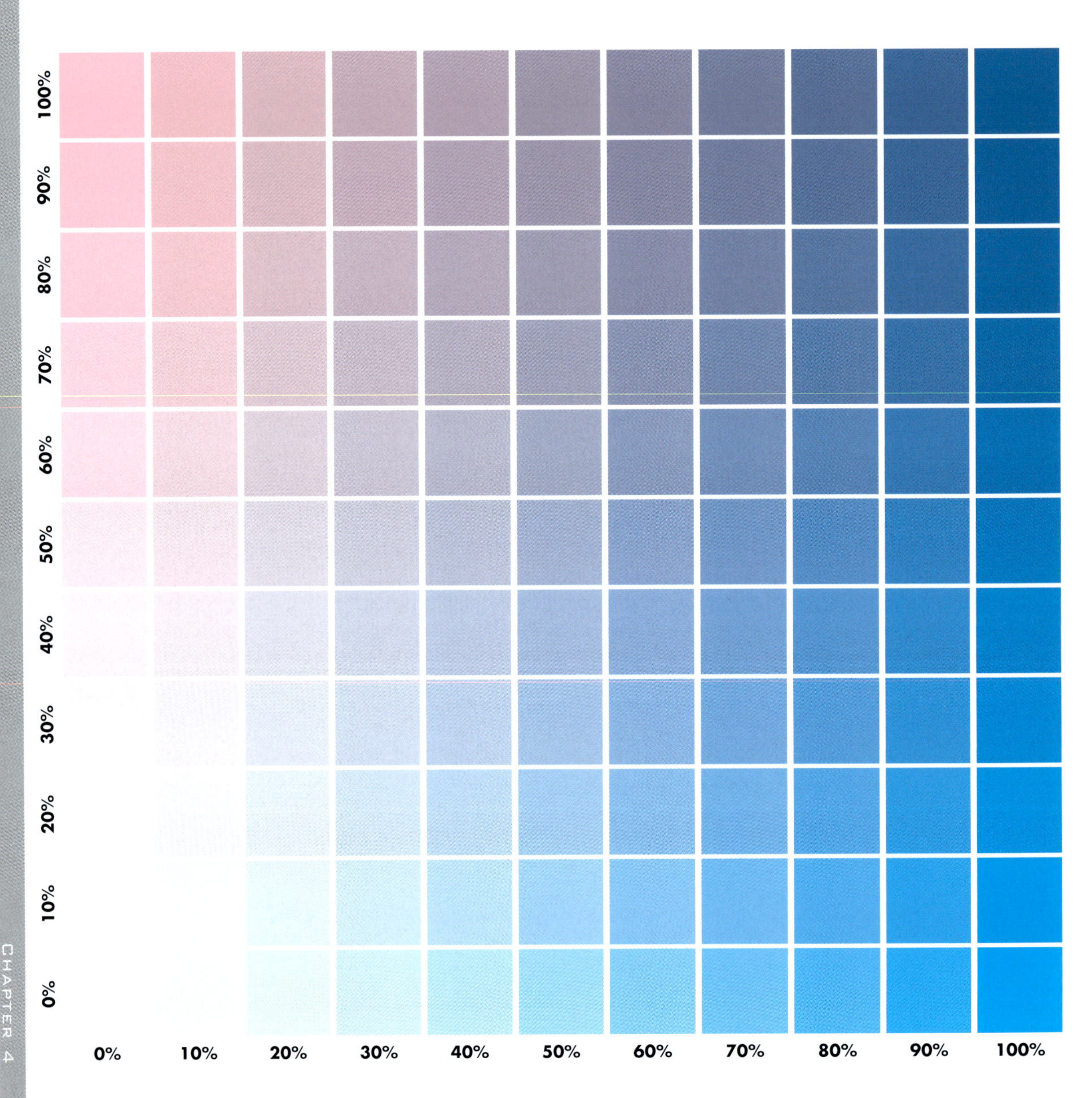

DIC 587

M100%

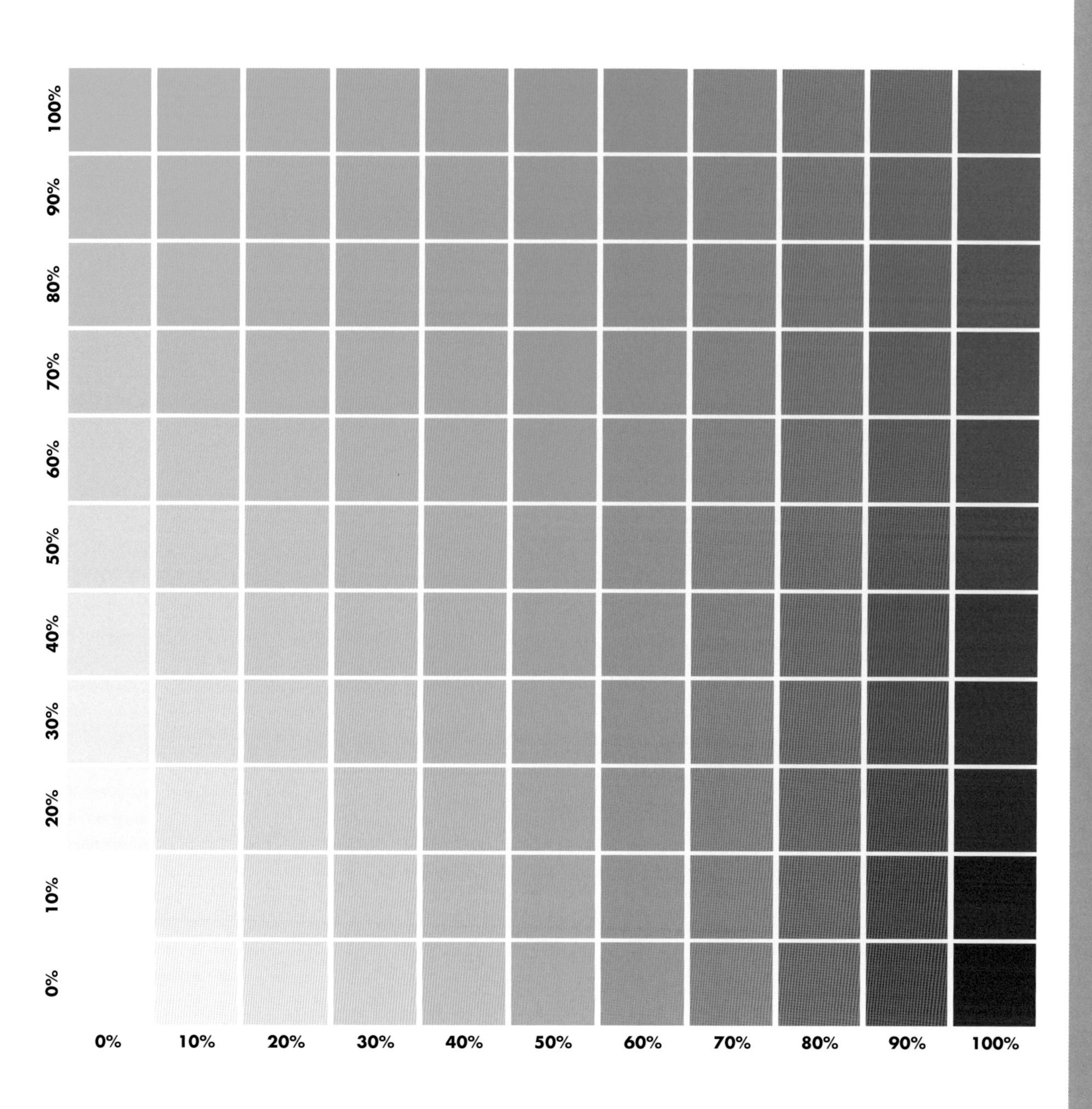

DIC 587

Y100%

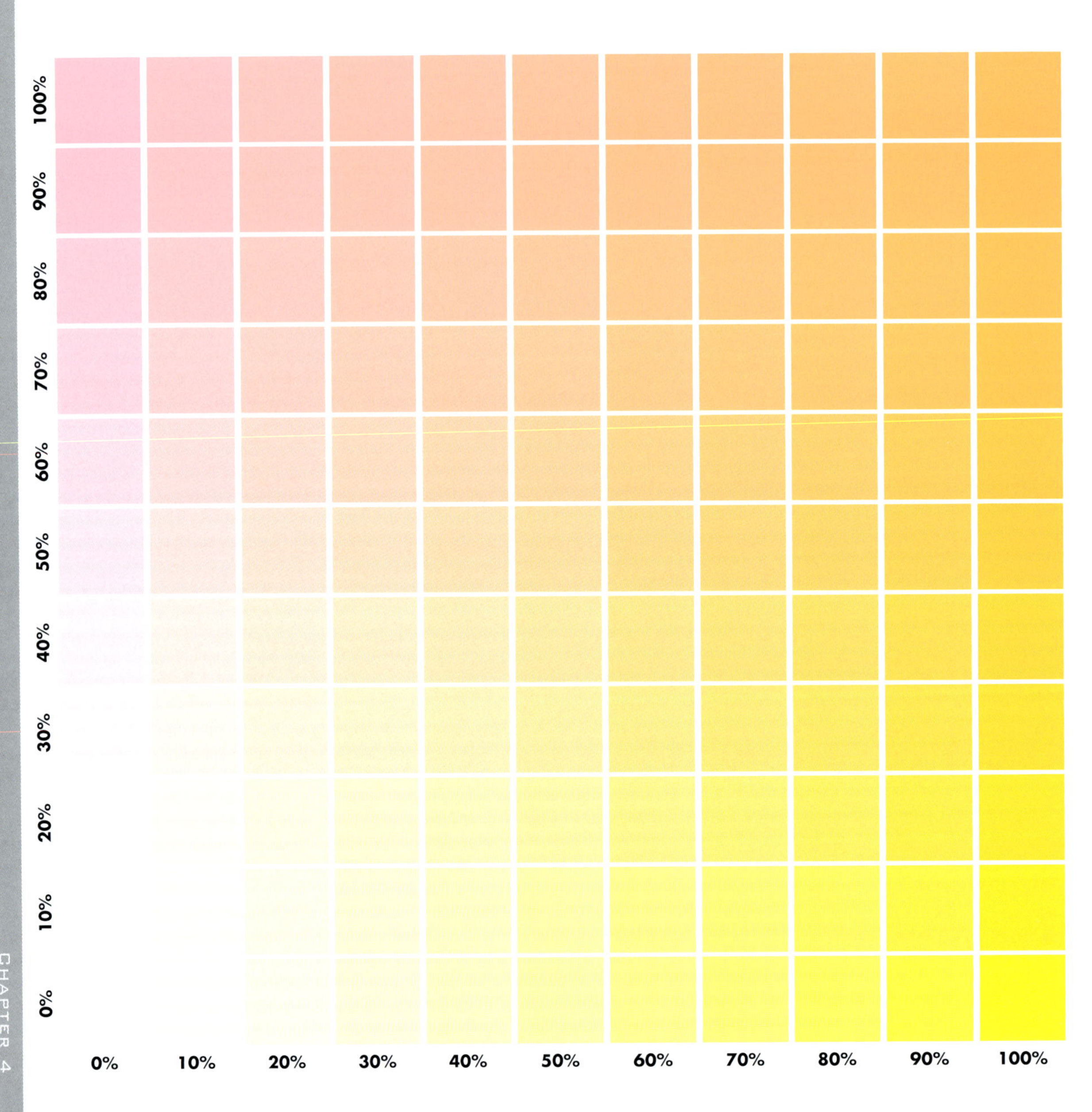

DIC 587

C100% M100%

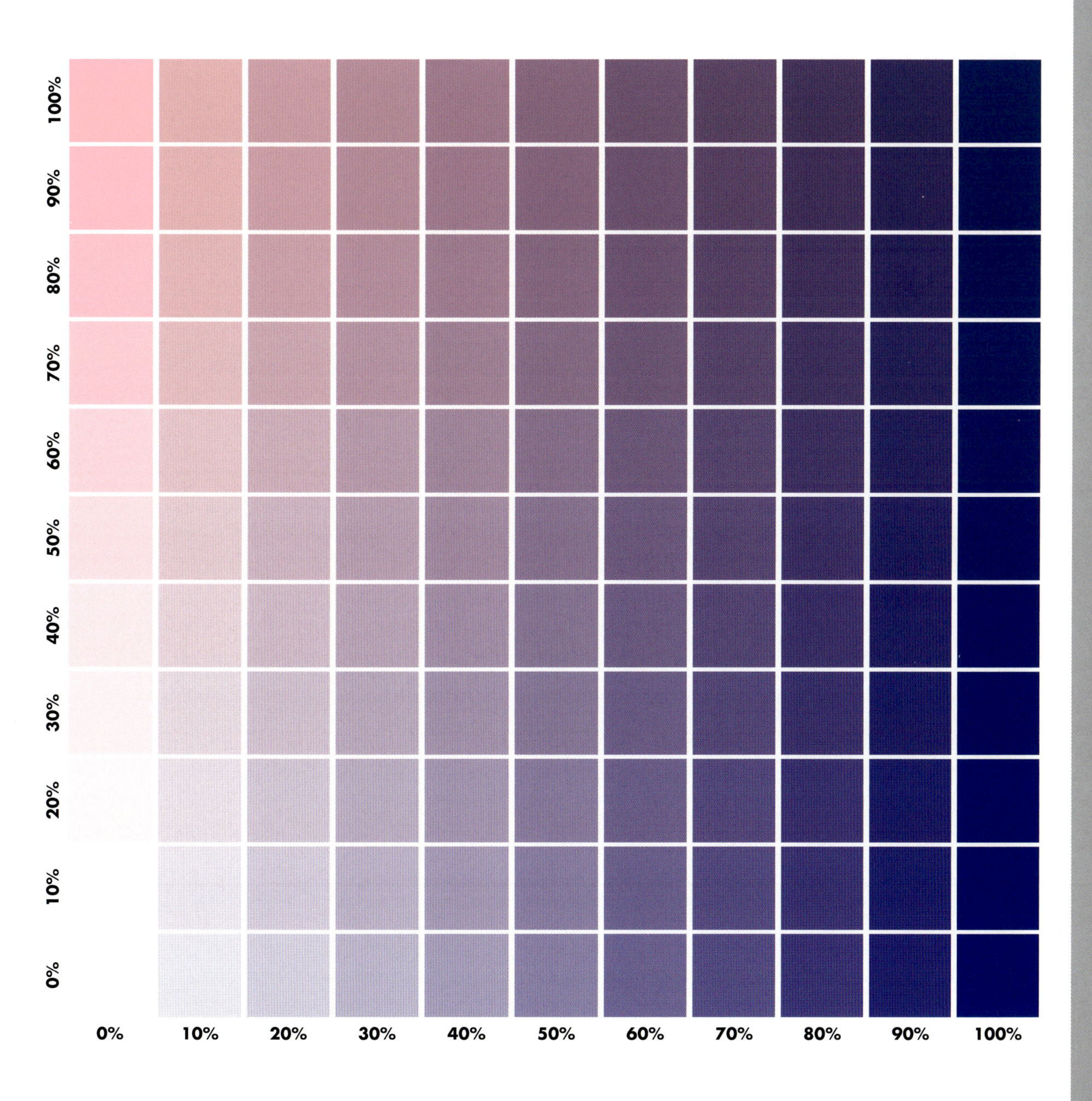

DIC 587

M100% Y100%

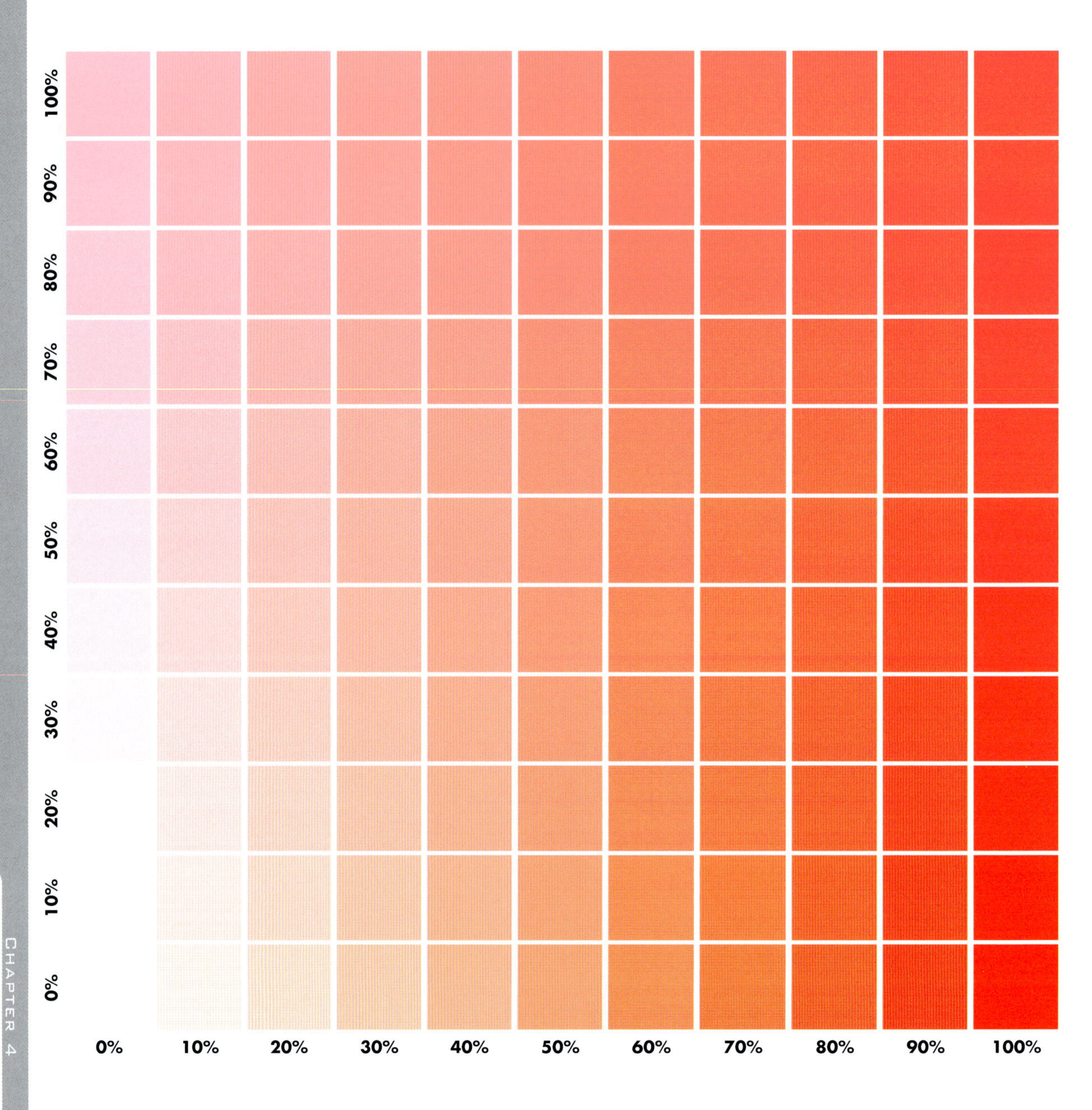

DIC 587

C100% Y100%

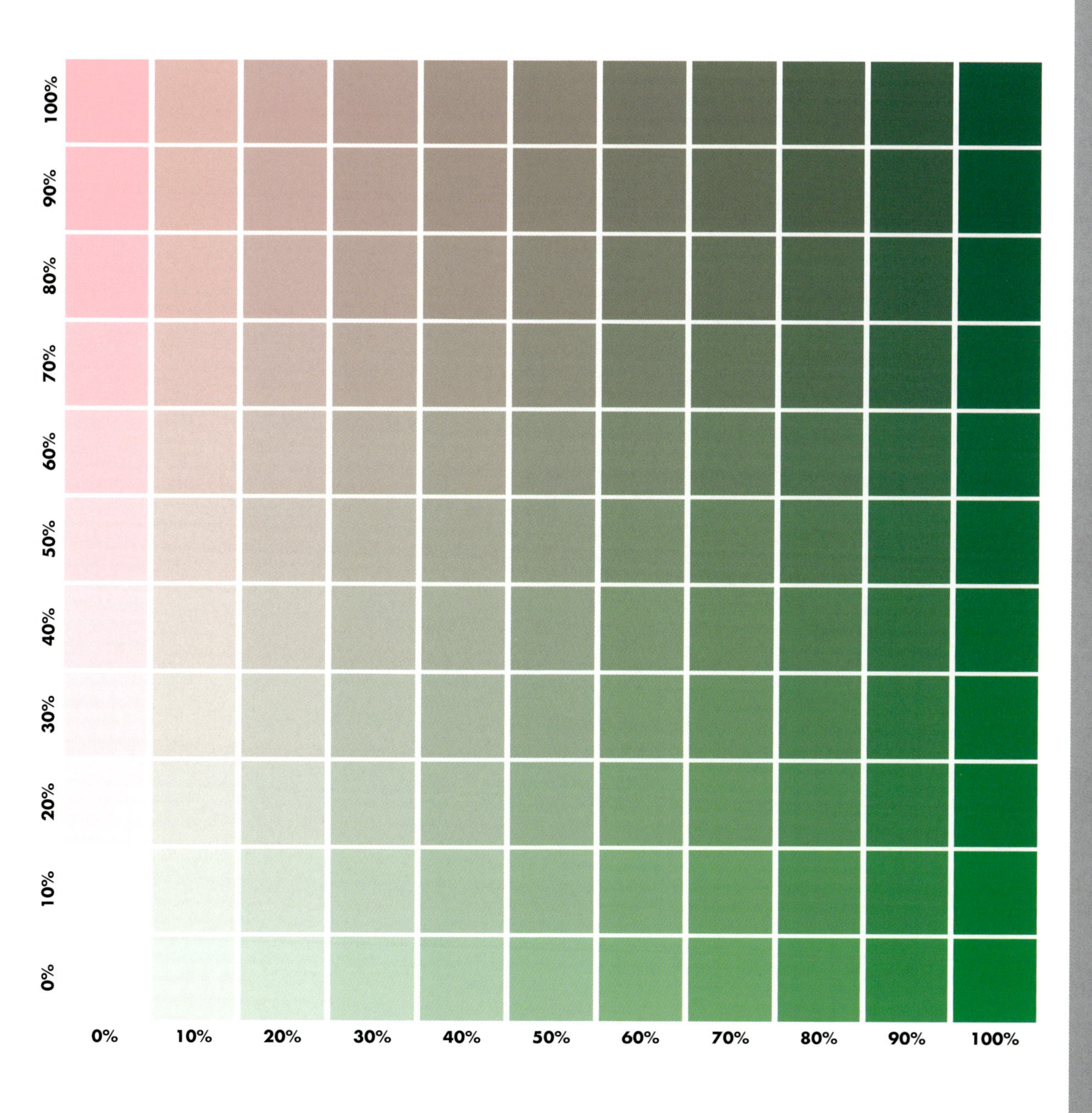

DIC 587

C100% M50% Y50%

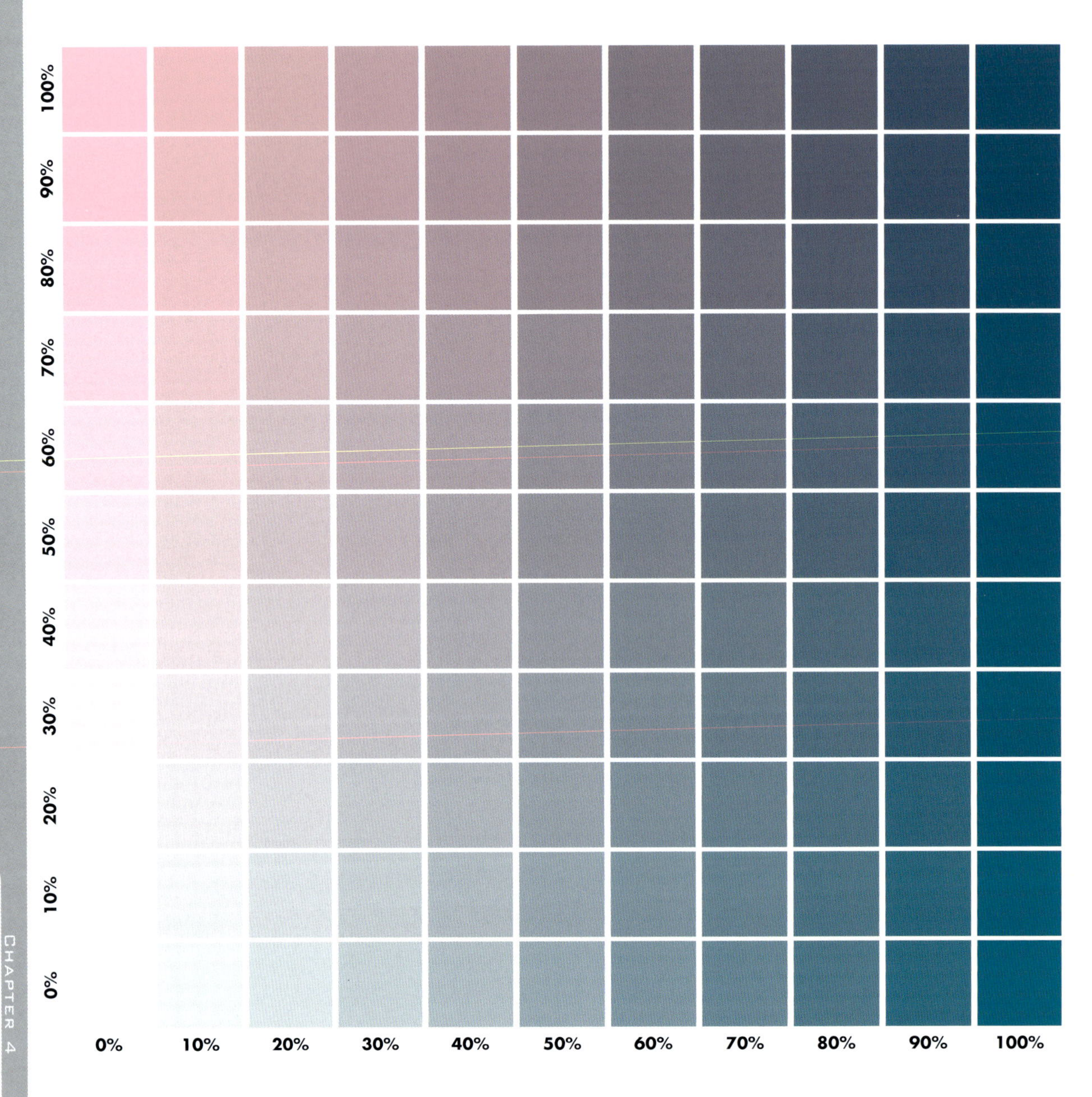

DIC 591

K100%

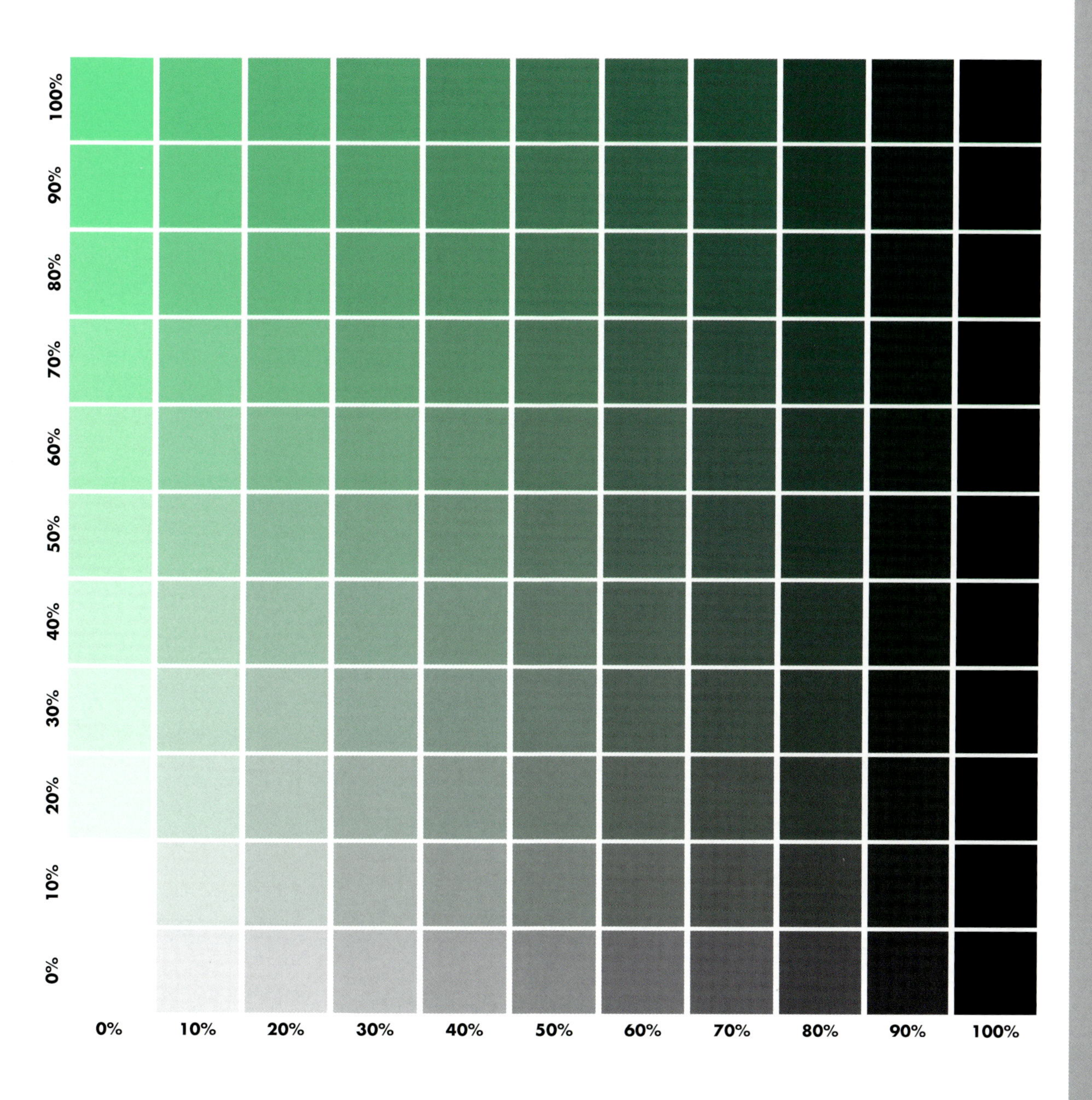

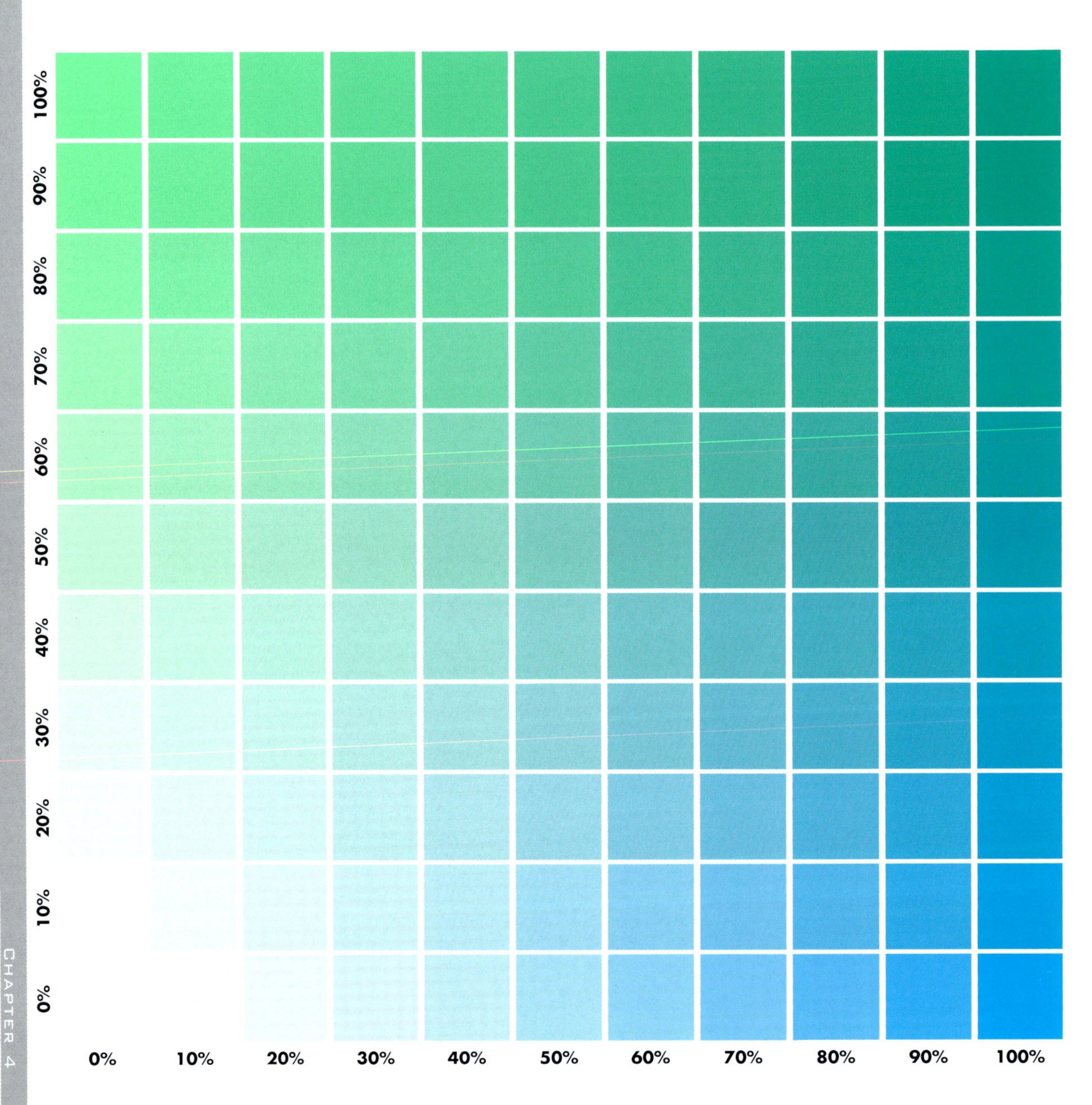
DIC 591
C100%
100%
90%
80%
70%
60%
50%
40%
30%
20%
10%
0%
0%
10%
20%
30%
40%
50%
60%
70%
80%
90%
100%

DIC 591 M100%

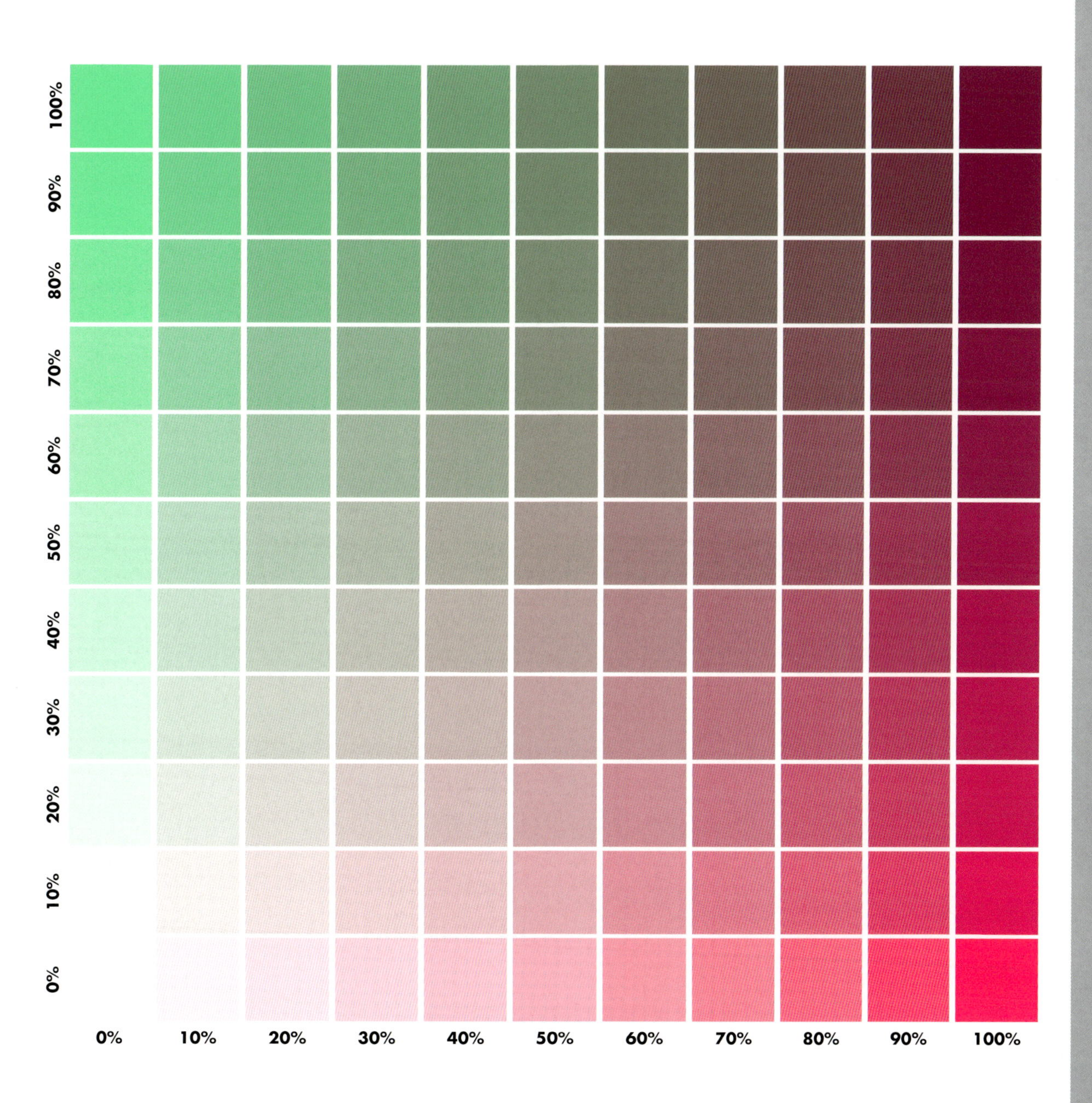

DIC 591

Y100%

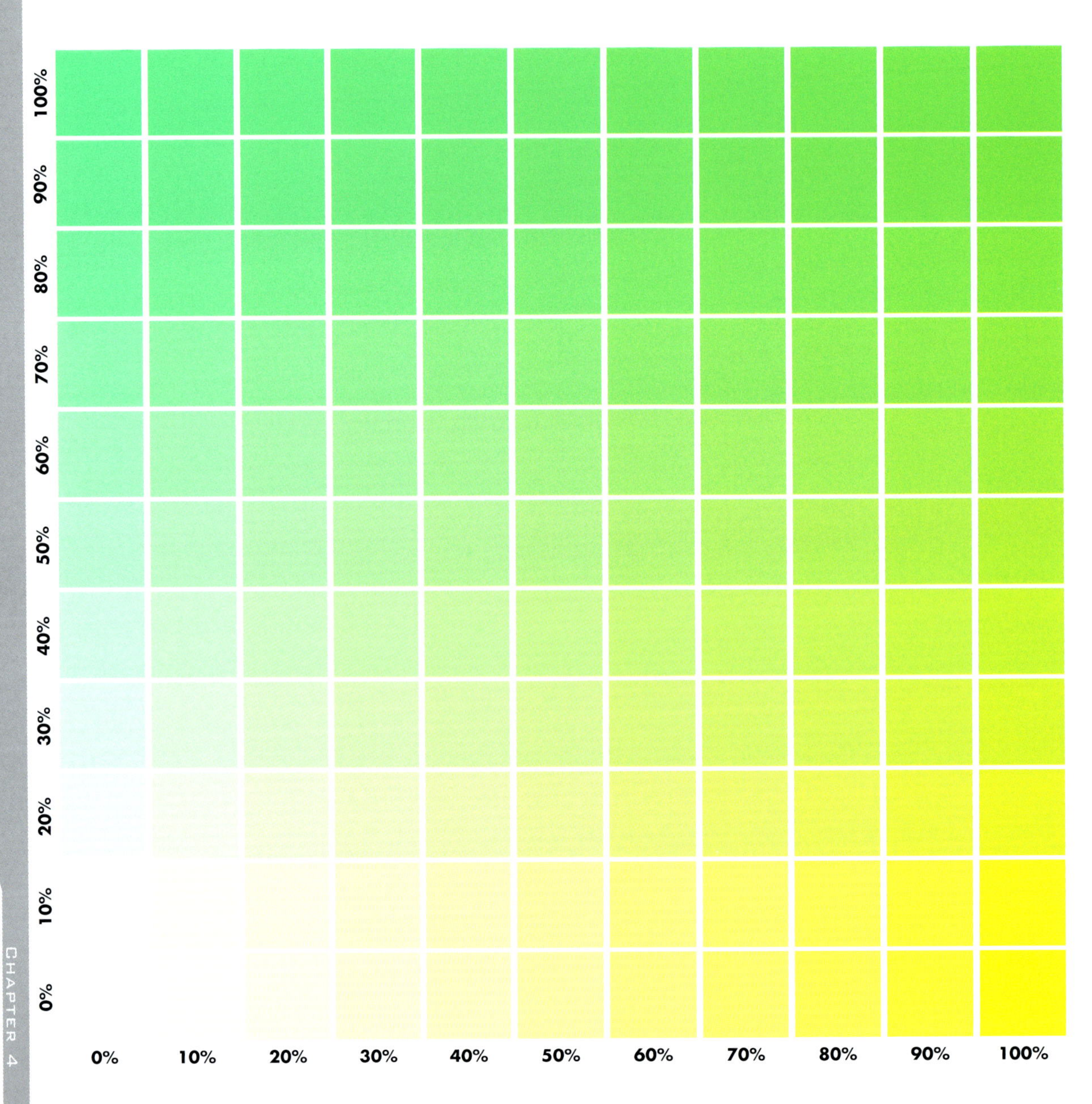

DIC 591

M100% Y100%

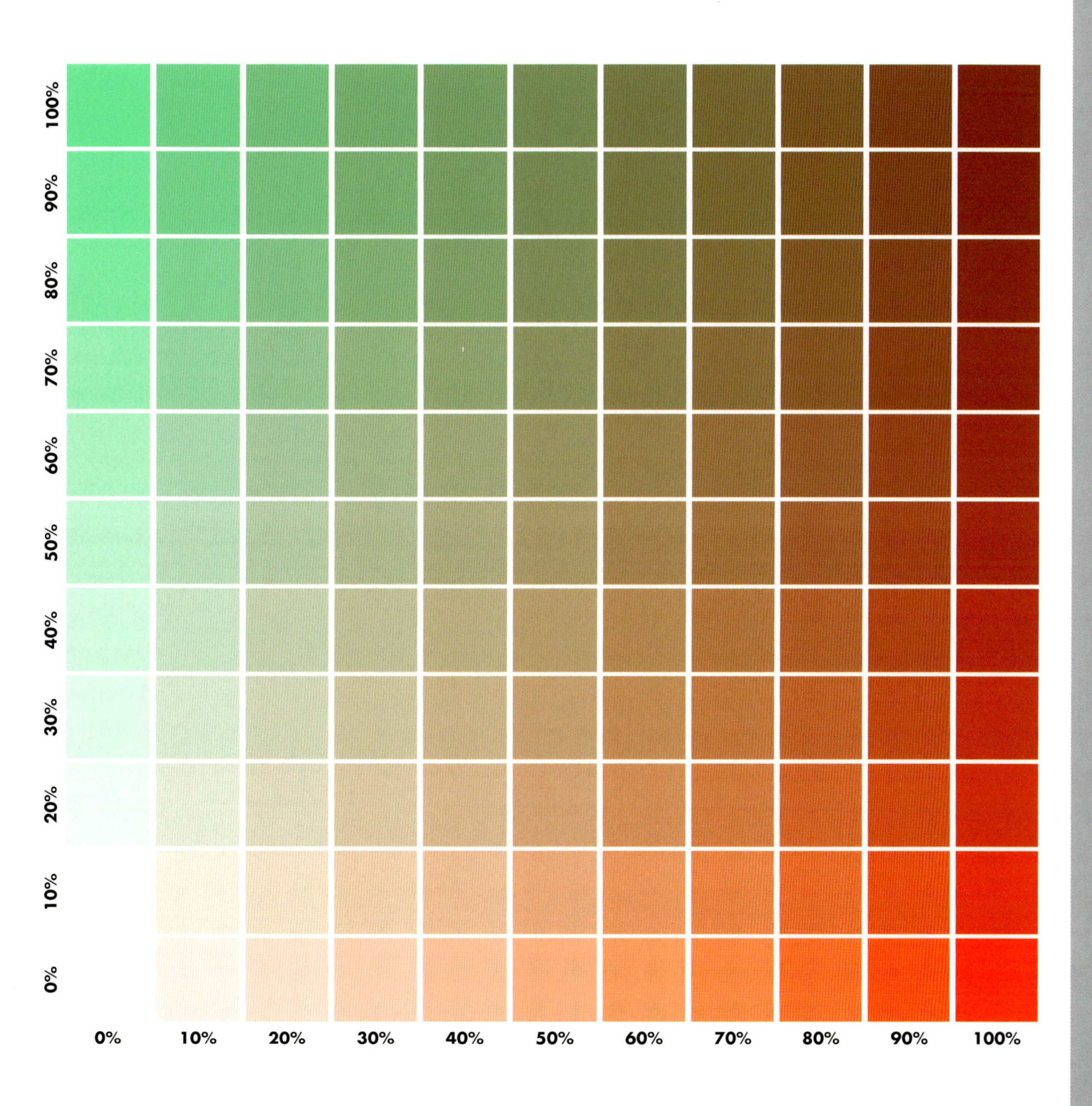

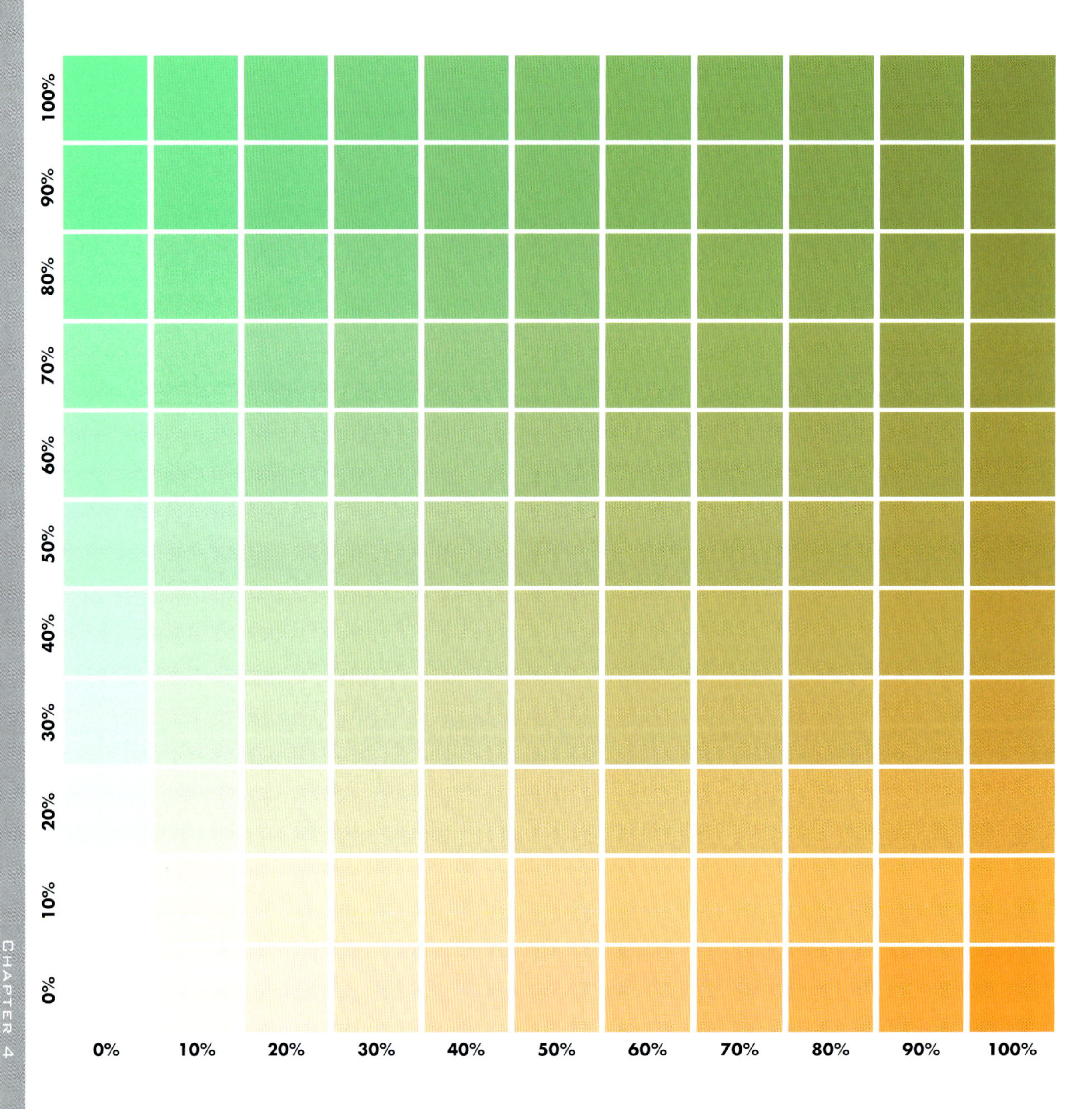
DIC 591
M50% Y100%
100%
90%
80%
70%
60%
50%
40%
30%
20%
10%
0%
0%
10%
20%
30%
40%
50%
60%
70%
80%
90%
100%

DIC 591

C100% M100%

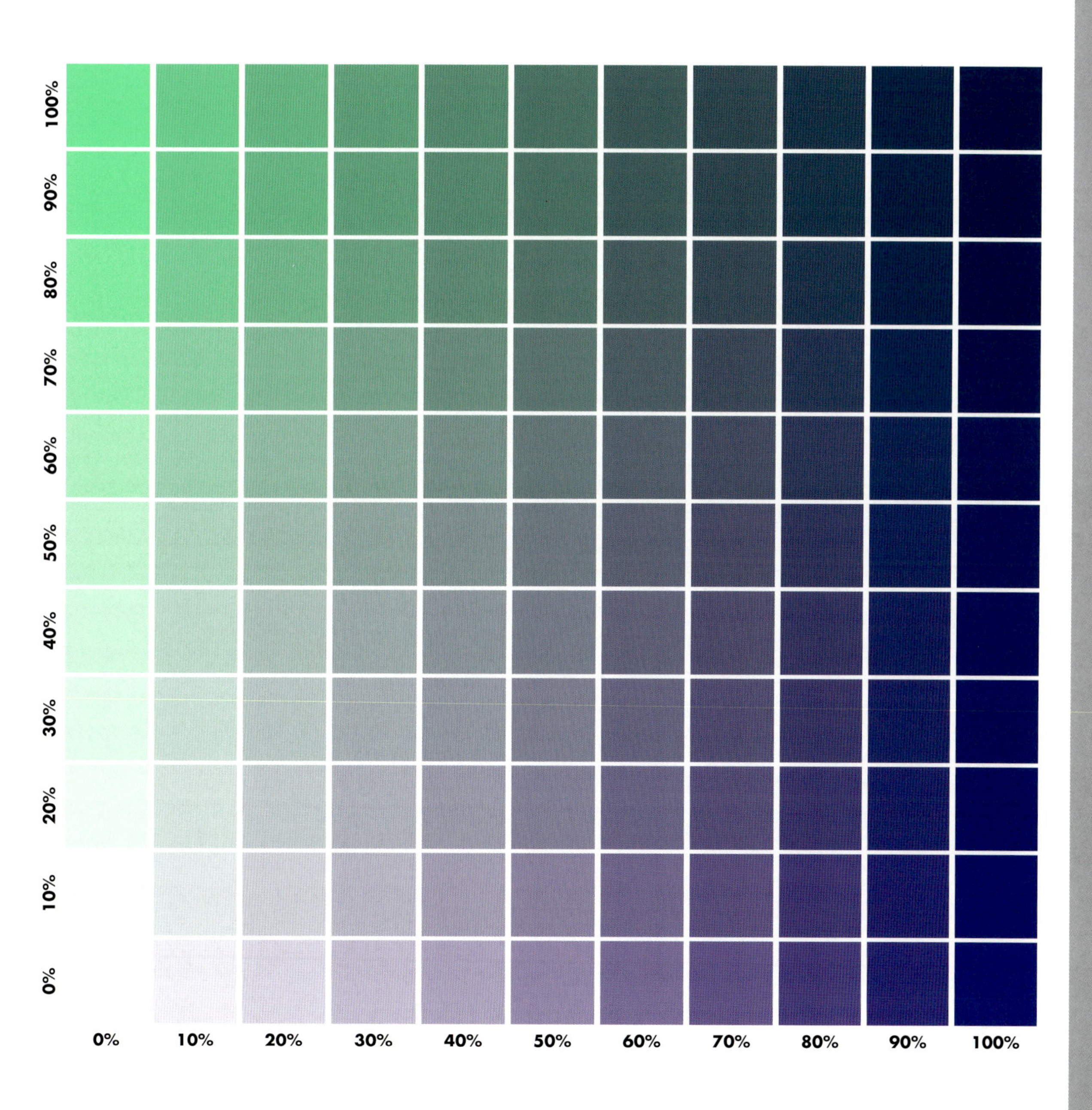

DIC 591

C100% Y100%

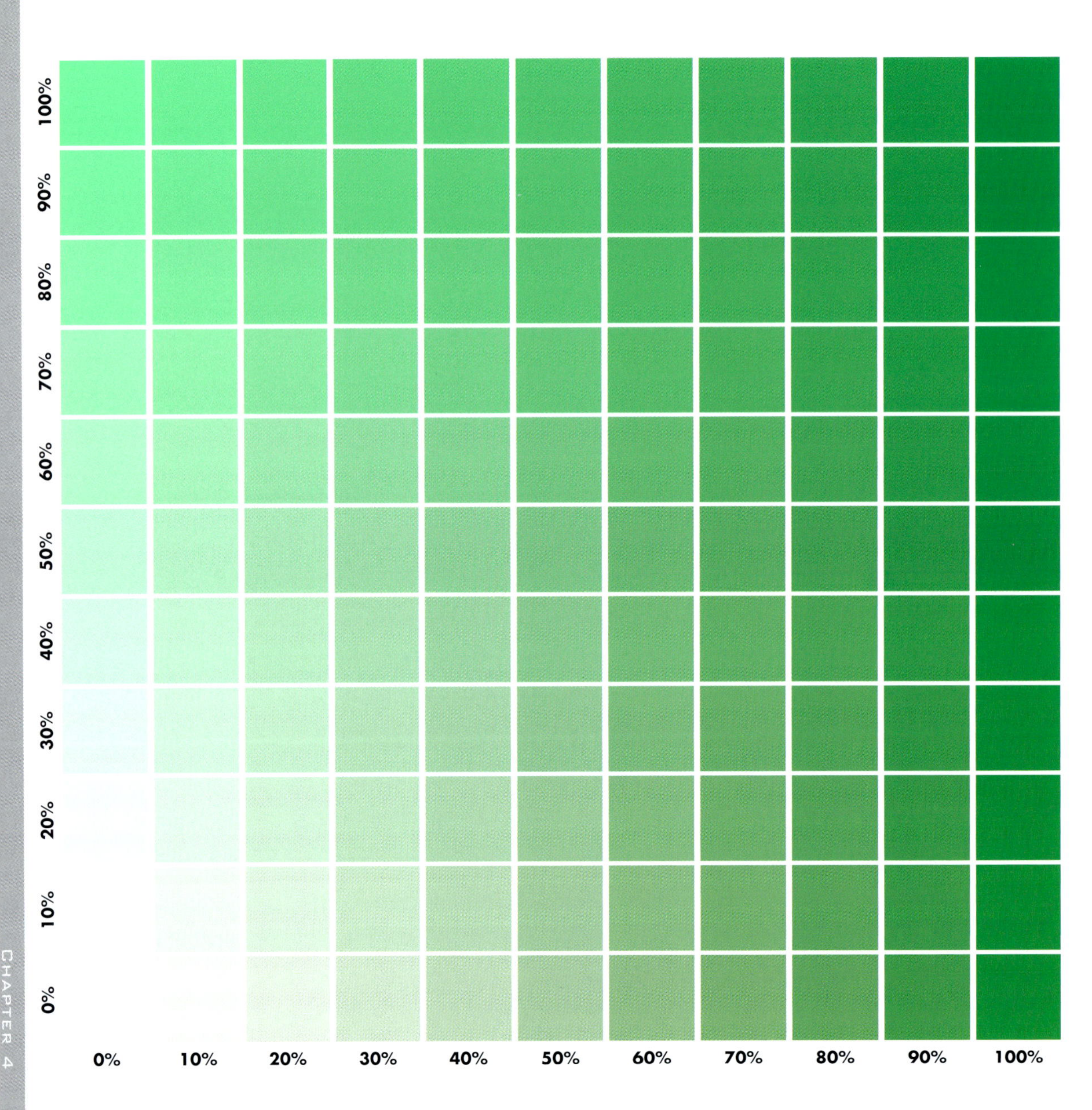

DIC 590 **K100%**

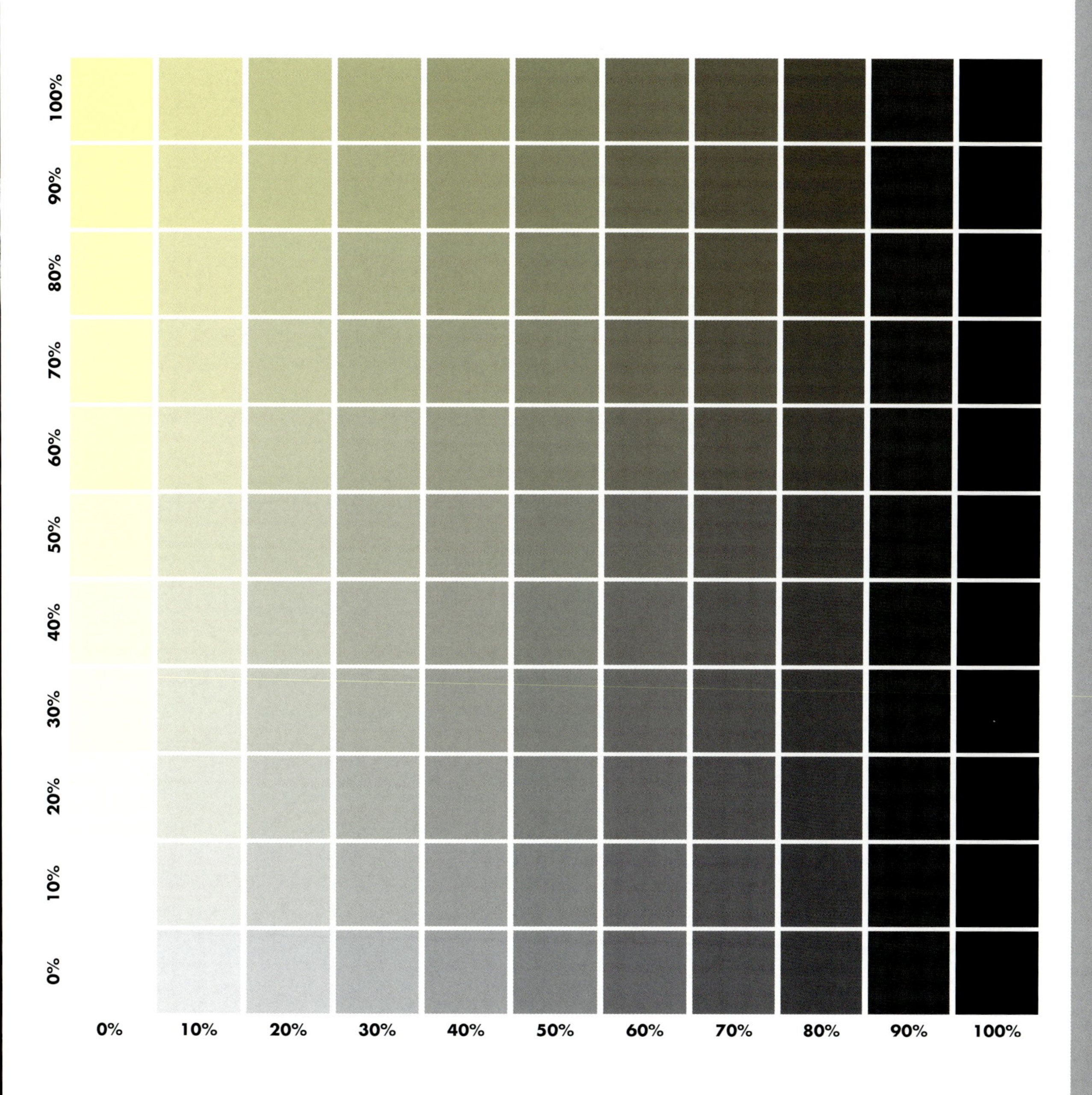

DIC 590 **C100%**

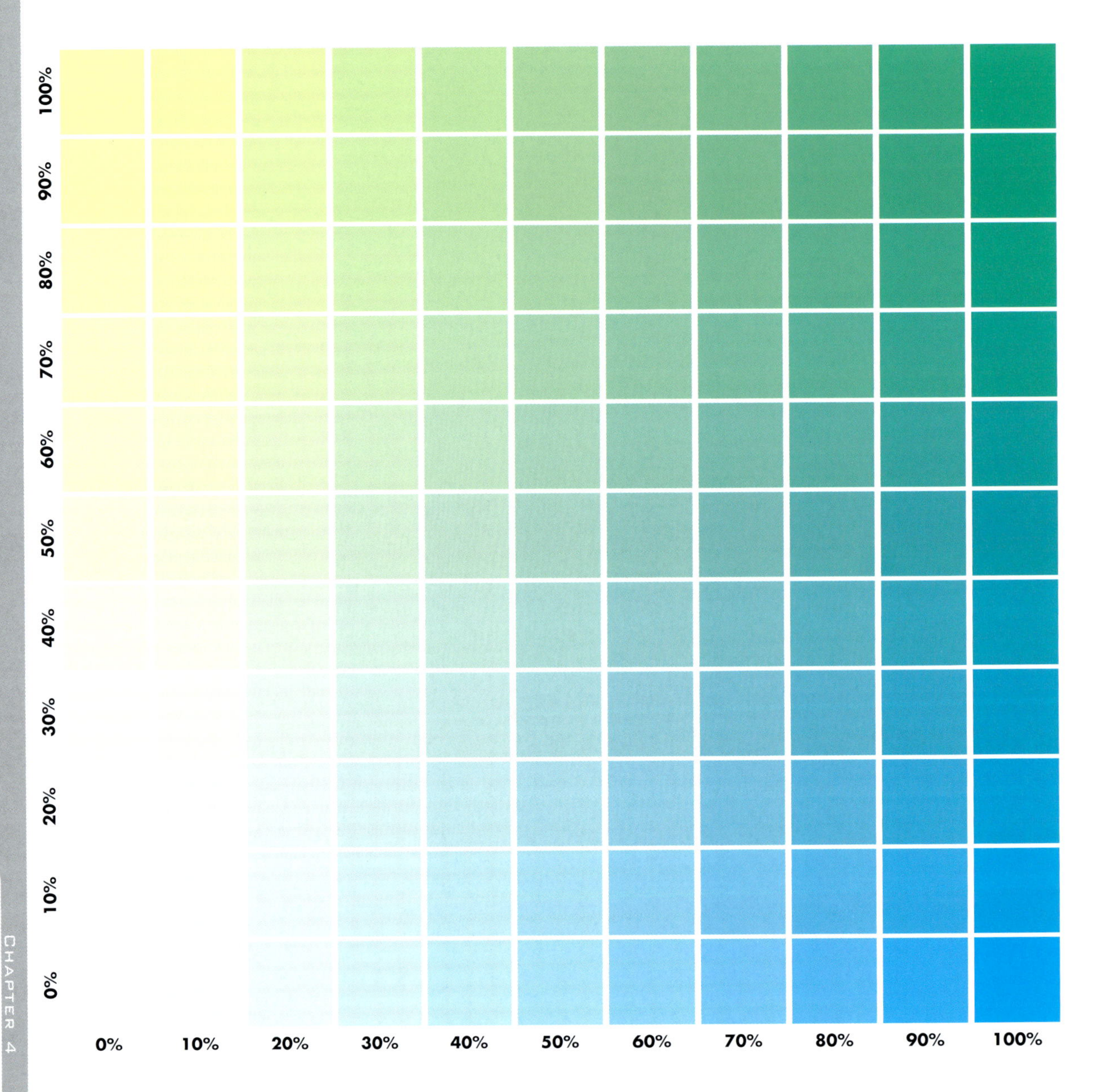

DIC 590

M100%

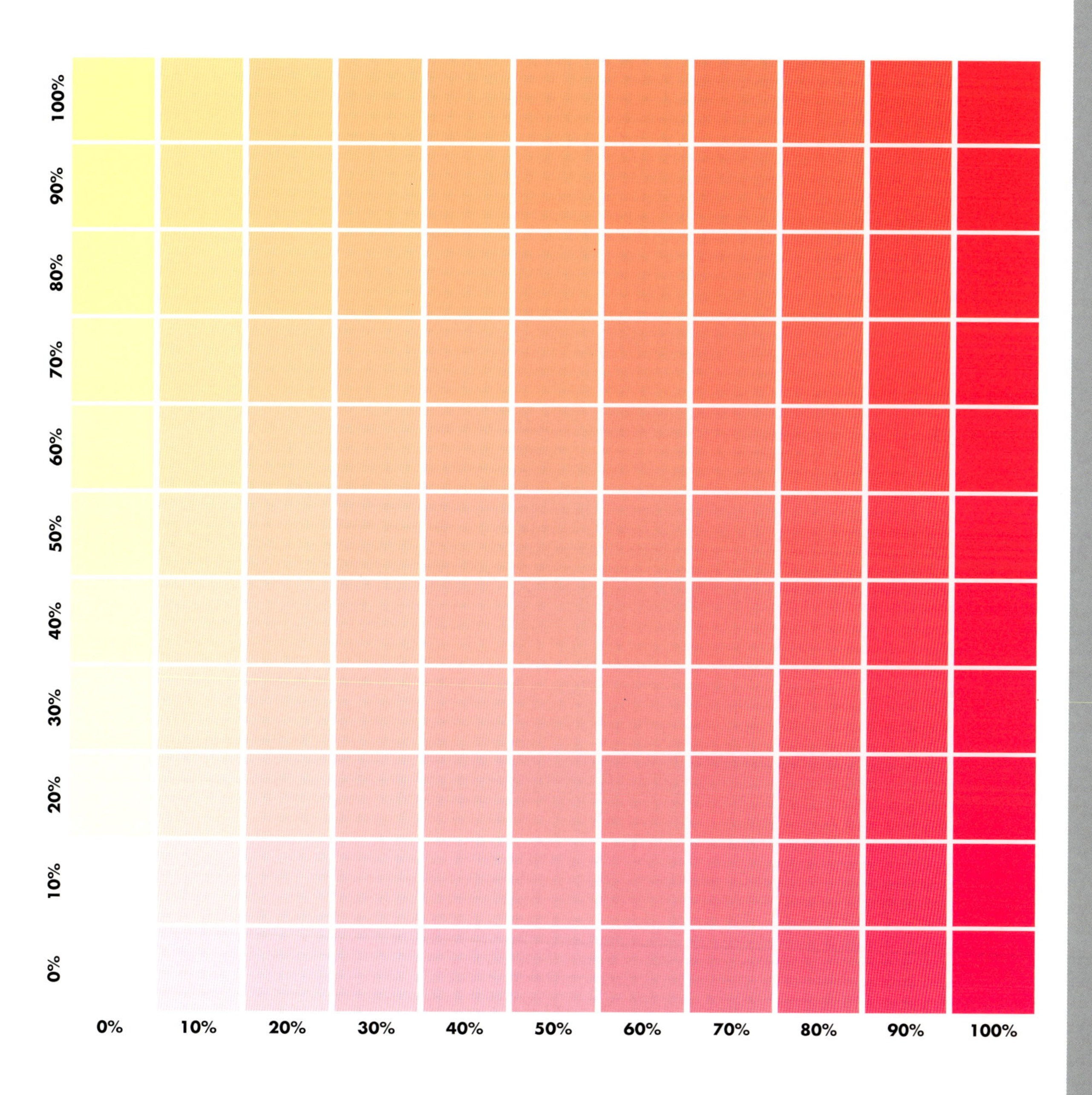

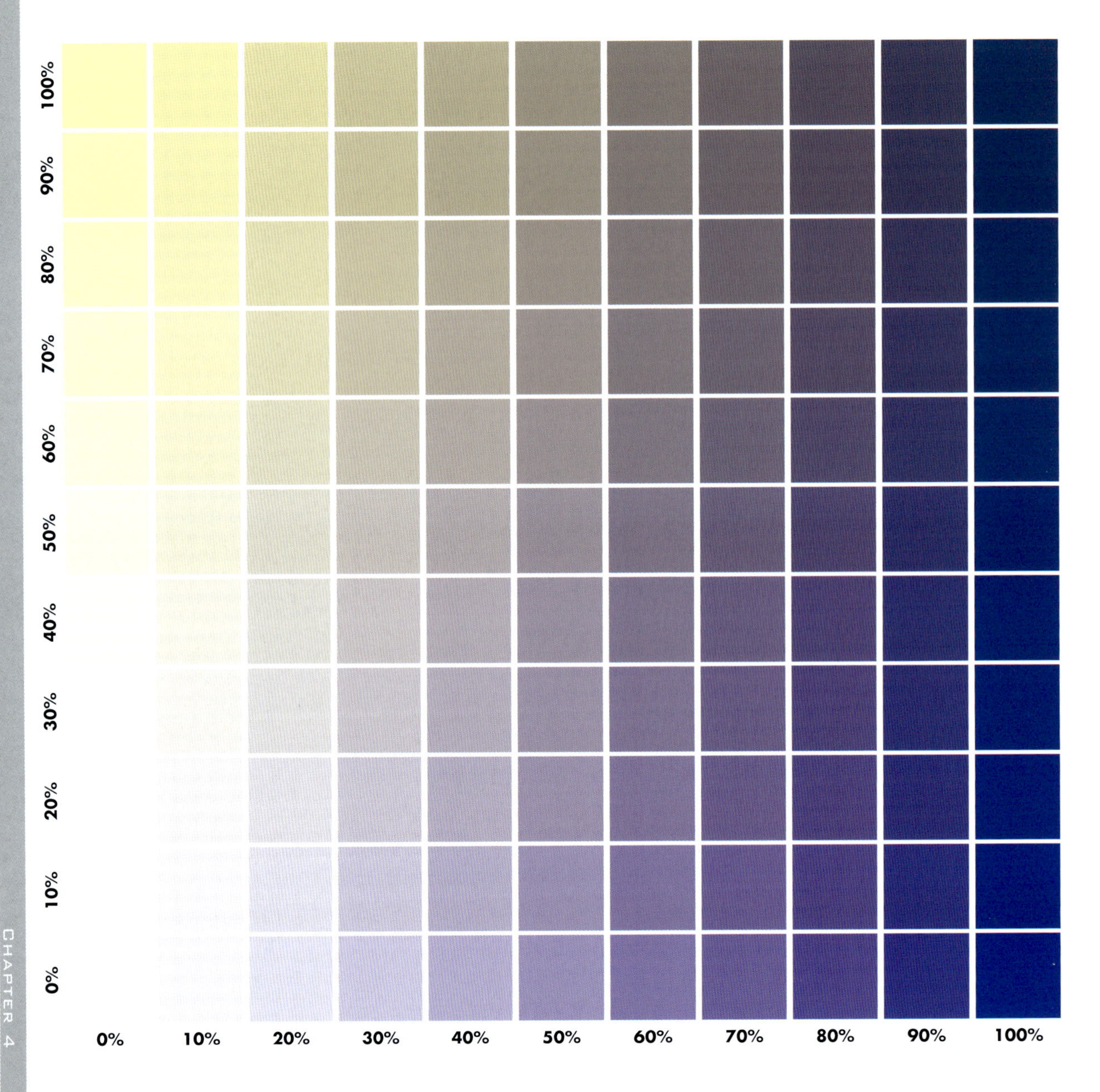
DIC 590
C100% M100%
100%
90%
80%
70%
60%
50%
40%
30%
20%
10%
0%
0%
10%
20%
30%
40%
50%
60%
70%
80%
90%
100%

DIC 590

C100% Y100%

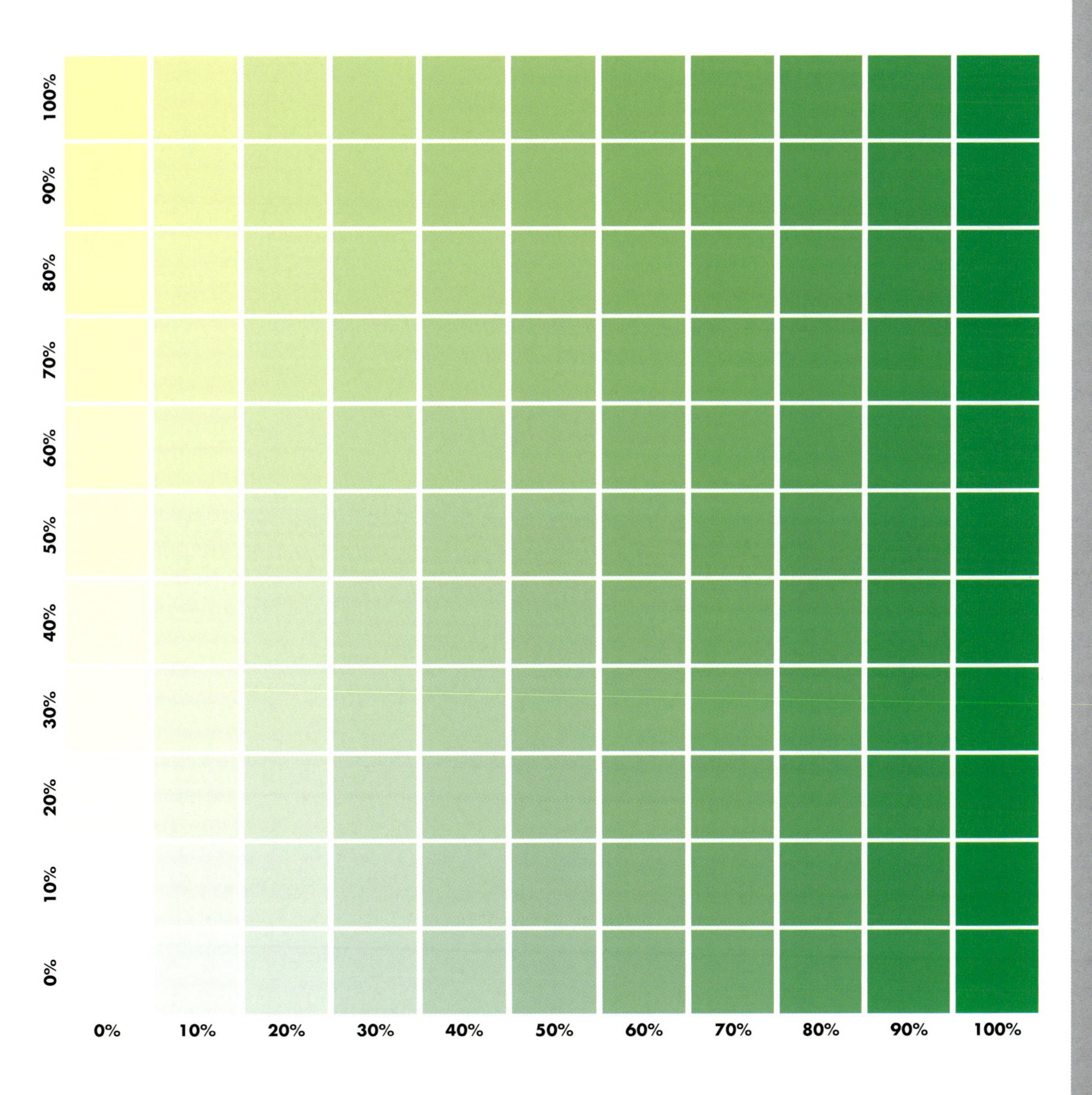

DIC 590

M100% Y100%

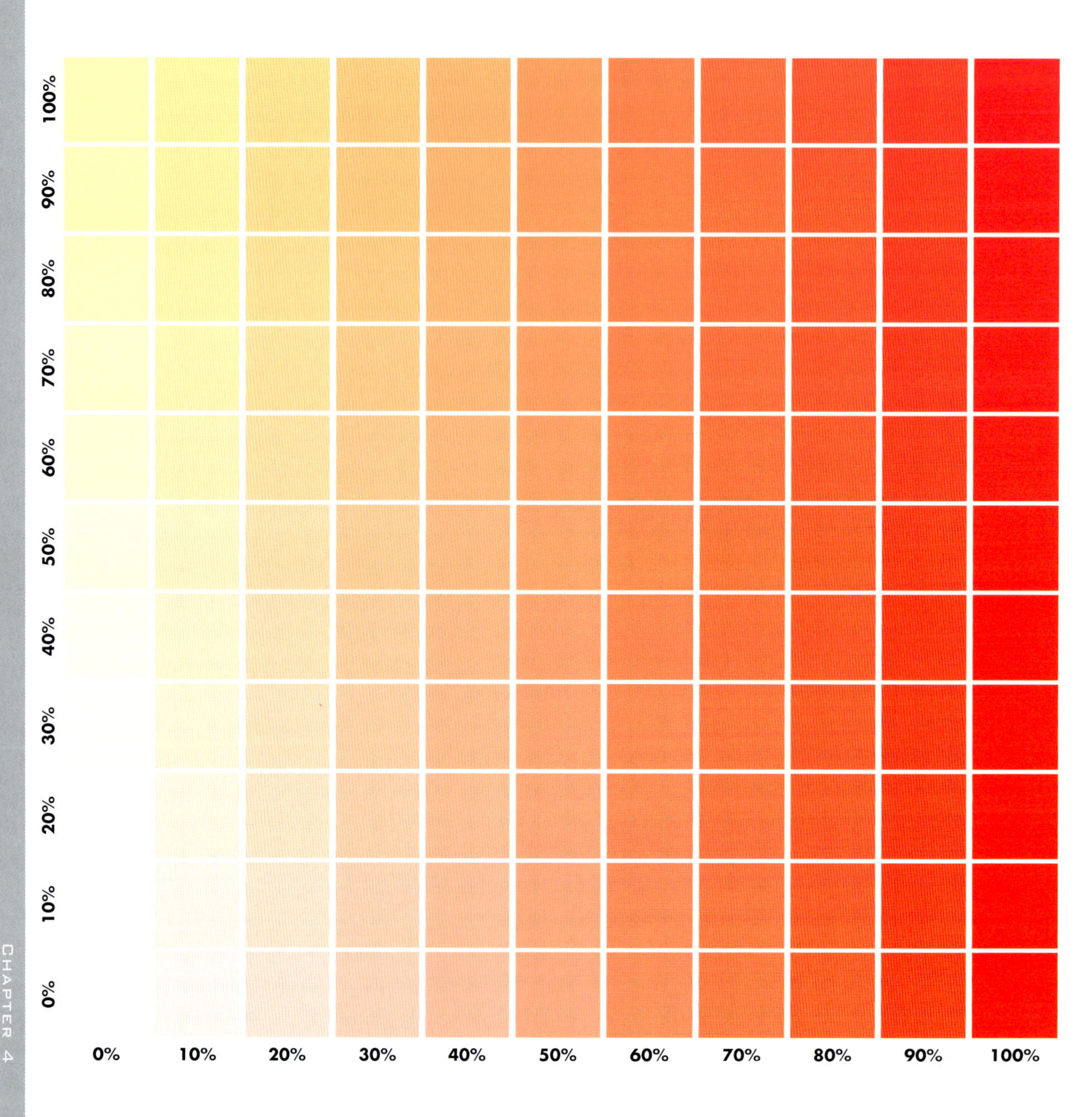

DIC 590

C100% M50% Y50%

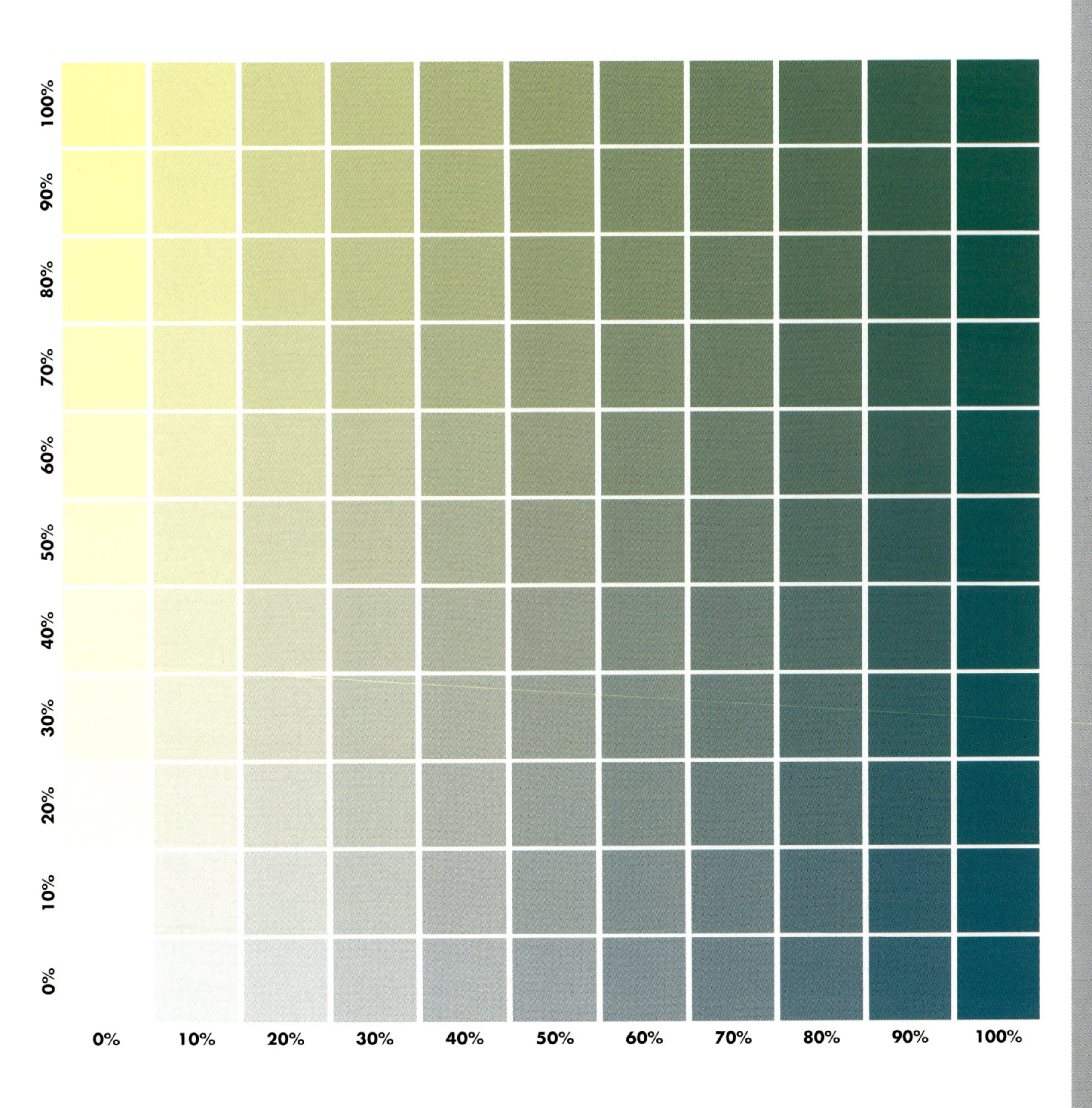

ランディング
デザインやグラフィック関連の書籍や雑誌を主に手掛け、原稿執筆、編集、デザイン、DTPを仕事とする編集プロダクション。

新・色の見本帳
季節のキーワードからの配色イメージと金銀蛍光色掛け合わせ

2016年1月25日　初版　第1刷発行

著　者　ランディング
発行者　片岡 巌
発行所　株式会社 技術評論社
東京都新宿区市谷左内町21-13
電話　03-3513-6150 販売促進部
03-3513-6166 書籍編集部
印刷／製本　図書印刷株式会社

Printed in Japan　ISBN978-4-7741-7834-9　C3055